KB104374

NASA,
우주개발의 비밀

THE COMPLETE IDIOT'S GUIDE TO NASA
by Thomas Jones, Michael Benson

Original English edition was published by Pearson Education, Inc, publishing as Alpha

NASA, 우주개발의 비밀

토머스 D. 존스·마이클 벤슨 지음 | 채연석 옮김

우주에 대한 깊은 지식과 재미를 동시에 안겨 주는 책

이 책에서 마이클 벤슨과 토머스 존스는 모든 우주비행(궤도에 오른, 궤도에 오르지 못한, 인공위성의, 무인의, 유인의)의 역사를 한편으로는 재미있고 이해하기 쉽게, 그리고 또 다른 한편으로는 지적이고 낭만적으로 보여 준다. 이 책은 내용이 방대하면서도 아주 훌륭하고, 광범위한 영역을 다루면서도 핵심을 절대 놓치지 않는다. 우리는 이 책을 읽으면서 '무엇 때문인가? 그리고 왜 그런가?'라는 질문에 모두 답을 얻게 되고, 과거와 현재 그리고 다가올 미래에 대해 통찰력을 갖게 된다.

마이클은 경험 많고 재능 있는 작가이며, 토머스는 박식하고 놀라운 사람으로 우주를 제집처럼 여기는 훌륭한 우주비행사였다. 마이클이 우주비행의 역사를 소재 삼아 태피스트리의 복잡한 무늬를 엮고, 토머스는 거기에 자신의 경험과 감정을 녹여내어 색깔과 질감을 더했다. 두 사람은 함께 우주비행의 역사를 유쾌하고 재미있고 낭만적으로 들려준다.

나는 NASA에서 토머스와 함께 몇 년 동안 일했는데, 1996년 11월에는 STS-80 비행 임무를 부여받고 함께 18일간 우주에 머문 적도 있다. 26명의 동료들과 우주를 비행했는데, 토머스만큼 우주에 열중하는 사람을 본 적이 없다. 토머스는 동료들에 대한 유대감이 강했고 우주비행에 대해 자신이 느끼는 흥분과 환희를 토로하기도 했다. 행성 과학자인 토머스는 행성 탐사의 초기 역사를 마치 그 현장에서 본 것처럼 실감나게 표현한다. 그는 과학자로서 마치 하늘과 땅이 자신의 것인 양 분석하고 연구한다. 그러나 인간으로서 겸허하게 우주의 원리에 순응할 줄도 안다.

이 책은 우주비행의 역사에 관한 훌륭한 연구이자 기록이다. 여기에는 우주에 온몸을 내맡겼을 때 비로소 얻게 되는 우주에 대한 깊은 지식이 담겨 있다. 그리고 이 책은 우리가 두려움과 놀라움으로 보고 느꼈던 역사를 돌아봄과 동시에, 다가올 미래의 가능성에 대해서도 이야기하고 있다.

스토리 머스그레이브(NASA의 우주비행사)

내 인생의 신화는 우주에 있다

NASA에 대해 본격적으로 들어가기에 앞서 내 소개를 하고 싶다. 내 이름은 토머스 D. 존스로 전(前) 우주비행사다. 이렇게 여러분을 만나게 되어 대단히 기쁘다!

나는 메릴랜드 주 볼티모어에서 태어나 그곳에서 자랐다. 마을에서 5킬로미터 정도 떨어진 곳에 거대한 마틴사 항공기 공장이 있었고, 그곳에서 날아가는 비행기를 보며 어린 시절을 보냈다. 학창 시절에는 비행기를 스케치하며 비행기를 타고 하늘을 나는 공상에 잠기곤 했다.

1960년대 시작된 달을 향한 경쟁은 나에게 흥분을 불러일으켰고, 그때 지구 대기권을 벗어나 우주를 비행하는 우주선에 눈을 뜨게 되었다. 당시 우주비행사는 모두 시험비행 조종사였기 때문에, 우주비행에 대한 열망으로 불타던 나는 시험비행 조종사가 되기로 결심했다. 그 후 나는 콜로라도 스프링스에 있는 공군사관학교에 들어가 기초과학을 전공하며 비행기 조종술을 배웠고, 자랑스러운 소위 계급장을 달고 조종사 훈련소로 향했다.

전투기 조종사가 되고 싶었던 소망과 달리 폭격기 비행대대로 배치되었고, 곧 스트래토 포트레스 B-52기의 부조종사가 되었다. 비행 편대장으로 진급한 후, 5년 동안 핵 운반 비행 임무를 훈련받았는데, 실제로 핵을 운반하는 일이 벌어지지 않은 것은 커다란 축복이었다. 공군은 많은 수의 폭격기 시험비행 조종사를 필요로 하지 않았기 때문에 1983년 비행 편대장을 그만두고 오랫동안 꿈꿔 왔던 우주과학을 공부하기 시작했다.

애리조나 대학에서 태양계의 행성들과 그 생성 과정을 연구하는 행성과학을 공부했다. 하와이의 휴화산 분화구 꼭대기에 설치된 망원경을 통해 화성과 목성 사이를 선회하는 40여 개의 소행성을 조사하여 소행성의 지표 광물에 수분이 있는지를 탐색했다. 이렇게 모은 자료를 연구실에 있는 운석들과 비교하여 가장 어두운 지대의 소행성 암석에는 대부분 물이 존재한다는 사실을 알아냈다. 또한 물이 소행성을 태양계에서 거의 변화가 없고 자원이 풍부한 행성으로 만든다는 사실도 알게 되었다.

1988년 박사 학위를 받고 중앙정보국(CIA)에서 원격탐사 문제를 해결하는 데 힘을 쏟았다. 1년 후에 다시 행성과학을 연구하며, 화성과 소행성 그리고 다른 외행성으로의 로봇 탐사를 계획하는 NASA를 돕게 되었다. 사실 NASA에서 일하게 되리라는 기대는 별로 갖고 있지 않았다. CIA와 일하는 동안 우주비행사를 지원했지만 이미 두 번이나 낙방했기 때문이었다. 그래서 1989년 가을, NASA로부터 미션 전문가 우주비행사 직무 면접을 받으러 오라는 말을 들었을 때 너무 기쁘고 놀라서 입을 다물지 못했다.

그 면접에서 적어도 2,000명에 달하는 쟁쟁한 지원자들을 물리치고 합격의 영광을 안았다. 그래서 1990년에 NASA의 우주비행사 후보자가 되어 1년 동안 '기초훈련'을 마치고 드디어 1991년부터 당당히 우주비행사의 인생을 살게 되었다.

나는 11년 전 환희에 찬 출발 이후로 우주를 총 네 번 비행하는 특권을 누렸다. 그중 세 번은 엔데버, 콜롬비아, 아틀란티스 우주왕복선을 타게 됐다. 약 53일간의 지구 선회 비행에서 가장 기억에 남는 일은 2001년 2월에 국제우주정거장(ISS) 밖으로 세 차례 선외 활동을 한 것이다. 우주복을 입고 19시간 동안 우주를 유영한 경험은 내 젊은 날의 가장 화려한 꿈의 실현이었다.

우주비행사를 은퇴한 지금, NASA로 더 잘 알려진 미국항공우주국에 대한 초보자 입문서를 집필하게 되어 굉장히 기쁘다. 이 책이 여러분의 호기심을 자극해서 NASA와 우주 탐험에 대한 더 많은 책들을 읽기를 바란다.

이 책은 NASA의 역사를 개괄적으로 살펴보고, 현재 NASA의 모습을 조명하며, NASA에서 일하기를(우주비행사 혹은 다른 직종으로) 희망하는 젊은이들에게는 조언과 격려를, 그리고 휴가를 이용해 NASA를 견학하려는 사람들에게는 유용한 정보를 제공할 목적으로 기획되었다. 이 책에서 앞으로 다룰 내용은 다음과 같다.

1부 지구에서 달, 그리고 우주로

1부에는 나의 네 차례 우주비행 경험과 우주 탐사의 중요성, 그리고 물리학에 대한 소개와 장래 우주비행사를 위한 조언, NASA 견학에 대한 유용한 정보가 담겨 있다.

2부 초기 우주시대

로켓 공학의 창시자들을 만나 보고 로켓 과학의 발달에 따른 인공위성의 성공적인 첫 지구 궤도 진입을 살펴본다. 또한 초기 기상위성과 통신위성이 어떻게 우리 생활을 바꾸어 놓았는지 알아본다.

3부 우주로 올라간 인간

인류 최초로 지구 궤도에 올라간 유리 가가린에서부터 미국의 첫 달나라 탐험의 시초가 된 제미니 계획까지 우주비행 개척자들의 이야기를 소개한다.

4부 달 산책

인간이 달을 방문한 비행에 관한 이야기이다. 여기에 '휴스턴, 문제가 발생했다'의 아폴로 13호 이야기가 소개된다.

5부 달을 넘어서

아폴로 계획이 끝난 이후 NASA는 카메라와 다른 과학탐사 장비들을 실은 우주선들을 통해 안으로는 지구를 탐사하고 밖으로는 우주의 기원과 운명에 대한 실마리를 찾고 있다.

우리 손으로 쓰게 될 우주의 역사를 꿈꾸며

미국항공우주국을 우리는 NASA라고 부른다. 이곳은 1962년 케네디의 달 탐험 계획으로 설립된 이후, 우주를 개척하고 탐험하는 데 많은 일을 하였다.

1969년에는 케네디의 달 탐험 계획대로 3명의 우주인이 성공적으로 달을 탐험하였다. 인류에게 있어서 무척 커다란 일을 해낸 것이다. 우리들이 태어난 지구를 떠나 다른 천체에 갈 수 있었다는 것은 인류가 할 수 있는 일 중에서 가장 모험적이며 어렵고 큰일일지도 모른다.

미국의 NASA는 인류를 위하여 이러한 위대한 일들을 수행했으며, 화성을 비롯한 행성의 탐사도 주도하였다. 이제 명왕성을 제외한 태양계의 모든 별에 대해서 우리는 자세히 알 수 있게 된 것이다. 앞으로 더 많은 탐구를 통해서 지구와 우주의 탄생 역사도 더욱더 자세히 알게 될 것이다.

NASA는 인간이 우주를 더 쉽게 오갈 수 있도록 우주왕복선도 개발하였다. 그리고 이를 이용해서 국제우주정거장도 건설하였다. 우주왕복선은 미래의 우주개발을 위해서 꼭 필요한 존재이지만, 몇 번의 비극적인 비행사고도 있었다. 2003년에도 우주비행을 마치고 지구로 돌아오던 최초의 우주왕복선 컬럼비아호가 도착 16분 전 우주에서 폭발하는 가슴 아픈 사고가 있었다.

그동안 세계의 우주개발을 주도해 온 NASA 덕분에 미국은 아직도 세계 최고의 과학기술 수준을 유지하고 있다. 우리나라도 2013년 1월 나로호로 과학위성을 나로우주센터에서 성공적으로 발사하였고, 2020년대에는 달에 탐사선을 보낼 수 있는 한국형발사체를 개발하는 등 본격적인 우주개발을 진행하고 있다.

우리는 미국의 NASA가 그동안 우주개발을 어떻게 하였는지 자세히 공부함으로써 앞으로 우리가 어떻게 우주개발을 해야 할 것인지를 예측할 수 있을 것이다. 미래는 과거를 통해서 예측할 수 있는 것이기 때문이다.

이 책을 통해서 국내의 많은 독자들이 우리의 우주개발에 많은 관심을 갖고, 후원자로 또는 직접 우리의 우주개발을 이끌 과학기술자로 성장해 주길 기대한다.

채연석(과학기술연합대학원대학교 교수, 전 한국항공우주연구원 원장)

차례

2부 초기 우주시대

3부 우주로 올라간 인간

5부 달을 넘어서

우주용어
본문에 나오는 생소한 단어나 전문 용어를 설명한다.

우주 정보
본문에 관련된 우주와 우주비행에 대한 지식을 알려 준다.

우주비행사 전기
머큐리, 제미니, 아폴로의 우주비행사들과 그 밖의 다른 우주비행 인물들의 전기를 간략히 소개한다.

존스 박사의 한마디
다양한 주제에 관해 저자의 개인적인 생각을 알려 준다.

지구에서 달, 그리고 우주로

어렸을 때부터 NASA를 동경해 왔기 때문에 NASA에서 보낸 우주비행사 생활은 내 일생의 가장 잊지 못할 추억들이다. 그러니 우주비행에 대해 말하고자 하는 나의 열정을 부디 이해하기 바란다! 그 이야기는 충분히 말할 가치가 있다. 1부에서는 내가 경험한 실제 우주비행을 이야기할 것이다. 자국을 대표해서 우주로 날아오른 일은 하나의 명예이며, 탁월한 재능의 소유자들과 지구 또는 우주에서 함께 일하는 것 또한 대단한 영광이다. 그다음은 현재의 NASA 모습을 조명하여 NASA가 어떻게 운영되고 목표는 무엇인지 살펴볼 것이다. 로켓의 작동 원리와 인공위성을 우주로 발사하는 방법도 배울 것이다. 그리고 NASA에서 일하기를(우주비행사나 다른 직종으로) 희망하는 젊은 이들을 위해 필요한 정보도 담았다. 마지막으로 NASA 시설들의 견학에 관해 이야기하며 1부를 마칠 것이다.

치올코프스키는 이렇게 말했다. "지구는 인류의 요람이지만, 인류는 영원히 요람 안에서만 머물 수는 없다."

나의 우주 체험기

나의 첫 우주비행은 1994년 4월 9일에 우주비행선 엔데버호를 타고 이뤄졌다. 엔데버호는 오전 7시 5분 케네디 우주센터의 39A 발사대에서 발사되었다. 원래 예정은 4월 7일이었지만 액체산소 프리버너(지금은 몰라도 되니까 걱정 마세요)를 점검하기 위해 연기되었다. 발사일은 4월 8일로 재조정되었지만 이번에는 낮게 깔린 구름과 강한 바람으로 또다시 연기되었다. 엔데버호에는 나와 선장 시드니 M. 구티에레즈, 조종사 캐빈 P. 칠톤, 페이로드(화물 우주선) 선장 린다 M. 고드윈 그리고 미션 전문가인 제이 앱트와 마이클 R. 클리퍼드가 함께 탑승했다.

우주 레이더 실험실의 첫 우주여행

우주를 향하여 초점을 맞춘 일련의 우주왕복선 비행을 끝낸 후, 이번 우주비행에서는 다시 지구에 관심을 돌렸다. 우주 공간에 들어서자마

나는 첫 우주비행에서 엔데버호를 타고 224킬로미터 상공에서 지구를 183회 선회했다. 엔데버호는 11일 5시간 49분 30초 동안 총 757만 1,555킬로미터를 비행했다.

준비 완료! 우주복을 입고 활짝 웃고 있는 저자

자 우리는 곧바로 사진 장비들을 설치하기 시작했는데, 이 장비들은 기존의 카메라와 다른 것이다.

NASA가 만든 우주 레이더 실험실(SRL)은 '우주 영상 레이더-C/X-주파수대 합성 개구(開口) 레이더(SIR-C/X-SAR)'와 '대기오염 측정 인공위성(MAPS)'으로 구성되었다. 이 새로운 만능 관측기기는 NASA가 독일·이탈리아 우주국과 함께 설계한 것이다. 이 관측기기에서 얻은 정보로 우리는 지구 환경의 변화를 추적할 수 있었다.

영상 레이더는 기상 상태에 상관없이 지구 표면을 측정할 수 있다. 우리는 영상 레이더를 이용하여 알류산 열도에서부터 남아메리카의 가장 낮은 산꼭대기까지 모두 볼 수 있었다. 레이더파(波)는 구름층을 통과하여 식물과 빙하 그리고 극지의 메마른 모래까지 '투시'할 수 있다. 과학자들이 접근할 수 없는 지구 표면을 탐사할 수 있는, 가장 효과적인 방법은 바로 우주에 있는 레이더를 이용하는 것이다. 4월 11일 대기오염 측정 인공위성이 수집한 타이완, 필리핀, 뉴기니 상공의 뇌우 관측 정보를 실시간으로 과학자들에게 보낼 수 있었다.

11일간에 걸친 STS-59 비행(STS : Space Transportation System, 우주 수송 시스템)에서 얻은 지구 관측 자료는 백과사전 2만 권의 분량과 맞먹었다. 육지와 바다를 포함하여 지구 면적의 4,345만 1,100제곱킬로미터를 조사한 셈인데, 이것은 지구 전체 표면의 12%에 해당한다. 바꿔 말해서 우주 레이더 실험실은 지구 표면의 엄청난 양을 레이더 영상으로 만든 것이다.

우주 레크리에이션 다섯 가지
· 창밖으로 지구 내다보기
· 우주 체조
· 사진 촬영
· 운동
· 독서와 음악 감상

다시 지구로

우리는 케이프의 날씨가 맑아질 때까지 하루를 기다렸다가 1994년 4월 20일 캘리포니아 주 에드워드 공군기지에 착륙했다. 엔데버호와 우주 레이더 실험실은 지구에 돌아오자마자 다음 우주비행 채비에 들어갔다. 지구의 날씨가 좋지 않아서 계획보다 늦게 지구로 돌아온 경우는 이후에도 계속되었다. 우주비행에선 예상치 못한 일이 아주 흔하게 일어난다.

지구 대기권을 벗어나 궤도에 오르면 우주비행사들은 자유낙하 또는 무중력 상태를 경험한다. 우주선 안에서는 모든 물체가 낙하하기 때문에 오히려 아무것도 낙하하지 않는 것처럼 보인다. 즉 상하의 구분이 전혀 없는 것이다. 그래서 우주에서는 물체가 부유(浮游)한다고 말한다. 자유낙하란 곧 '부유'를 뜻한다.

지구에서 우주까지 _ 세상에서 가장 긴 8분 30초

우주왕복선을 타고 이륙해서 우주까지, 즉 지구에서 무중력 상태까지 가는 데 걸리는 시간은 8분 30초다. 첫 우주비행의 8분 30초만큼 이 세상에서 가슴 벅차고 길게 느껴지는 순간이 또 있을까!

방금 이륙한 우주왕복선은 거의 수직으로 솟아올라 45초 안에 음속을 뛰어넘는다. 한 도시를 날려 버릴 것 같은 엄청난 굉음을 상상해 보라! 우주선은 발사대 꼭대기를 지날 때 이미 시속 160킬로미터에 이를 정도로 엄청난 가속이다.

우주선은 마하 1(시속 1,224킬로미터에 해당한다)보다 더 빠른 속도를 내며 지구로 돌아온다. 이때 지상의 구경꾼들은 우주선의 앞부분과 꼬리에서 나는 두 가지 음속 폭음(sonic boom)을 듣게 되는데, 이 충격음은 발사할 때도 일어나지만 폭발하는 엔진 소리에 묻혀 들리지 않는다.

천둥소리와 유사한 음속 폭음은 물체가 음속보다 빠르게 공기를 통과하면서 생기는 충격파 때문에 일어난다. 음속은 마하 1로 잘 알려져 있다. 마하 2가 되려면 음속이 두 배가 되어야 한다.

STS-68

나와 우주 레이더 실험실은 다시 한 번 엔데버호를 타고 우주로 올라갔다. 이번 STS-68 비행은 우여곡절 끝에 1994년 9월 30일 오전 7시 16분에 시작되었다.

STS-68 비행은 원래 예정대로 1994년 8월 18일에 카운트다운을 시작했다(카운트다운은 정확한 순간에 모든 시스템을 확인하고 재확인하는 시간이다. 만약 문제가 발생하면 카운트다운은 중지된다). 카운트다운이 제로에 이르렀을 때 주 엔진이 점화되었다. 그런데 주 엔진이 2초 동안 연소하다가 자동적으로 꺼져 버렸다. 우주선에 탑재된 컴퓨터가 엔진의 과열을 감지했기 때문이었다. 우리는 시스템이 설계된 대로 안전하게 우주선을 빠져나왔지만, 이 문제를 해결하느라 비행은 거의 6주가 지연되었다.

마침내 9월 30일 우리는 우주로 올라갔고 다시 한 번 레이더 영상을 지구로 보냈다. 이번 STS-68 비행에는 선장 마이클 A. 베이커, 조종사 테런스 W. 윌컷, 비행임무 전문가인 스티븐 L. 스미스와 다니엘 W. 버쉬, 피터 J.K. 위소프가 나와 함께 탑승했다.

비행이 지연된 건 오히려 잘된 일이었다. 우주비행을 시작한 지 일주일 후에 캄차카 반도에 있는 클류체프스카야 화산의 분출을 자세하게 관찰할 수 있는 행운을 얻었기 때문이다.

나의 두 번째 우주비행은 1994년 10월 11일 오후 1시 2분, 엔데버호가 에드워드 공군기지 22번 활주대에 착륙하면서 끝이 났다. 이번에도 날씨가 좋지 않아서 어쩔 수 없이 캘리포니아에 착륙했지만, 덕분에 우주에서 하루를 더 보낼 수 있었다.

엔데버호는 약 220킬로미터 상공에서 지구를 182회 선회하며 총 756만 3,710킬로미터를 비행했다. 11일 5시간 46분 8초 동안 이뤄진 STS-68 비행은 성공적이었다. 그러나 우주에서 해야 할 일은 여전히 많았다.

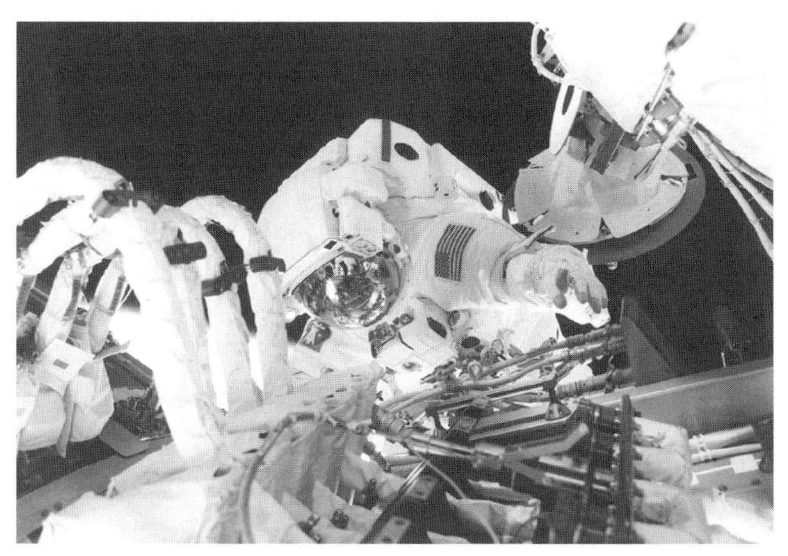

2001년 2월 10일에 국제우주정거장 밖에서 이뤄진 나의 첫 우주유영. 비행동료 밥 커빔과 함께 국제우주정거장(ISS)과 새 데스티니(Destiny) 모듈 사이를 전기선과 냉각호스로 연결시키고 있다.

우주복 해부

나의 선외 활동복(EVA 또는 EMU, 선외 기동장치)은 몇 가지 교체 가능한 부분으로 구성되어 있는 모듈 방식이다. 이 우주복은 우주의 진공상태 그리고 고온과 저온에서 신체를 보호하도록 설계되었다. 우주복의 주요 부분과 역할에 대해 간략히 설명하면 다음과 같다.

헬멧 : 헬멧을 통해 우주비행사에게 맑은 산소가 공급된다. 헬멧의 투명한 이중유리는 플라스틱의 일종인 렉산(Lexan)으로 만들어졌고 충격 흡수율이 아주 좋다. 전등과 TV 카메라가 장착된 헬멧의 위쪽 덮개는 우주비행사의 머리를 외부 충격에서 보호하는 역할을 한다.

견고한 상의 : HUT(Hard Upper Torso)라고 불리는 우주복 상의는 유리섬유와 강철로 만들어졌으며 우주비행사의 가슴과 등, 어깨를 보

호한다. 어깨에 구부릴 수 있는 금속 베어링이 있어 팔을 앞뒤로 약간 씩 회전시킬 수 있다. 길이 조절이 가능한 팔과 장갑은 어깨 베어링에, 헬멧은 HUT의 맨 윗부분에 봉인 부착한다. HUT의 등 쪽에 생명유지 장치 배낭을 부착한다.

조립식 하의 : LTA(Lower Torso Assembly)라고 불리며 우주복의 '바지'에 해당한다. 허리와 다리 부분이 네오프렌(Neoprene) 고무와 케블라(Kevlar)라는 부드러운 절연 재료로 만들어졌으며 외부 압력으로부터 우주비행사를 보호한다. 허리와 무릎이 구부러지고 맨 아랫부분에 신발이 부착된다.

휴대용 생명유지장치 배낭 : PLSS(Portable Life Support System backpack)라고 불리며 우주비행사가 우주에서 생존하는 데 필요한 기계 장치를 담고 있다. 이 배낭은 견고한 상의 뒷부분에 부착되며, 우주복의 산소와 배터리 그리고 급수 장치가 담겨 있다. 또한 PLSS에는 우주선과 우주정거장 그리고 지상 관제소와 교신할 수 있는 두 개의 무선 통신 장비가 있다.

액체냉각통풍 의복 : LCVG(Liquid Cooling and Ventilation Garment)는 우주비행사가 입는 '긴 속옷 한 벌'이라고 할 수 있다. 재질은 스판덱스(Spandex)이고 가느다란 절연 튜브가 깔려 있다. 이 튜브를 통해 냉각수가 순환한다. 따뜻한 물과 공기는 손가락 굵기의 통풍장치 관에 모였다가 배낭으로 보내지는데, 이곳에서 이산화탄소가 냉각, 제거된다.

오늘날 미국 우주비행사들이 입는 우주복은 12층으로 구성된다. 우주복의 외피는 고어텍스(Gortex)와 케블러 그리고 노멕스(Nomex)를 혼합해 만들어진다. 케블라는 방탄조끼를 만들 때 사용하는 섬유로, 우주비행사를 작은 총알과 같은 미소 운석으로부터 보호하는 역할을 한다. 우주복 내피는 총 7층이며 우주의 극한 온도에서 우주비행사를 보호하도록 설계되었다. 우주복 내피의 재료는 데이크론(Dacron) 직물을 얇게 겹친 마일라(Mylar)이다. 우주복 내피 안쪽으로 우주복 내부의 적절한 압력을 유지시키는 또 하나의 층이 있는데, 이것을 압력-공기주머니 층이라고 부른다. 압력-공기주머니 층은 우레탄으로 코팅된 나일론으로 만들어졌고, 나일론은 압력을 억제하는 데이크론 층으로 둘러싸여 있다. 압력-공기주머니 층을 벗기면 가장 안쪽 층인 LCVG가 나온다.

우주복은 지구에선 약 127킬로그램의 무게가 나가지만, 우주에서는 무게를 전혀 느낄 수 없다. 그러기에 우주비행사가 우주복 장비들을 갖추어 입고 우주선 밖에서 8시간씩 작업할 수 있는 것이다.

나의 세 번째 우주비행 STS-80

나의 세 번째 우주비행은 STS-80이었다. 선장 케네스 D. 칵렐, 조종사 켄트 V. 로밍어, 그리고 비행임무 전문가인 타마라 E. 제니건과 스토리 머스그레이브가 함께 탑승했다. 우리는 1996년 11월 19일 컬럼비아호를 타고 지구를 떠나 17일 15시간 53분이라는 공전의 우주왕복선 비행시간 기록을 세웠다.

컬럼비아호의 역량

STS-80 비행은 지난 15년간의 비행에서 닦은 우주왕복선의 모든 역

자외선은 파장이 아주 짧아 인간의 눈으로 볼 수 없는 빛이다.

량을 과시했다. 우리의 미션은 컬럼비아호에서 천문학과 우주의 상업적 이용을 연구하는 두 개의 인공위성을 발사시키고 다시 회수하는 것이었다. 두 번의 랑데부에 성공했고 효율적인 방법으로 최소한의 연료만을 사용했는데, 이것은 장래 우주정거장 건설을 위한 중요한 실험이었다.

ORFEUS-SPAS

우주에서 모든 근육을 완전히 이완시키면 원숭이나 태내에 있는 아기처럼 어깨가 약간 구부러지고 팔과 다리가 몸 안쪽으로 모아지는 자세가 된다. 실제로 경험하고 싶다면(!) 수영장에 가서 온몸의 힘을 완전히 뺀 채 물에 떠 봐라.

'도대체 ORFEUS-SPAS가 뭐지?' 이 단어를 접한 여러분은 고개를 갸웃거릴 것이다. ORFEUS-SPAS는 STS-80 비행에서 우리가 맨 처음 발사시킨 '인공위성'의 이름이며, 지구 대기권을 완전히 통과하지 못하는 자외선의 파장을 관측하는 '망원경'이다.

극히 일부의 자외선만이 지구 대기권을 통과하여 우리 피부를 태운다. 그 이유는 태양광선이 대기를 통과할 때 대부분의 자외선은 오존층에서 여과되기 때문이다.

우주왕복선에서 인공위성을 발사시킨다는 말은 우리가 우주왕복선에 인공위성을 탑재하고 우주공간으로 올라가 궤도상에서 인공위성을 우주선 밖으로 밀어낸다는 것을 뜻한다. 그러면 위성은 자동으로 작동한다. 인공위성을 회수한다는 말은 발사시킨 인공위성과 랑데부하여 우주왕복선의 로봇 팔로 인공위성을 다시 우주선 안으로 끌어당긴다는 말이다. 그러고 나서 정보를 담은 인공위성을 싣고 우주왕복선은 다시 지구로 돌아온다.

은하계 중심, 블랙홀, 백색 왜성, 초신성 잔해들과 같은 우주의 뜨거운 물체들은 모두 자외선을 발사하는데, 이 자외선 안에 각각의 성분과 활동에 대한 정보가 들어 있다. 따라서 자외선을 관찰하기 위하여 ORFEUS-SPAS 망원경을 대기권 위로 올려 보낸 것이다.

이제 우리는 우주와 은하계를 이해하고 블랙홀이나 백색 왜성과 같은 대단히 유동적인 천체물리학을 배운다. 지구와 가까이 있는 천체라고 하더라도 그 기원은 아주 먼 우주의 탄생 시기까지 거슬러 올라간다. 이 흥미로운 천체 연구가 바로 '우주물리학'이다.

허블 우주망원경 또한 자외선 스펙트럼을 이용하여 천체를 연구한다. 그러나 ORFEUS-SPAS 망원경은 허블 망원경보다 더 넓은 자외선 스펙트럼을 관찰할 수 있도록 설계되었기 때문에, 더 먼 곳에 있는 천체까지도 연구할 수 있게 되었다. 그래서 우리는 STS-80 비행에서 ORFEUS-SPAS 인공위성을 14일 동안이나 궤도에 놓아두었고, 덕분에 우주물리학에 대한 막대한 정보를 얻을 수 있었다.

무중력 환경에서 몸을 움직이는 일은 상당히 쉽다. 오히려 한 곳에 가만히 머무르는 일이 더 어렵다. 따라서 제어장치가 없으면 작업장 위에 떠 있게 되고, 그것은 상당히 곤혹스럽다. 우리는 두 발을 무거운 제어장치 고리 안에 넣는 '발 제어장치'를 사용했다. 우주비행사는 벽이나 다른 고정된 물체를 손가락 끝으로 밀면서 움직이는 방법을 배운다.

IMAPS

뉴저지 주 프린스턴 대학은 ORFEUS-SPAS 외에 또 하나의 망원경을 만들었는데, 바로 IMAPS였다. ORFEUS-SPAS에는 자외선을 모아 망원경 중앙에 부착된 2개의 스펙트럼 사진기로 보내는 구경 1미터의 대형 거울이 있다. IMAPS는 고분해능의 스펙트럼 사진기를 갖춘, 보다 작은 망원경이다. 스펙트럼 사진기는 자외선을 아주 미세한 선으로 분할해서 그 자외선을 방출하거나 흡수하는 특수원자를 볼 수 있게 해준다. 따라서 스펙트럼 사진기를 이용하면 천체의 특수 에너지 상태와 성분에 대해 더 많은 정보를 얻을 수 있게 된다.

IMAPS는 고감도의 다른 망원경처럼 우주 깊은 곳까지는 관찰할 수 없지만 천체의 성분과 온도, 세부 사항에 대해서 많은 정보를 주었다. 독일의 튀빙겐 대학과 캘리포니아 대학 버클리 분교가 인공위성의 주 망원경에 대해 NASA와 함께 일했다.

뜨거운 별

우리와 수 광년이나 떨어진 블랙홀이나 백색 왜성과 같은 비밀스런 천체를 연구하는 일은 태양계에 관해 연구하는 것보다 중요하지 않지만 물리학의 법칙들 — 그리고 태양의 궁극적 운명 — 을 더 많이 알게 해 준다. 이 활동적인 천체들 — 태양이나 이웃 외계 별들의 표면보다 훨씬 고온임 — 에 작용하는 물리학 법칙들은 우주 형성의 실마리를 던져 준다. 초신성의 잔해나 블랙홀을 둘러싼 원반 모양의 소용돌이, 혹은 10억 광년 떨어진 은하의 활동적이고 강력한 거대한 중심핵의 온도는 빅뱅 직후의 초고온과 같을 정도로 높다.

광년이란 빛이 1년 동안 나아가는 거리를 말한다. 초속 약 30만 킬로미터로 나아가므로 대략 10조 킬로미터에 상당한다.

빅뱅 이론은 우주가 하나의 대폭발로 생성되었다는 이론이다. 따라서 모든 것이 움직이고 우주가 계속 팽창하고 있는 이유가 설명된다.

지상에서 관측하기 아주 어려운 이들 환경에서, 오늘날 작용하는 물리학 법칙들을 볼 수 있다면 우주의 생성기에 작용했던 물리학 법칙들을 발견할 길이 열릴 것이다.

우리는 STS-80 비행에서 ORFEUS-SPAS와 후류차폐 시설(Wake-shield Facility)을 배치하고 회수하는 임무와 더불어, 국제우주정거장 건설을 위한 시험으로 우주유영을 두 차례 실행할 계획이었다. 그러나 실망스럽게도 컬럼비아호의 바깥 출입문이 고장 나서 제니건과 나의 우주유영은 취소되었다. 억지로 출입문을 열 경우 나중에 닫히지 않게 될 위험(!)이 있다는 지상 관제소의 경고에 따라 결국 우주유영을 포기하고 만 것이다. 이 일은 1년 뒤 NASA의 다른 우주비행사들에 의해 완수되었다.

두 명의 우주비행사가 우주왕복선 밖에서 나란히 작업을 하고 있어도 서로 의사소통을 하기 위해서는 무선 통신이 필요하다. 무선 통신의 도움 없이는 상대방에게 말을 걸어도 목소리가 들리지 않는다. 우주의 진공 상태에서는 소리가 전혀 진동하지도, 전달되지도 않기 때문이다.

STS-80 비행의 또 다른 목표는 16일간 궤도에 머물면서 재료과학과 생물학에 관련된 다양한 실험을 수행하는 것이었다.

새 데스티니 래브 안에서 선장 켄 칵렐과 내가 래브의 중앙 통로로 헤엄치듯 유영하는 모습이다. 데스티니는 길이 8.4미터, 직경 4.8미터 그리고 약 1만 3,500킬로그램의 무게가 나가는 국제우주정거장의 핵심부다.

효율적인 것은 중요하다. 그래서 컬럼비아호도 만능의 인공위성 발사체로 운영되고 있는 것은 물론, 과학 실험실의 기능도 겸하고 있는 것이다.

후류차폐 시설(WSF)

STS-80의 두 번째 인공위성, 후류차폐 시설은 우주에서 보다 효율적인 컴퓨터칩을 만드는 작은 공장이었다. NASA와 휴스턴 대학이 공동으로 만든 후류차폐 시설에서 우주 공간의 진공 상태에서 가장 순수하고 효율적인 반도체 웨이퍼를 만드는 기술을 시험했다. 오염이 없는 상태(우주)에서 생산된 반도체 웨이퍼는 지상에서 생산된 칩을 능가하여 향후 더 빠르고 싸고 경쟁력 있는 컴퓨터 칩이 될 것이다.

STS-80 비행에서 내가 맡은 임무는 컬럼비아 우주선의 로봇 팔을 사용해서 후류차폐 시설을 궤도로 내보내는 일이었다. 비행 4일째, 후류차폐 시설을 우주선 화물칸 밖으로 옮긴 뒤 장시간에 걸친 점검 과정을 마치고 드디어 궤도로 내보냈다. 후류차폐 시설은 천천히 우주선을 벗어나 조종실 창문 위로 나아갔다. 우리는 흥분과 긴장감 속에서 이 아름다운 광경을 바라보았다.

우주영상시스템(SVS)

우주영상시스템(Space Vision System)은 우리가 인공위성을 회수하면서 실험한 장비이다. 우주영상시스템이란 3차원으로 물체의 위치를 측정하는 고화질 TV영상의 한 방식이다. 우주비행사는 조종실에서 심도 인지력(창밖 바라보기), TV 모니터, 컴퓨터 디스플레이를 이용하여 인공위성의 위치와 이동 경로를 추적할 수 있다. 우주영상시스템은 시야에서 벗어난 우주정거장 모듈 조립에 대단히 중요한 역할을 한다. 10억 달러짜리 모듈이 제자리를 찾을 수 없다면 경제적으로 얼마나 큰 손실인가!

로봇 팔

3일이 지나 후류차폐 시설에서의 칩 제조가 완료되자, 선장 칵렐은 이 시설에서 4.5미터 아래를 비행하던 컬럼비아호를 위로 끌어올렸다. 나는 창밖의 후류차폐 시설과 우주선 계기판에 놓인 TV 모니터를 번갈아 보면서 로봇 팔을 조종해 후류차폐 시설을 회수할 준비를 했다.

로봇 팔은 유연하게 조종되었지만 내가 후류차폐 시설의 갈고리 핀 위로 이동하자 미세한 진동을 보였다. 그러나 나는 잠시 후 큰 음료수 캔처럼 생긴 로봇 팔 끝으로 후류차폐 시설의 갈고리 핀을 잡아 우주선으로 들어 올렸다. 첫 번째 인공위성 회수 완료! 다음 인공위성으로 출발! 비행 15일째, 이번에는 제니건이 로봇 팔을 조종하여 ORFEUS-SPAS 인공위성을 성공적으로 회수했다. STS-80 미션은 2개의 인공위성을 내보냈다가 다시 회수한 최초의 우주왕복선 비행이었다. 만능 우주선 컬럼비아호의 완벽한 비행이자 로봇공학의 승리였다.

STS-98

가장 흥미진진했던 나의 네 번째 우주비행은 아틀란티스 우주왕복선을 타고 이뤄졌다. 선장 케니스 D. 칵렐, 조종사 마크 L. 폴란스키, 비행임무 전문가인 로버트 L. 커빔과 마셔 S. 아이빈스가 나와 함께 탑승했다. 아틀란티스호는 2001년 2월 7일 미국 동부 표준시로 오후 6시 13분에 케네디 우주센터에서 발사되었다. 우주왕복선은 아름다운

저녁노을을 배경으로 이륙했다. 7번째 우주왕복선 비행인 STS-98은 국제우주정거장 '알파'를 조립하는 임무를 맡았다. 우리가 설치해야 하는 모듈은 14억 달러짜리 새 데스티니 모듈이었고, 국제우주정거장 알파와 도킹하여 데스티니 모듈을 설치하고 가동하는 데 꼬박 7일이 걸렸다.

국제우주정거장에서의 우리 임무는 NASA 역사에 하나의 획기적인 사건이 되었다. 데스티니 과학 실험실을 설치함으로써 우주정거장 알파는 공식적으로 역사상 가장 큰 우주 거주지가 되었다. 더 중요한 점은 데스티니가 알파의 컴퓨터와 생명유지장치, 전력공급시스템을 관리하게 되면서 우주정거장 안에서의 과학 연구를 처음으로 가능하게 했다는 점이다.

세 차례의 우주유영

내 인생의 가장 큰 도전이자 최고의 우주비행은 데스티니 실험실에 전력과 냉각기, 컴퓨터 생명선을 설치하기 위하여 총 세 차례에 걸쳐 우주유영을 한 일이다. STS-80 비행에서 예정되었던 첫 우주유영이 좌절된 후, 나는 세상의 모든 일이 거저 얻어지는 것이 아님을 깨달았다. 동료 마크 리, 밥 커빔과 함께 힘겹고 까다로운 선외 활동 훈련을 받느라 200시간 이상을 물속에서 보내면서도 나는 우주유영의 날이 아직 멀었다고 마음을 다스렸다.

사실, 아틀란티스호의 공기잠금문(Airlock hatch)을 빠져나가는 순간까지도 우주를 유영한다는 사실을 믿을 수 없었다.

세 차례의 우주유영 중 첫 번째 선외 활동이 가장 중요했다. 비행 4일째, 커빔과 내가 우주유영을 준비하는 동안 칼렐과 아이빈스는 데스티니 모듈을 우주정거장에 올려놓았다. 나는 우주선 문 밖으로 나와(이번 우주유영은 진짜였다!) 새 데스티니 모듈의 진입로를 만들기 위해 도킹 포트를 이동시켰다. 아이빈스는 화물칸에서 아주 조심스럽게 데스티니를 들어 올려 우주정거장의 도킹 포트에 정렬시키고 옛날 모듈을 교체했다. 아이빈스가 완벽하게 일을 끝내자 칵렐은 데스티니 모듈을 영원히 우주정거장에 고정시키는 원격 조종 볼트를 조였다.

이제 커빔과 나의 차례였다. 우리는 우주정거장의 전력선과 냉각호스를 데스티니 모듈에 부착시키기 위해 새 데스티니 모듈 주위를 조심스럽게 헤엄치며 부피가 커서 다루기 힘든 연결 장치를 접속시키고, 예비 히터 시스템 케이블을 매달았다. 첫 우주 선외 활동의 가장 중요한 순간은 데스티니에 4개의 암모니아 냉각호스를 연결할 때였다. 냉각호스가 제대로 연결되지 않으면 데스티니 모듈은 과열되어 곧 고장이 나고 만다.

커빔은 이 두꺼운 냉각 호스들을 데스티니 모듈 위로 구부려야 하는 어려운 일을 맡았다. 우주정거장에서 첫 번째 냉각 호스를 떼는 순간, 얼음 암모니아 결정체가 마치 하얀 눈처럼 녹슨 밸브에서 갑자기 분출

STS-98 비행 중 두 번째 우주유영에서 아틀란티스호 조종실 안의 동료들에게 손을 흔들고 있는 모습. 등 뒤로 우주정거장의 너비 73미터 태양 전지판이 보인다. 나는 우주복 안쪽에 연장을 차고 휴대용 발 제어 장치를 왼쪽 엉덩이에 맨 채 우주정거장 난간을 잡고 서 있었다.

되었다. 빨리 막지 않으면 암모니아 냉각제가 다 없어져 버리기 때문에 커빔은 암모니아가 누출되는 밸브와 연결된 호스를 즉각 떼어 냈다. 커빔을 도우려고 데스티니 모듈 앞쪽으로 몸을 움직였을 때 나는 혜성의 꼬리처럼 우주 속으로 빠르게 흩어지는 얼음 결정체와 자욱한 수증기를 볼 수 있었다. 그러나 커빔은 혼자서 문제를 아주 잘 처리했다. 다행히 4개의 밸브 중에서 첫 번째 것만 문제가 있었다. 7시간 반에 걸친 선외 활동으로 모든 전력선과 냉각호스의 연결이 완료되자 데스티니 모듈이 가동되기 시작했다.

착륙 지연

데스티니와 미래의 우주정거장 조립 준비를 위해 우주유영을 두 번 더 했고 모두 순조롭게 진행되었다. 우주정거장에 들어가서 데스티니 실험실을 가동시키고 예비 부품과 과학 장비를 옮기고 나니 마침내 떠날 시간이 되었다. 우리는 보석처럼 빛나는 데스티니 모듈을 남겨 둔 채 우주정거장을 나섰다. 다음 날 무사히 궤도에 다시 진입했고, 그 사이 우리는 자전거 타기 운동을 하거나 우주선 창밖으로 지구를 내다보며 지구의 과학자들에게 전해 줄 사진들을 챙겼다.

그러나 나의 첫 번째와 두 번째 비행 때처럼, 다시 한 번 플로리다의 기상 악화로 궤도 비행을 2~3일간 더 하게 되었다. 기간이 연장되자 생필품이 바닥났고, 지상 관제소는 아틀란티스호를 에드워드 공군기지에 착륙시키기로 결정했다. 아틀란티스호가 오후 늦게 22번 활주로에 부드럽게 내려앉자 우리는 모두 성공적인 비행을 자축하며 기뻐했다. 나의 마지막 우주여행, STS-98의 경험을 능가하는 비행은 아마도 없을 것이다.

말을 탔을 때 두 발을 디디는 등자와 유사한 '발 제어장치'는 우주비행사가 우주를 유영하면서 손을 자유롭게 사용할 수 있도록 해 준다. 발 제어장치 덕분에 우주비행사는 미끄러지듯 걸어 다니거나 또는 한 곳에 머물면서 연장과 장비를 자유자재로 다룰 수 있다.

우주에서는 화장실을 어떻게 사용할까?

우주는 화장실이 발달하기에는 어려운 환경이지만, 우주비행사에겐 이제 거의 모든 문제가 해결된 실용적인 우주 화장실이 있다. 우주 화장실(여객기 화장실처럼 좁다)에는 중력 대신에 공기를 이용하는 '배설물 조절 장치'가 있다.

소변은 배설물 조절 장치 앞에 떠 있는 상태에서 해결할 수 있다. 배설물 조절 장치는 전기 선풍기로 비행사 몸에 가까이 있는 깔때기로부터 소변을 빨아들여 호스 아래로 내려보낸다. 소변은 이곳에 저장되었다가 나중에 우주선 밖으로 버려진다. 이 과정은 간단하고 깨끗하며 신속하다.

대변을 보려면 스프링으로 고정된 푹신한 가로대에 몸을 맡긴 채 변기 위에 앉아야 한다. 변기통이 밀폐되면 자동으로 변기 바닥이 열리고, 선풍기가 작용하여 공기와 대변을 빨아들여 저장 탱크로 보낸다.

볼일이 끝나면 밸브를 닫아 배설물을 저장하고 있는 탱크를 진공 상태의 우주 공간에 노출시킨다. 진공 상태에 노출시키면 탱크 안에 있는 배설물이 소독되면서 냄새가 제거된다. 그 후 배설물은 냉동 건조된 상태로 지구에 돌아온다.

현재 우주정거장에서 사용되는 러시아 화장실은 소변은 정거장 밖으로 내버리고 대변은 밀폐된 금속통에 저장한다. 금속통은 정거장에 보관되었다가 프로그레스 화물우주선에 실려 지구로 돌아온다. 프로그레스 화물우주선과 배설물은 지구 대기에 진입하면서 모두 불타 버린다.

간/추/리/기

- 나는 1994년부터 2001년까지 총 네 차례 우주왕복선을 타고 비행했다.
- 첫 두 번의 우주비행에서는 만능 레이더 실험실을 사용해서 지구 표면을 측량했다.
- 세 번째 우주비행에서는 2개의 과학위성을 궤도에 배치하고 그 실험 결과를 지구로 가져옴으로써 우주의 기원과 상업적 이용의 잠재 가치를 연구했다.
- 네 번째 우주비행에서는 국제우주정거장 알파의 중추신경에 해당하는 데스티니 모듈을 조립했다.

2장 우주의 비밀을 밝히는 NASA

NASA의 과학자들은 수많은 것들을 발명하여 일상생활을 변화시켰다. 그러나 대부분의 사람들이 NASA가 발명했다고 생각하는 벨크로(Velcro) 테이프(한국에서는 찍찍이라고 부른다 : 번역자 주)는 사실 전혀 NASA와 관계가 없다. 벨크로는 메스트럴이라는 한 스위스 발명가가 1940년대 초에 발명한 것이다. 어느 날 애완견과 산책에서 돌아온 메스트럴은 옷과 애완견의 털에 엉겨 붙어 있는 카클버(국화과의 잡초)를 발견했다. 현미경을 통해 카클버의 표면이 온통 뻣뻣한 갈고리로 되어 있다는 것을 알게 된 메스트럴은 한

NASA의 현재(나는 NASA에서 2001년 여름까지 근무했다)를 조명하기에 앞서 NASA의 역사를 간략히 언급하고자 한다. NASA의 상세한 역사는 뒤에서 다룰 것이다.

NASA는 어떤 곳일까?

미국항공우주국(NASA, National Aeronautics and Spaced Adminis-tration)은 1958년 10월 1일에 탄생했다. NASA는 우주를 탐사하기 위해 만들어진 순수한 민간기관, 다시 말해 비군사적 조직이다. NASA는 러시아(구소련)가 스푸트니크 인공위성을 우주로 쏘아올린 직후에 창설되었다. 러시아가 우주를 지배하여 커다란 군사적 이익(특히 전략 미사일과 탄두)을 챙길 것이라는 두려움에서 공격적 대응을 해야 한다는 의견이 미국에 널리 퍼졌다. 그래서 그때는 우주개발로 관심이 집중

되는 시기였다.

쪽은 뻣뻣한 갈고리, 다른 한 쪽은 부드러운 고리로 된 접착 장치를 개발했다. NASA는 곧바로 벨크로의 유용성을 깨달았는데, 무중력 상태에서 벨크로만큼 일시적으로 물체의 부유를 막을 수 있는 도구는 없었던 것이다. '벨크로(velcro)'는 '벨루어(velour)'와 '크로셰(crochet)'의 합성어로, 이제 벨크로 테이프 없는 우주비행은 상상할 수 없다.

머큐리와 제미니

NASA는 창설되자마자 '어떻게 인간을 우주 공간으로 보낼 것인가'를 놓고 고민하기 시작했다. NASA의 최초 유인(有人) 우주비행 계획인 머큐리 계획은 '우주비행사'가 지구를 벗어난 궤도에서 과연 생존할 수 있는가를 알아보는 게 주 목적이었다.

머큐리 계획의 선구적인 노력은 제미니 계획으로 이어져 두 명의 우주비행사를 태운 보다 큰 우주선이 발사되었다. 제미니 계획의 성공으로 미국은 우주개발에서 한발 앞선 러시아를 성큼 따라잡았다.

지구를 궤도 비행한다는 것은 우주 공간에서 지구를 돈다는 뜻이다. 지구를 한 바퀴 도는 것을 궤도 비행 1회라고 한다.

아폴로

제미니는 케네디 대통령의 달 착륙 계획인 아폴로의 전신이었다. 아폴로는 인류 역사상 최초로 인간을 달에 보내고 다시 지구로 돌아오는 놀라운 일을 모두 여섯 번(맨 처음 도착한 곳은 달 표면의 고요의 바다였다)이나 해냈다.

마리아라고 불리는 **'달의 바다'**는 실제로 바다가 아니다. 달의 바다는 물이 없으며 고대 용암층인 평지로 이루어져 있다.

아폴로 계획이 끝나고 미국은 우주정거장 스카이랩을 지구 궤도에 올려놓았다. 그러다가 냉전시대가 붕괴되면서 마침내 1975년에 소련과 함께 합동 궤도 비행을 하기에 이른다.

우주왕복선

아폴로에 이은 NASA의 다음 도전은 대규모의 우주왕복선 계획이었다. 우주왕복선이란 로켓처럼 우주 공간으로 발사하지만 비행기처럼 활주로로 착륙하는, 즉 재사용이 가능한 우주선을 말한다. 지난 30년 동안 우주왕복선은 가장 우수한 성능의 우주선이었다.

달의 표면적은 아프리카 대륙 면적과 비슷하다.

로봇 탐사선

NASA는 유인 우주계획과 더불어 로봇 과학 탐사선을 개발하여 달과 다른 행성들의 정체를 밝혀냈다.

바이킹과 화성 패스파인더가 화성 표면을 탐사하는 동안, 허블 우주 망원경은 원거리 우주에 관한 새로운 사실들을 발견했다.

혁신적인 인공위성들

NASA가 발사한 인공위성들로 인해 우리는 통신과 기상예보에서 대변혁을 이루었다. 오늘날 NASA는 우주를 향한 인류의 탐험 노력을 계속 이어 가면서 또한 인간의 삶을 개선시키는 새로운 기술들을 연구, 개발하고 있다.

목표와 목적

NASA의 목표와 목적은 '지식을 쌓아 미래를 연구하고, 아직은 상상 속에서나 가능한 기술을 개발하여 인류 번영에 이바지하는 것'이다. 다음은 NASA가 추구하는 4가지 목표들이다.

목표 1. 항공술을 혁신한다

안전하고 환경 친화적인 비행술을 발전시킨다.

목적 1 : 안전 증대 — 항공기 사고율을 10년 내에 1/5, 25년 내에 1/10로 줄인다.

목적 2 : 유독가스 배출량 감소 — 미래 항공기의 유독가스 배출량을 10년 내에 70%, 25년 내에 80% 줄인다. 이산화탄소 배출을 10년 내에 25%, 25년 내에 50% 줄인다.

목적 3 : 소음 감소 — 미래 항공기의 지각 소음을 10년 내에 1/2, 25년 내에 1/4로 감소시킨다.

목적 4 : 항공 시스템 역량 증대 — 항공 시스템 역량을 10년 내에 2배, 25년 내에 3배 높인다.

목적 5 : 기동성 증대 — 대도 시간의 수송 시간을 10년 내에 절반, 25년 내에 2/3로 줄이고, 대륙 횡단의 장거리 운항 시간을 25년 내에 절반으로 줄인다.

목표 2. 우주 수송을 발전시킨다

우주 공간까지 안전하고 비용이 적절한 항로를 개척한다.

목적 6 : 안전한 우주비행 — 우주선 탑승원의 사고 발생 위험을 10년 내에 1/40, 25년 내에 1/140로 낮춘다.

목적 7 : 적절한 비용의 우주비행 — 화물을 지구 궤도로 수송하는 비용을 10년 내에 1/10, 25년 내에 1/20로 줄인다.

목적 8 : 우주비행 범위 넓혀 나가기 — 다른 행성들에 도달하는 시간을 15년 내에 1/2, 25년 내에 1/10로 단축한다.

목표 3. 항공우주시스템을 혁신한다

목적 9 : 항공공학의 혁신 — 비용 면에서 효율적이고 혁신적인 시스템 설계를 가능케 하는 첨단 공학기구와 과정, 문화를 개발한다.

목적 10 : 과학기술의 혁신 — 근본적으로 새로운 항공우주시스템 역량이나 새로운 우주항공 미션을 가능케 하는 혁신적인 과학기술을 개발한다.

목표 4. 과학기술을 상업화한다

NASA의 연구와 과학기술이 가져오는 이익을 보다 많은 사람들에게 제공한다.

프로그램

NASA의 연구 프로그램은 앞서 언급한 목표와 목적에 기반을 두고 있다. 모든 프로그램은 산업체와 국방부, 그리고 연방 항공국과 연계되어 계획되고 실행된다.

다음은 현재 진행중인 우주항공술 연구 프로그램들이다.

- 우주 발사 계획
- 첨단 우주 수송 프로그램
- 소형 항공기 수송 프로그램
- 항공 운용 시스템
- 지능 통합 환경
- 비행체 시스템 기술
- 정보 기술
- 무소음 항공기 기술
- 추진력과 동력
- 지능 시스템
- 비행 연구
- 회전익(回轉翼) 항공기

NASA는 시간이 오래 걸리고 위험 부담이 높은 대신 커다란 이익을 가져다줄 과학기술을 개발하고 있다. 신중한 평가 속에서 과학기술에 미래를 건 모험을 하는 것이다. 누구나 알고 있는 것처럼 도약은 노력 없이 이루어지지 않는다.

만약 지구에서 태양에 이르는 도로가 있다면, 여행하는 데 무려 170년(속도제한을 지킬 경우)이나 걸릴 것이다. 햇빛 차단 크림을 빼먹으면 절대 안 됩니다! 홀랑 탈 테니까요.

교육

NASA는 교육기관과 밀접한 관계를 유지한다. 고등학생을 대상으로 유익한 프로그램과 자료를 공급하고, 대학으로부터 연구를 지원받거나 전문지식을 얻으며, 대학 연구소가 필요로 하는 자원과 정보를 제공한다.

NASA의 우주항공 교육 프로그램은 학생들에게 수학과 과학기술에 대한 폭넓은 배움의 장을 제공한다. 수학, 과학 과목을 우주 탐험이나 항공 프로그램과 연관시켜, 미래에 과학기술 전문가가 되도록 흥미를 유발시키는 것이다.

원격 학습

NASA는 학생들에게 원격 학습이라는 쌍방향의 화상 회의를 제공한다. 우주비행사는 생방송 화상 회의를 통해 화면으로 학생들에게 다양한 우주의 주제에 대해 가르친다. 필자 역시 존슨 우주센터에서 원격 학습을 지도했다. 다음은 원격 학습에서 가르쳤던 주제와 대상 학생들이다.

- 우주 농장, 초등 5학년 ~ 고등 3학년
- 우주에서 날아온 암석, 초등 4학년 ~ 중등 2학년
- X-38(우주비행사 구명보트), 초등 3학년 ~ 고등 3학년
- 우주선 음식, 초등 3학년 ~ 중등 2학년
- 로봇학, 초등 5학년 ~ 고등 3학년
- 바이오-플렉스, 초등 5학년 ~ 중등 2학년

NASA는 설립되고 나서 모든 민간(군사적 목적이 아닌) 로켓 발사를 담당했다. 그러나 1989년을 기점으로 발사 업무를 도급하기 시작하면서 상업적인 로켓 발사 산업이 성장하게 되었다. 현재 로켓 제조업체와 미 공군에 의해 수많은 발사가 이뤄지고 있다(미국 정부의 유일한 우주비행체는 NASA가 운영하는 우주왕복선뿐이다). 델타 II, 아틀라스 I · II, 타이탄IV 등은 NASA가 아닌 일반 제조업체에서 발사하고 있다. NASA는 자신의 페이로드를 실은 비행체들을 전체적으로 감독하고 있지만, 앞으로 점점 더 많은 로켓들이 상업적 목적으로 발사될 것이다.

- 우주 공간에서 인체가 받는 영향, 초등 4학년 ~ 고등 3학년
- 미소 중력 상태, 초등 5학년 ~ 중등 2학년
- 천체와 천체도 그리고 국제우주정거장, 초등 3학년 ~ 4학년
- 우주에서 찍은 사진, 초등 5학년 ~ 중등 2학년
- 전문 직업, 중등 1학년 ~ 고등 3학년
- 천문학, 초등 5학년 ~ 고등 3학년
- 국제우주정거장의 가상 체험, 모든 학년

교사들은 원격학습에 대한 계획을 미리 세우고, 학생들은 사전학습을 받는다(존슨 우주센터에 연락하면 더 많은 정보를 얻을 수 있다. 존슨 우주센터에는 원격학습에 필요한 모든 장비가 갖춰져 있다).

예산 부족

NASA는 지난 10년간 재정이 넉넉하지 못했다. 2002회계연도 NASA의 예산은 대략 146억 달러인데, 이 금액은 연방 지출액의 0.7%에 불과하다. 이와는 대조적으로 1960년대 아폴로 계획이 진행될 때는 연방 예산의 4% 이상이 NASA의 예산으로 책정되었다.

NASA는 부족한 예산 때문에 인력을 감축하고 우주왕복선 운용 비용을 절반 가까이 줄였으며 우주정거장 건설을 늦추었다. 현재 NASA는 우주정거장 건설, 태양계 탐사, 지속적인 우주왕복선 비행으로 눈코 뜰새 없이 바쁘다. NASA가 달 탐사 혹은 소행성이나 화성에 도달하기 위해서는 국민의 지원과 지지가 필요하다.

간/추/리/기

- NASA는 미국의 모든 민간 우주 프로그램을 관장한다.
- NASA는 지구 대기와 우주를 탐험하고, 그 결과를 국민과 과학계와 공유할 목적으로 설립되었다.
- NASA는 냉전 시대가 한창일 때 탄생했지만, 오늘날까지 우주 탐사와 지식의 영역을 넓혀 나가고 있다.
- 연방 예산의 1%에도 못 미치는 돈이 우주개발에 쓰이고 있다.

로켓은 어떻게 날아오르는 것일까?

3장은 로켓 공학의 개론이라고 할 수 있다. 로켓의 역사를 간략히 돌아보고 로켓의 작동 원리와 오늘날의 로켓 공학을 창시한 사람들에 대해 살펴볼 것이다. 로켓의 역사는 지금으로부터 800년 전으로 거슬러 올라간다.

중국에서 독립기념일까지 _ 로켓 공학의 역사

로켓의 시초는 아마도 축하 행사에 쓰였던 불꽃일 것이다. 그러나 로켓은 곧 전쟁 무기로 발달해서 13세기에 몽골 사람들은 '화전(火箭)'으로 알려진 로켓을 사용했다. 무기로써 사용된 로켓은 미국 역사를 이해하는 데 도움을 주기도 한다. 가령, 미 국가에 나오는 '로켓의 붉은 빛'이라는 가사를 생각해 보자. 여기서 말하는 로켓이란 필자의 고향인 볼티모어의 맥헨리로 발사된 영국의 '콩그레브(Congreve)' 로켓을 가리킨다. 그리고 7월 4일 독립기념일에 우리는 무슨 일을 할까? 바로 로켓을 쏘아 올린다. 로켓은 생명을 구하는 신호수단으로 사용되다가 제2차 세계대전 때 무기로써 실전에 투입되었다.

1379년 무라토리(Muratori)라는 이름의 이탈리아 사람이 중세시대 때 사용되던 화약추진 화살을 로체타(rochetta)라고 불렀다. 이 단어가 오늘날 영어의 로켓이 되었을 것으로 생각된다.

최초의 로켓 과학자

중국에서 왕후라는 사람이 최초로 로켓 발사를 시도했다. 그는 두 개의 커다란 막대기 사이에 의자를 묶어 만든 원시적인 장치에 총 47개의 로켓을 부착시켜 한꺼번에 점화시켰다고 한다.

1410년에 출판된 진 프루아사르의 『연대기』를 보면 통으로 발사하는 군사용 로켓이 언급된다.

불붙은 로켓은 제멋대로 타올랐고, 결국 이 원시적인 장치를 밀어 올릴 만한 추력(推力)을 내지 못했다. 그 때문에 왕후는 로켓 발사에 따른 화재로 불에 타 죽었다고 전해진다.

뉴턴의 이론

17세기 동안 발표된 뉴턴의 이론은 로켓 개발에 유용한 도움을 주었다. 몇 가지 예를 들어 보면 다음과 같다.

- 뉴턴의 제3운동법칙은 "모든 운동에는 똑같은 크기의 반작용이 존재한다"이다. 이 법칙이 오늘날 '반작용 추력'으로 알려진 로켓 추진의 기본 원리이다. 로켓의 기저에서 아래로 뿜어져 나오는 화염과 고온가스의 반작용 추력으로 로켓이 위로 솟아오르는 것이다.
- 뉴턴은 만일 어떤 물체가 빠른 속도로 발사되어 높은 고도에 오르면, 지상으로 떨어지는 일 없이 지구 주위를 선회할 것이라고 주장했다.
- 뉴턴은 물체의 부피에 비례하고 다른 물체와의 거리에 반비례하

는 ‘중력’이라는 힘이 태양계에 작용하여 행성의 궤도를 지배한다고 주장했다. 그 결과 궤도 역학은 행성의 궤도에서 발생하는 자연과학적인 변화나 섭동(태양계의 천체가 다른 행성의 인력으로 타원 궤도에 변화를 일으키는 일)을 예측할 수 있었다.

- 행성들의 궤도 경로의 변화를 예측한 뉴턴의 ‘태양계’는 1846년, 1930년에 각각 해왕성과 명왕성을 발견하는 직접적인 계기가 되었다.
- 뉴턴의 제3운동법칙에 따른 제트 추진은 1720년 네덜란드인 제이콥 윌렘 그레이브산데가 내부 증기기관으로 추진되는 모형 자동차를 만들었을 때 성공적으로 입증되었다.

로켓은 제2차 세계대전을 전후로 무기로 가장 활발하게 사용되었다. 모든 군대에서 소형 로켓을 대포로 사용했고, 전폭기들은 로켓을 가장 효과적인 지상 공격무기로 이용했다. 독일의 나치군은 장거리 대포로써 유도미사일을 개발하는 데 온힘을 쏟았다. V-2 로켓이 오늘날 대륙간 탄도미사일(ICBM)의 전신이다. 걸프전(1991년)에서는 현대식 정밀 유도미사일이 하늘과 지상에서 모두 사용되었다. 현재 상업적인 우주 발사 산업을 이끌고 있는 사람들은 바로 냉전 시대 미사일 산업을 이끌었던 후예들이라고 할 수 있다.

로켓의 발사 원리

로켓은 연료와 산화제라는 두 성분을 연소시켜 고온의 가스를 내뿜으며 그 반동으로 추력을 얻어 올라간다. 제트 엔진은 연료를 공기 중의 산소와 혼합시켜 고온의 가스를 분출시킨다. 로켓이 대기권 상층부와 진공상태의 우주공간에서 제 기능을 하려면 반드시 연료와 함께 산화제(산소 또는 산소로 구성된 화학물질)를 내장하고 있어야 한다.

부스터 로켓은 우주선을 지구 궤도나 그 너머로 쏘아 올리기 위해 특별히 설계된 추력 보강용 로켓이다.

로켓은 사용하는 연료와 산화제에 따라 두 종류로 나뉜다. 초기 로켓과 오늘날 불꽃놀이에 쓰이는 화약은 고체 물질을 연료로 사용한다. 이런 고체연료 로켓의 장점은 연료가 저장 가능하다는 점을 들 수 있지만, 일단 불이 붙으면 멈출 수 없다는 단점이 있다. 우주왕복선의 부스터 로켓이 대표적인 고체연료 로켓이다. 고체연료 로켓은 연료인 산화알루미늄과 과염소산암모늄인 산화제를 혼합한 고체 추진제를 연소시킨다.

액체연료 로켓은 액체 상태의 연료와 산화제를 사용한다. 밸브와 펌프를 통해 연료의 양을 조절할 수 있으므로 발사를 중지시켰다가 다시 시작할 수 있다. 또한 액체연료는 고체연료보다 에너지가 크기 때문에 무거운 화물을 궤도로 올려놓을 때 효과적이다. 제2차 세계대전 때의 V-2 로켓은 알코올을 연료로, 액체산소를 산화제로 사용했다. 우주왕복선의 주 엔진은 액체수소를 연료로, 액체산소를 산화제로 연소시킨다.

고체연료 로켓의 엔진 점화는 일반적으로 적은 양의 화약으로 만들어진 불길이 로켓 중앙의 빈 관으로 내려가서 고체연료에 불을 붙인다. 이후 만들어진 연소가스는 노즐 밖으로 내보낸다.

액체연료 로켓의 엔진 점화는 각 탱크에 저장돼 있던 연료와 산화제가 연소실로 들어가 섞이면서 시작된다. 혼합액은 적은 양의 화약이나 전기 불꽃 또는 화학 반응으로 불이 붙는다.

고온의 배기가스를 일정하게 분출하기 위해서는 액체산소나 다른 산화제가 꼭 필요하다. 공기 중에는 아주 빠른 속도로 연료를 계속 태울 만한 산소가 부족하고, 고도가 높을수록 공기 밀도가 낮아지기 때문에 로켓이 자체적으로 산소를 공급할 수 있어야 한다.

프랑스 사람은 15세기 전쟁에서 로켓을 아주 폭넓게 사용했다고 한다. 1429년 프랑스군은 로켓을 사용하여 오를레앙(Orleans)이라는 도시를 성공적으로 방어했다고 전해진다.

뉴턴의 예측대로, 연소실에서 방출되는 고온 가스는 로켓 끝의 노즐 밖으로 뿜어져 나온다. 이 힘이 로켓을 반대 방향(다른 문제가 발생하지 않는 한)으로 밀어 올려 공중으로 치솟게 만든다. 로켓을 밀어 올리는 힘은 연료의 양과 종류에 따라 다르다. 이런 힘을 '추력'이라고 하며, 추력은 보통 파운드나 킬로그램으로 측정된다. 예를 들어 우주왕복선의 부스터와 주 엔진의 발사 추력은 3,175톤이다. 인간을 달에 올려놓았던 새턴V형 부스터 로켓의 발사 추력은 3,402톤이었다.

나다나엘 라이는 1647년 『포술』이라는 책을 저술했는데, 이 책은 다양한 종류의 불꽃과 군사용 로켓의 제작, 조작, 기능에 대해 자세히 설명하고 있다.

로켓의 단(段)

로켓은 추력이 로켓의 무게보다 더 크기 때문에 올라가는 것이다. 따라서 로켓이 가벼울수록 추력도 줄어든다. 현대식 로켓이 대부분 단별로 만들어지는 이유가 바로 여기에 있다. 단별로 만든다는 말은 다시 말해 로켓을 연속해서 쌓는다는 뜻이다.

페이로드(우주선 또는 인공위성)는 지구 궤도에 진입하거나 원거리 우주로 날아가는 발사 비행체의 화물이다.

당연히 맨 아래에 있는 제1단 로켓이 제일 먼저 점화된다. 점화 후 연료를 다 써 버린 1단 로켓이 우주선 본체에서 떨어져 나가면, 즉각 제2단 로켓이 점화되고 1단 로켓의 무게가 사라져 버린 우주선은 이전보다 훨씬 더 가볍고 효율적이 된다.

이런 식으로 로켓은 발사 뒤 계속해서 가벼워진다. 2단 로켓은 쓸모가 없어진 1단 로켓의 엔진과 빈 추진제 탱크를 끌고 갈 필요가 없다. 점화 후 추진제를 다 써 버린 2단 로켓 또한 우주선 본체에서 떨어져 나가고, 3단 로켓 역시 똑같은 수순을 밟는다. 이 과정은 우주선만 남기고 지구 궤도를 올라가거나 행성으로 향할 충분한 속도를 얻을 때까지 계속된다.

물체가 궤도에 진입하는 원리

우주선을 끈 끝에 매달린 물체라고 생각해 보자. 그 끈을 머리 위에서 돌리면 물체는 계속해서 직선으로 날아가려고 한다(뉴턴의 제1법칙). 그러나 끈이 물체를 잡아당겨 원을 그리며 돌도록 하기 때문에 물체는 직선으로 날아갈 수 없다.

비유하자면 손목과 팔의 힘으로 생긴 물체의 속도는 로켓 엔진에 의한 우주선의 속도와 같다. 여기서 끈은 지구의 중력에 해당하며 중력은 우주선이 곧장 직선으로 나아가지 않고 계속 지구 주위를 선회하도록 만든다. 초속 8킬로미터로 비행하는 우주왕복선에 지구의 중력이 작용하지 않았다면 나와 내 동료는 바로 태양계로 벗어나 버렸을 것이다.

일반적인 우주왕복선의 궤도비행 속도는 대략 시속 28만 킬로미터이다. 우주선 비행에서는 발사 방향이 중요하다. 지구는 위도에 따라 다른 속도로 동쪽으로 자전하는데, 북극의 자전 속도는 제로이고 적도의 자전 속도는 시속 약 1,600킬로미터이다. 따라서 로켓을 적도에서 동쪽으로 직진 발사시켰을 때 지구 자전에서 가장 큰 힘을 얻게 된다. 그래서 가능하면 케이프 커내버럴에서 동쪽으로 로켓을 발사하는 이유가 여기에 있다. 극궤도에서 발사할 때에는 지구 자전에서 얻는 힘이 0이 되므로 궤도에 올려놓는 위성의 무게가 줄어들기 때문이다.

지구 궤도는 크게 네 가지로 나눌 수 있는데 9,266킬로미터 이상을 지구 중(中)궤도라고 하며, 이곳에서 우주비행사는 방사선에 노출되어도 무방하다. 16만 930킬로미터를 지구 고(高)궤도라고 하며, 이곳에서부터 달에 가는 길이 열린다. 지구 저(低)궤도는 185~555킬로미터를 일컫는다. 마지막으로 정지 궤도가 있는데 대략 3만 5,000킬로미터 높이이며 이곳의 궤도 주기는 지구의 자전 주기인 24시간과 똑같다.

태양 주위를 도는 행성 또는 지구 주위를 도는 달의 반복되는 진로를 궤도라고 한다. 우주선이 행성이나 달 둘레를 돌게 될 때 **궤도**에 있다고 말한다. 우주선의 속도에 따라 궤도 높이가 결정되고, 발사 방향에 따라 궤도 모양이 결정된다. 일단 궤도에 진입하면, 궤도 모양을 바꾸거나 대기권의 인력 같은 외부적인 힘에 반작용해야 하는 경우가 아니면 우주선 엔진을 점화할 필요가 없다.

화물의 크기

물론 화물(우주선이나 위성 등)의 무게가 무거울수록 그것을 궤도에 올려놓는 로켓의 부피도 커진다. 실제로 우주선의 무게, 목적지, 목적에 따라 어떤 로켓을 사용할 것인지 결정된다.

지구 근접 궤도에 진입하는 가벼운 우주선은 비교적 작은 페가수스나 토러스 로켓에 탑재되어 발사된다.

유인 아폴로 우주선을 달에 보낼 때는 거대한 새턴V형 로켓이 필요했다. 강력한 타이탄-센토어 결합 로켓은 바이킹이나 보이저 같은 크고 복잡한 무인 과학 탐사선들을 우주로 보냈다. 아틀라스-아제나 로켓이 쏘아 올린 몇몇 우주선들은 달 사진을 찍고 달에 충돌하거나 착륙했다. 아틀라스-센토어와 델타 로켓은 260개가 넘는 우주선을 발사하는 등 미국의 광범위한 우주 계획에 사용되었다.

다음은 다양한 종류의 미국 로켓과 각각의 이륙 추력이다.

로켓	추력
스카우트	60톤
페가수스	63톤
페가수스 XL	91톤
아틀라스-아제나	213톤
토러스	225톤
델타	396톤
새턴IB	726톤
타이탄-센토어	1,089톤
새턴V	3,402톤

인공위성이 궤도에 머무는 원리

물체를 궤도에 진입시켜 계속 머물게 하기 위해서는 두 가지가 필요하다. 첫째는 반드시 지구 대기권이 끝나는 고도까지 도달해야 하고, 둘째는 반드시 궤도 비행에 필요한 속도를 갖고 있어야 한다는 점이다. 가령 지구 대기권이 끝나는 높이까지 올라간 기구(氣球)는 그 이상 아무리 높이 오른다고 하더라도 궤도 진입이 불가능한데, 왜냐하면 궤도에 진입할 만한 속도를 갖고 있지 않기 때문이다.

지구 근접 궤도는 '지구 저(低) 궤도'라고도 한다. 대기권 인력은 185킬로미터 이하의 비행을 허용하지 않는다. 그리고 밴 앨런대 때문에 555킬로미터 이상의 궤도에 사람이나 위성을 보내지 못한다. 물론 밴 앨런대를 지나면 다시 비행할 수 있다.

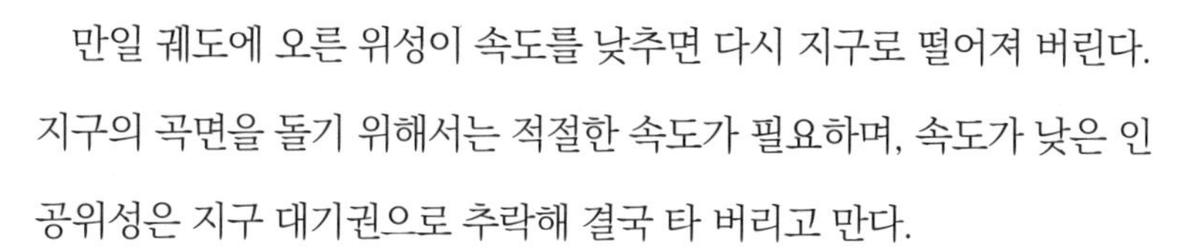

만일 궤도에 오른 위성이 속도를 낮추면 다시 지구로 떨어져 버린다. 지구의 곡면을 돌기 위해서는 적절한 속도가 필요하며, 속도가 낮은 인공위성은 지구 대기권으로 추락해 결국 타 버리고 만다.

그러나 속도가 필요 이상으로 빨라도 인공위성은 지표면과 똑같은 곡면을 그리며 떨어진다. 이것이 바로 궤도이다. 결국 대기권 상층부의 약한 저항이 위성을 지구로 끌어 내린다. 그러나 우주에서는 대기 마찰력이 아주 약하기 때문에 이런 '궤도 축소'는 조금씩 일어나며, 그래서 인공위성은 수년 동안 궤도에 머물 수 있다.

우주여행의 창시자들

중국 병법에서 인간의 달 착륙에 이르기까지 로켓 공학의 발달사에는 수많은 사색가, 과학자, 기술자 들이 있다. 여기 로켓 공학에 앞장섰던 몇몇 선구자들을 살펴보기로 한다.

루마니아의 공상가, 헤르만 오베르트

유명한 로켓 과학 기술자들은 자신들에게 가장 큰 영향을 끼친 사람으로 헤르만 오베르트를 꼽고 있다. 오베르트는 루마니아 출신의 독일 수학교사로 제1차 세계대전이 끝나고 로켓에 큰 관심을 갖게 되었다. 오베르트는 가솔린이나 액체산소 같은 액체 추진제를 사용하는 로켓

우주에서 지구 대기권으로 진입하는 물체는 바로 타 버린다. 떨어지는 속도 때문에 물체가 대기와 접촉하며 발생하는 마찰로 물체에 열이 발생해 타는 것이다.

지구 궤도를 도는 우주선 주위에는 비록 아주 미약하지만 분명히 대기가 존재한다. 우주선이 그 대기 속으로 이동하면서 작은 마찰력이 발생한다. 이 마찰력을 저항력이라고 하는데, 저항력으로 인해 우주선의 속도가 감소할 수 있다.

이 화약과 같은 고체연료를 사용하는 로켓보다 더 높이, 더 멀리 날아간다고 주장했다. 또한 액체연료를 사용하고, 두 사람을 태우는 400톤 로켓을 성공적으로 지구 궤도로 발사할 수 있다는 이론을 세웠다.

1923년 오베르트는 『로켓을 행성간 공간으로』라는 중요한 책을 발표했다. 전설적인 독일 영화감독 프리츠 랭은 1929년 「달의 처녀」라는 공상과학영화를 만들 때 오베르트를 기술고문으로 초빙했다. 오베르트는 영화 속에서 발사되는 로켓의 특수효과에 커다란 도움을 주었지만, 영화 홍보를 위한 실제 로켓 발사는 참담한 실패로 끝났다. 그때까지 로켓 발사는 영화에서나 가능한 일이었다.

러시아의 선구자, 치올코프스키

콘스타닌 치올코프스키는 로켓 공학을 혁신시킨 최초의 러시아 과학자였다. 19세기 중엽에 태어나 어릴 때부터 천문학을 공부했고, 비행선을 만들려고 시도했다. 오베르트에 앞서서 액체산소와 수소를 사용하는 액체 추진제 로켓의 효율성을 주장했다. 치올코프스키는 러시아인들에게 '러시아 우주개발의 아버지'로 존경받는다.

발명가, 고더드

매사추세츠주 우스터에서 태어난 로버트 고더드는 H. G. 웰스의 『우주전쟁』을 읽은 후 우주라는 공간에 관심을 갖게 된 물리학자이다. 고더드는 스미스 소니언 연구소의 지원을 받아 『초고공(超高空)에 이르는 방법』이라는 혁신적인 69페이지짜리 책을 발표했다.

고더드는 1926년 3월 최초의 액체연료 로켓을 발사하여 5.6킬로미터를 올려 보냈다. 원시적 유도 장치로 자이로스코프를 맨 처음 사용한 사람이 바로 고더드이다. 자이로스코프는 로켓이 수직 비행에서 이탈할 때 내열 날개로 로켓 배기를 빗겨 가게 하여 방향을 수정한다. 그는 수많은 노력과 시도 끝에 마침내 1935년 고도 2.2킬로미터에 도달하는 로켓을 만들었고, 5년 뒤에는 부피가 훨씬 큰 로켓을 실험했지만 발사 직후 모두 추락하고 말았다.

고더드는 제2차 세계대전 때 군대에서 로켓을 연구했지만 연구 업적의 성과가 그다지 크지 않았다. 1945년 8월 암으로 사망했다.

최초의 로켓 발사 카운트다운은 1929년 독일 영화 「달의 처녀」에서 이뤄졌다. 영화 속에 등장한 로켓은 오베르트가 설계한 것으로, V-2 로켓과 상당히 유사하다. 「달의 처녀」는 무성영화였기 때문에 영화를 보고 있던 관객들은 그 장면을 보며 "5, 4, 3, 2, 1, 발사!"를 외쳤다.

러시아 우주계획의 총책임자, 세르게이 코롤료프

세르게이 코롤료프는 러시아 우주개발의 수장이며, 인류 최초로 인간을 우주 공간에 올려놓은 사람이다. 코롤료프는 뛰어난 항공공학자였지만, 스탈린의 독재 시절에는 정치범으로 투옥되기도 했다. 코롤료프는 러시아 최초의 액체연료 로켓을 만들었고, 이후 러시아 미사일 개발의 '총책임자'가 되었다. 러시아는 이미 제2차 세계대전 때 수백만 개의 고체연료 로켓을 사용했다.

우주비행사(Astronaut)라는 말은 '별 항해자'를 뜻하는 그리스어에서 비롯되었다. 그리고 1930년 무렵 프랑스에서 처음으로 우주비행학(Astronautics)이라는 용어를 사용했다.

코롤료프가 개발한 최초 로켓은 '09'라고 불렸다. '09'로켓은 1933년 8월에 약 400미터까지 솟았다가 떨어졌다. 5년 뒤 코롤료프는 스탈린의 숙청작업(당시 스탈린과 그의 독재 정치를 비판했던 모든 사람들이 투옥되거나 처형당했다)으로 감옥에 갇히게 된다. 코롤료프는 감옥에서도 로켓 이론 연구에 몰두했다. 1944년 나치스와의 절박한 전투를 돕기 위해 석방되었고, 제2차 세계대전이 끝나고 V-2 로켓을 연구하기 위하여 베를린으로 보내졌다.

독일과 마찬가지로 코롤료프의 로켓 연구 목적은 우주가 아닌 대륙간 탄도미사일(ICBM)의 개발이었다. ICBM은 핵폭탄을 적재하고 대륙

미국 과학자들은 러시아 과학자들보다 훨씬 많은 예산을 나라에서 배정받았다. 따라서 자금 부족으로 실험을 제대로 할 수 없었던 러시아 과학자들보다 우주개발에서 상당히 유리한 입장에 있었다고 할 수 있다.

간을 초음속으로 나는 미사일이다.

제2차 세계대전이 끝날 무렵 스탈린은 막강한 지상군을 갖추었지만 해군과 공군은 이에 미치지 못했다. 특히 원자폭탄을 장착한 미국의 전략 폭격기 전력을 두려워했던 스탈린은 ICBM으로 미국과 대적할 수 있다고 믿었다.

제임스 와일드와 미국로켓협회

미국로켓협회(ARS)는 1930년 공상과학에 열광하는 사람들의 모임에서 시작되었지만 곧 로켓 과학의 실질적인 연구를 지원하는 단체로 발전했다. 이들의 초기 실험은 그다지 성공적이지 않았지만 꾸준하게 성장해 나갔다.

미국로켓협회 회원 중에 와일드(Wyld)라는 프린스턴 대학생이 있었는데, 그는 로켓 엔진을 보다 효과적으로 냉각시키는 실험을 하고 있었다. 대학을 졸업하고 뉴욕으로 간 와일드는 결국 음속보다 빠른 최초 항공기인 로켓 추진 Bell X-1의 엔진을 개발했다. 미국로켓협회는 미국의 우주 계획을 감독하는 민간단체가 되었고, 이후 NASA를 출범시키는 데 큰 역할을 하였다. 미국로켓협회는 제2차 세계대전이 발발하면서 기술에 역점을 둔 연구로 전환했고, 1963년 항공과학학회와 합병하여 항공학 및 우주비행학 학회(AIAA)가 되었다.

테오도르 본 카르멘과 제트추진 연구소

테오도르 본 카르멘은 캘리포니아 공과대학(CIT)의 항공학 교수였다. 제트추진 연구소는 공기역학, 제트엔진, 가스터빈, 고속 비행을 위한 날개에 관한 그의 연구가 직접적인 계기가 되어 설립되었다. 제트추진 연구소(JPL)는 지금까지 우주과학기술 분야에서 첨단 연구와 개발을 해 오고 있다.

독일의 V-2 미사일을 만들었고, 제2차 세계대전이 끝난 후에는 미국에서 가장 영향력 있는 미사일 설계자가 된 베르너 폰 브라운은 뒤에서 자세히 다룰 것이다.

간/추/리/기

- 인류 역사에서 로켓은 주로 무기(유용하지는 못했지만)로 사용되었다.
- 뉴턴의 운동법칙은 로켓과학 발달의 중요한 열쇠가 되었다.
- 몇몇 국가의 선구자들 덕분에 우주시대가 열렸다.
- 페이로드가 무거울수록 그것을 궤도에 올려놓는 데 더 많은 연료와 더 큰 로켓이 필요하다.

우주비행사가 되기 위한 조건과 조언

초기 우주비행사는 모두 군대의 시험비행 조종사였다. 당시 우주비행사가 되려면 상당히 까다로운 자격을 갖추어야 했지만, 50여 년이 지난 지금은 그때와 많은 조건 차이가 있다.

우주비행사가 되기 위한 필요조건

최초의 우주비행사가 출현한 지 55년이 지난 지금, 단순 과학자나 기술자들은 더 이상 조종사가 될 수 없다. 현재 NASA는 폭넓은 과학기술의 경험을 쌓은 지원자를 찾고 있다.

오늘날 우주비행사는 '우주비행 조종사(Pilot astronaut)'와 '비행임무 전문가(Mission specialist)'라는 두 가지 부류로 크게 나뉜다.

우주비행 조종사는 군에서 훈련받은 시험비행 조종사로 우주왕복선을 궤도에 오르내리게 하는 일과 우주 공간에서 조작하는 일을 책임진다. 비행임무 전문가는 군대 경력이 없는 사람이라도 가능하며, 실질적인 임무를 수행한다. 군대 경력이 필요 없는 또 하나의 우주비행사 부류로 '탑재물 전문가(Payload specialist)'가 있다. 이들은 우주개발에 함께 참여하는 다른 나라의 우주비행사를 NASA가 주도한 국제우주정거장으로 보내기도 한다. 각 나라들은 NASA가 인정하는 우주비행사 선발 기준을 갖고 있다.

비행임무 전문가란 우주왕복선의 관측기기를 작동시키고 로봇 팔을 조작하며 우주복을 입고 우주유영을 하며 작업하는 과학자와 엔지니어를 말한다.

탑재물 전문가는 전문성을 요구하는 특별한 실험이나 활동을 하는 우주비행(1~2회)을 위해 NASA가 선발하는 전문가이다. 탑재물 전문가는 비행 전 1년 동안 우주선에 탑승할 동료들과 함께 기본적인 비행 훈련을 받는다.

기본 필요조건

우주비행사 '후보자'로 선발되기 위해서 필요한 몇 가지 최소한의 필요조건들이 있다. 다음은 NASA의 우주비행사 후보자 프로그램에 들어가기 위해 필요한 자격사항이다.

비행임무 전문 우주비행사 후보자의 조건

- 공인된 교육기관의 공학, 생물학, 물리학, 또는 수학 학사 학위 소지자. 최소 3년 이상의 관련 분야 유경험자. 석사 학위는 1년, 박사 학위는 3년간의 경험을 대체할 수 있다.
- 민간 또는 군대의 비행 신체 등급 2급과 유사한 NASA의 우주 신체 등급 2급을 통과해야 한다. 원거리 시력-나안시력 20/150, 교정시력 20/20 미만, 혈압 140/90(앉은 자세로)
- 신장 149~193센티미터

시험비행 조종 우주비행사 후보자의 조건

- 공인된 교육기관의 공학, 생물학, 물리학, 혹은 수학 학사 학위 소지자. 최소 3년 이상의 관련 분야 유경험자. 석·박사 학위 소지

미국 시민만이 우주비행사 후보자 프로그램에 지원할 수 있다.

우리는 우주관광 시대의 서막을 눈앞에 두고 있다. 앞으로 점점 더 많은 일반 사람들(물론 비싼 여행 경비를 부담할 수 있는)이 러시아 소유스 우주선이나 우주왕복선을 타고 우주로 날아갈 것이다.

자 우대. 학문적 소양을 갖추는 것이 중요하다.

- 최소 1,000시간 이상의 제트 비행기 조종경력. 항공기 시험비행 경험자 우대
- 민간 또는 군대의 비행 신체 등급 1급과 유사한 NASA의 우주 신체 등급 1급을 통과해야 한다. 원거리 시력-나안시력 20/50, 교정시력 20/20 미만, 혈압 140/90(앉은 자세로)
- 신장 163~193센티미터

교육 필요조건

우주비행사 후보자 프로그램 지원자는 NASA의 공학 과학 직무에 필요한 기본 교육 자격을 반드시 갖춰야 한다. 특히 공인된 대학에서 공학, 생물학, 물리학, 또는 수학을 전공한 학사 학위 소지자에 해당된다.

다음 분야는 공학, 과학과 관련되어 있지만 우주비행사 후보자 프로그램에서 인정하지 않는 학위이다.

우주비행사 후보자 프로그램에서 인정하지 않는 학위

- 응용과학 분야(공학 응용기술, 항공 응용기술, 의학 응용기술 등)
- 심리학 분야(임상심리학, 생리심리학, 실험심리학 제외)
- 간호 분야
- 사회과학 분야(지리학, 인류학, 고고학 등)
- 비행술, 항공 관리, 또는 이와 유사한 분야

우주비행사 지원하기

NASA는 우주비행사 후보자를 선발할 때, 결정을 내린 시점까지 받

은 지원서만을 검토한다. 선발 결정이 끝나고 난 후에 받는 지원서는 보류하고 있다가 다음 우주비행사 후보자를 뽑을 때 검토한다. 그리고 NASA는 해마다 지원자들에게 자신의 지원서를 갱신할 수 있는 기회를 주면서 여전히 우주비행사 후보자 프로그램에 지원할 의향이 있는지를 확인한다. 해마다 지원서를 갱신하지 않는 지원자는 고려 대상에서 제외되고 지원서는 폐기 처분된다.

일차적으로 지원서를 검토한 후 추가적으로 필요한 정보를 요구할 수도 있고, 지원서에 이름이 오른 지도교수나 추천인과 연락을 하기도 한다.

군 복무를 하고 있는 지원자는 반드시 지원서를 각 해당 군무부서에 제출해야 한다. 모든 군무부서에는 지원서가 구비되어 있다. 최종 심사 단계로 모든 지원자(민간인과 군인)는 개별 인터뷰와 건강검진을 받는다. 최종 심사를 끝낸 후, 모든 지원자에게 결과를 통보한다. 선발 명부에 오른 지원자들은 1년 동안 추가 선발의 우선고려 대상이 된다.

선발된 지원자들은 '우주비행사 후보자'가 되어, 텍사스 주 휴스턴 소재 존슨 우주센터의 우주비행사실에 배속된다. 우주비행사 후보자는 1년간 훈련 평가 기간을 거치면서 우주비행 계획에 기여할 수 있는 기술적, 과학적 임무를 부여받는다. 또한 우주비행사 기초 훈련 프로그램에 참가하여 우주비행에 필요한 지식과 기술을 익혀야 하며, 조종 우주비행사 후보자는 이 기간 동안 반드시 NASA 항공기에 숙달해야 한다.

우주비행사로 선발되지 못한 민간인 후보자는 상황에 따라 NASA의 다른 직종에 배속될 수도 있다. 합격한 군인 후보자는 특별 외지 근무라는 형태로 NASA에 파견된다.

나는 대학 때 항공우주공학에서 물리학으로 그리고 기초과학으로 전공을 세 번 바꿨다. 그리고 매 학기마다 천문학, 우주과학, 수학 강의를 들었다.

NASA의 다른 직종

물론 NASA에서 일하는 사람들이 모두 우주비행사인 것은 아니다. 우주가 아닌 지상에서 일하기를 희망하는 사람들을 위해 가능성 있는 관련 직종을 소개한다.

가능성 있는 관련 직종

과학자	엔지니어	수학자
기상학자	기계	수학자
물리학자	산업	시스템 분석가
생리학자	생물	컴퓨터 과학자
생물학자	시스템 공학	통계학자
수의학자	석유	
과학자	엔지니어	
심리학자	환경	
영양학자	안전	
의학자	재료	
지질학자	전기	
천문학자	컴퓨터	
해양학자	토목	
화학자	플라스틱	
	화학	
	항공우주/우주비행	
	핵	

청소년을 위한 조언

나는 10살 무렵부터 우주비행사를 꿈꾸었다. 당신이 지금 우주비행사를 꿈꾼다면 단숨에 우주비행사로 훈련시키는 마술 같은 교육과정을 바랄지도 모른다. 하지만 단언하건대 그런 과정은 없다. 다만 과학과 수학 또는 공학에 관련된 과목이 우주비행사가 되는 데 큰 도움이 될 것이다.

NASA는 소수민족과 여성을 우주비행사 후보자로 선발하려는 계획을 갖고 있다. 따라서 NASA는 자격을 갖춘 소수민족과 여성의 지원을 적극 환영한다.

과학

거의 모든 과학 분야가 우주 탐사와 관련되어 있으므로 각자 자신이 좋아하고 흥미를 느끼는 분야를 꾸준히 공부해 나가는 것이 좋다. NASA가 필요로 하는 우주비행사는 천문학에서 동물학에 이르는 광범위한 분야의 전문가이다.

수학

과학과 공학을 잘하려면 반드시 수학을 공부해야 한다. 수학은 과학과 공학의 공통 언어이기 때문이다. 수학에 정통하게 되면 모든 과학기술 분야에 자신감을 갖게 된다. 매년 학교 교과목에서 수학과목을 열심히 파고들어라. 수학의 세계는 무궁무진하다.

단체 경기

우주왕복선과 우주정거장에 오르는 우주비행사는 공동 작업을 잘 해내야 한다. 우리는 단체 경기를 통해서 경쟁의식은 물론 개인이 모인 단체로서 협동하며, 최고의 성적을 낼 수 있는 방법을 배우게 된다. 최초의 유인 화성 탐사를 이루기 위해서는 서로에 대한 협력과 믿음이 절대적이다.

대학생을 위한 조언

대학생들은 우주 탐험과 관련된 거의 모든 전공을 선택할 수 있다.

흥미 있는 분야를 선택하여 최선을 다하라.

우수한 성적으로 대학을 졸업하도록 노력하고, 어려운 과제를 공동으로 해결하는 경험을 쌓아라. NASA는 복잡한 현실적 문제들을 함께 해결해 나가는 사람을 찾고 있다.

군인 희망자를 위한 조언

나는 18년 전에 군에서 제대했지만 우주비행사로 활동하면서 현역 군인들과 내내 함께 일했다. NASA는 군인들의 실제 작전 경험을 높이 평가한다. 군인이 되려는 사람들은 최소한 석사 학위를 목표로, 군 복무 동안 정규 과학기술 교육을 받는 게 좋다. 공학, 과학, 또는 우주개발을 전문으로 하는 직업을 권한다.

우주의 카우보이와 마지막 미개척지

나는 우주비행사로서 실로 훌륭한 사람들과 11년을 함께 일했다. 그들 모두가 우주여행자가 된다는 평생의 꿈을 갖고 있지는 않았지만 그들은 모두 우주개발의 흥분에 사로잡혀 있는 사람들이다. 그들은 우주탐험 모험의 최전선에 서기를 원한다. 시험비행 조종사에서 우주 과학자에 이르기까지 모두가 미래의 이익을 위해 헌신하고 있다.

NASA에서 일하는 것이 정말 해볼 만한 가치가 있는 일인지 주저하는 젊은이가 있다면, 이제 더 이상 고민할 필요가 없다. 우주 탐험의 '최전선'에 서 있는 것만큼 흥분되고 보람 있는 일은 이 세상에 없기 때문이다.

간/추/리/기

- 미국 우주비행사는 시험비행 전문가, 비행임무 전문가, 탑재물 전문가로 나뉜다.
- 우주비행사는 군인과 민간인 모두 지원 가능하다.
- 우주비행사 후보자는 1년간의 훈련 프로그램을 거쳐 우주비행사로 최종 선발된다.
- 과학이나 공학에 뛰어나다면 우주비행사 후보자가 되는 열쇠를 쥔 셈이다.

NASA 둘러보기

NASA의 모든 시설은 미국 국민들이 낸 세금으로 지어졌다. 따라서 모든 국민은 NASA를 직접 방문하여 자신의 세금으로 지어진 멋진 시설물들을 견학할 권리가 있다. 지난 수세기 동안 인류의 꿈을 실현해 온 NASA의 종사자들과 로켓 같은 하드웨어를 구경하는 일은 매우 흥미롭고 유익하다. 이 책을 읽는 독자들이라면 NASA 견학에 대해 많은 관심과 궁금증을 갖고 있을 것이라고 생각한다. 5장에서는 즐거운 NASA 견학이 될 수 있도록 가능한 한 많은 정보와 내용을 담았다.

케네디 우주센터(Kennedy Space Center)

케네디 우주센터(KSC)는 미국의 우주공항이다. 이곳은 우주왕복선의 발사와 착륙이 이뤄지고, 국제우주정거장의 조립 부품을 점검하는 곳이다. 지난 50년간 미 전역과 세계에서 수많은 관광객이 이곳을 찾았다. 케네디 우주센터를 방문하면 인간을 달에 보내고, 우리 삶의 질을 높여 주는 위성들을 쏘아 올리고, 저 깊은 우주로 탐사선을 보내 우주의 신비를 벗겨 온 미국 우주계획의 전 역사를 한눈에 조망할 수 있다.

케네디 우주센터나 케이프 커내버럴(Cape Canaveral) 공군기지를 업무차 방문하려면 반드시 출입 허가증을 교부받아야 한다.

볼거리

케네디 우주센터는 플로리다 주 동부 해안의 케이프 커내버럴 근방에 있는데, 대략 잭슨빌(Jacksonville)과 마이애미(Miami) 중간쯤이다. 5억 6,000만 제곱미터에 달하는 땅과 늪지대에 지어진 케네디 우주센터에는 세계에서 가장 긴 활주로와 미국에서 가장 큰 건물이 들어서 있다. 이곳에 오면 우주왕복선 비행임무가 어떻게 시작되고 끝나는지, 그리고 NASA가 걸어온 우주개발의 역사를 모두 알 수 있다.

케네디 우주센터의 방문객 센터에서 관광버스를 이용하면 매리너, 익스플로러, 바이킹, 보이저 탐사선들을 쏘아 올린 로켓 발사대와 머큐리, 제미니, 아폴로 우주선들을 발사시킬 때 사용했던 구조물들을 볼 수 있다. 또한 케이프 커내버럴 공군기지에 있는 공군 우주 미사일 박물관을 견학할 수 있다.

케네디 우주센터의 방문객 센터는 크리스마스와 특별한 발사날을 제외하면 연중 항상 열려 있다. 관광버스는 케네디 우주센터가 문을 닫기 4시간 전에 마지막으로 출발한다. 방문객 센터는 인디언강 동쪽 둑, 405번 주(州)도로에 자리 잡고 있다.

케네디 우주센터에 오면 바이킹들의 그린란드와 아이슬란드 발견에서부터 1976년 미국 최초의 화성 착륙에 성공한 바이킹호에 이르기까지 시간 여행을 할 수 있다. 또한 화성의 운석 조각을 실제로 보고 만질 수 있는 기회를 갖게 된다. 실물 크기의 모형 우주정거장 모듈 위를 걸

케네디 우주센터의 건설을 위해 약 2,430만 제곱미터의 땅을 개간했지만, 시설들과 직원들은 이보다 훨씬 넓게 퍼져 있다. 케네디 우주센터는 메리트 섬 국립 야생 보호지구에 속해 있기 때문에 관광객들이 일상적으로 악어, 흰머리독수리, 백로들을 볼 수 있다. 실제로 NASA는 우주왕복선의 외부 연료 탱크에 구멍을 내는 딱따구리와 씨름하고 있다.

이 세상에서 가장 감동적인 장면(우주왕복선 발사 장면)을 놓치고 싶지 않다면, 발사 예정일보다 앞서서 우주센터에 도착해야 한다. 기상 악화나 기술적 문제로 발사 일정이 바뀔 수도 있기 때문이다. 나는 항상 친구들에게 플로리다로 휴가를 오라고 말하는데, 운이 좋으면 우주왕복선의 발사 장면까지 구경할 수 있을 것이다.

어도 보고, 전시실을 찾아 실제 우주정거장 조립 부품들을 둘러볼 수도 있다. 아이맥스 영화관을 찾는 것도 좋다. 첫 유인 새턴V형 로켓 발사라는 극적인 일을 해낸 새턴V형 3단 달로켓도 볼 수 있다. 실제 아폴로 하드웨어를 전시한 아폴로-새턴V 센터는 미국의 달을 향한 우주계획을 생생하게 보여 준다. 냉난방이 되는 관광버스를 타고 가는 동안 아폴로-새턴V 센터와 LC39 전망대, 그리고 국제우주정거장 공정 시설을 볼 수 있다.

케네디 우주센터의 방문객 센터에 전시되어 있는 머큐리-아틀라스(앞)와 머큐리-레드스톤(뒤) 로켓의 모습이다.

앨런 셰퍼드를 우주공간으로 올려 보낸 것과 같은 머큐리-레드스톤을 포함하여 침팬지, 우주비행사, 로봇 탐사선들을 우주로 쏘아 올린 로켓들도 한눈에 볼 수 있다. 무엇보다 눈에 띄는 것은 존 글렌을 미국 최초로 궤도에 진입시킨 것과 똑같은 머큐리-아틀라스 우주로켓이다.

발사 관람

우주왕복선 발사 일정에 맞춰 플로리다에 갈 때는 NASA의 발사 관람 통행증이 꼭 필요하다. 통행증은 무료로 발급되며, 통행증을 소지해야만 케네디 우주센터의 전망대(발사대로부터 약 8킬로미터 떨어져 있는 곳)에서 우주선의 발사를 볼 수 있다. 통행증은 한정되어 있으므로 NASA의 사이트(www.ksc.nasa.gov)에서 확인하는 것이 좋다.

케네디 우주센터의 방문객 센터에서도 통행증을 발급하지만, 관광버스 비용을 포함하여 판매를 한다. 따라서 발사 관람 통행증을 어디에서 받을 것인가는 각자의 선택 사항이지만, 앞서 얘기했듯이 NASA의 통행증은 무료라는 사실을 기억하자.

만약 방문객 센터에서 판매하는 통행증이 모두 매진되었다고 해도 전혀 초조할 필요가 없다. 케네디 우주센터가 아니더라도 발사 장면을 구경할 수 있는 좋은 장소가 얼마든지 있기 때문이다. 코코아(Cocoa) 해변의 재티 파크나 티츠빌에 면한 해안선은 발사 장면 구경의 좋은 장소이다.

케네디 우주센터의 방문객 센터를 제대로 관광하려면 하루가 꼬박 걸린다. 관광버스를 타고 오전과 오후를 보내면 나머지 시간은 영화와 전시를 보는 데도 사실 부족하다. 그리고 휴가 날짜를 잘 선택한다면 케네디 우주센터의 전망대(KSC Causeway)에서 우주선 발사 장면을 볼 수 있다.

우주 캠프

우주 캠프는 초등학생을 위한 5일간의 우주 체험 프로그램이다. 캠프 프로그램은 가상 우주왕복선 비행, 아이맥스 영화 관람, 우주비행사 모의 훈련, 모형 로켓 건물과 발사대 견학, 실제 과학 실험, 우주 탐사의 역사에 대한 자유토론으로 구성된다. 우주 캠프에 참가하려면 적어도 9살 이상이어야 하며 캠프생활에서 필요한 것은 단 하나, 즐거운 시간을 보내겠다는 의지뿐이다!

만약 케네디 우주센터에서 우주선 발사를 관람할 기회가 온다면, 햇볕 차단 크림과 방충제를 꼭 챙겨 가야 한다. 케이프 커내버럴에 넘쳐나는 게 두 가지 있다면 바로 뜨거운 햇볕과 모기들이다.

우주 캠프는 다음 세 곳에서 열리며 아이들은 기숙사에 머문다.

- 앨라배마 주의 헌츠빌(Huntsville)
- 캘리포니아 주의 마운틴뷰(Mountain View)
- 플로리다 주의 티츠빌(Titusville)

물론 청소년을 대상으로 한 프로그램도 있다. 12~14세를 위한 우주 학교, 15~18세를 위한 상급 우주 학교가 그것이다. 또 하나의 인기 있는 프로그램은 부모와 함께하는 우주 캠프로, 1주일 동안 부모와 자녀가 함께 캠프 활동에 참여한다.

우주 캠프는 1982년부터 운영되었고, 지금까지 30만 명이 다녀간 미국에서 가장 큰 캠프이다. 앨라배마에 있는 우주 캠프는 미국 우주 로켓 센터와 앨라배마 우주 과학 전시 위원회가 주관한다. 캘리포니아와 플로리다에 있는 우주 캠프는 비영리 단체인 미국 우주 캠프 재단에서 운영한다. 앨라배마와 플로리다의 우주 캠프는 미국 캠프 협회로부터 인가를 받았고, 새로 생긴 캘리포니아 우주 캠프는 인가를 받는 중이다. 좀 더 많은 정보는 우주 캠프 사이트에서 얻을 수 있다(www.spacecamp.com).

우주비행사 명예의 전당

머큐리, 제미니, 아폴로와 현재 우주왕복선의 우주비행사들을 기리는 미국 우주비행사 명예의 전당은 1990년 3월 초에 문을 열었다. 머큐리 재단(머큐리 우주비행의 초창기 우주비행사 7명이 대학 장학금을 통해 학문과 과학기술을 장려할 목적으로 설립)과 미국 우주 캠프 재단이 공동으로 운영하고 있으며, 티츠빌에 있는 우주 캠프에 인접해 있다.

명예의 전당은 초창기 우주비행사들이 기증한 개인 기념품과 장비들을 특색 있게 전시하고 있다. 이곳에서 1960년대 우주를 개척했던 7명의 머큐리 우주비행사들과 13명의 제미니 우주비행사들을 전시와 비디오를 통해 볼 수 있다.

명예의 전당에는 미래 우주여행의 모습을 보여 주는 전시실이 있다. 그중 '미래로 가는 우주비행사'라고 이름 붙여진 실물 크기의 우주선 본체가 가장 눈길을 끄는데, 이 우주선 화물칸에 멀티미디어 영화관이 설치돼 있기 때문이다. 추가 상식으로 명예의 전당은 크리스마스를 제외하고 매일 문을 열며 입장료를 받는다. 케네디 우주센터 입구에서 오른쪽으로 돌면 명예의 전당과 우주 캠프가 보인다.

궤도선이란 우주왕복선 시스템 중 실제로 우주궤도를 비행하는 재사용할 수 있는 날개 달린 부분을 말한다. 이륙 후에 부스터 로켓들은 바다로 떨어지고, 로켓의 거대한 외부 탱크는 궤도선과 분리하여 대기권에 돌입할 때 타 버린다.

케이프 커내버럴(Cape Canaveral)

사람들은 여전히 케네디 우주센터를 '케이프 커내버럴'로 생각하고 있지만, 실제 케네디 우주센터는 케이프와 바나나(Banana) 강을 사이에 두고 떨어져 있는 메리트 섬(Merritt Island)에 위치해 있다. 오늘날 케이프는 케이프 커내버럴 공군기지의 중심부를 말한다. 케이프는 NASA가 설립되기 훨씬 전에 미국 초기 로켓의 발사 지역이었다. 미국 최초의 인공위성과 유인 우주선을 발사한 곳이 바로 이곳이다. 현재 케이프에서는 군사적·상업적 목적의 우주 로켓들과 우주선만이 발사되고 있다.

코코아해변지역 상공회의소 사이트(www.cocoabeachchamber.com)에 들어가면 케네디 우주센터, 케이프 커내버럴, 명예의 전당을 방문할 때 묵을 만한 좋은 숙소를 알아볼 수 있다.

공군은 1950년부터 케이프를 공군의 로켓 시험 장소로 사용해 왔다. 그해 7월 24일 개량된 독일 V-2 로켓이 케이프에서 처음으로 발사되었다. 미국 최초의 인공위성 익스플로러 1호가 1958년에, 이후 머큐리와 제미니 우주선들이 각각 발사되었다. 현재 NASA는 케이프 커내버럴로 알려진, 바나나 강 동쪽에 몇 개의 발사 시설을 소유하고 운영하고 있다.

1963년 케네디 대통령이 암살된 후 7일이 지나 케이프 커내버럴은 케이프 케네디로 이름을 변경했다. 그러나 1973년 플로리다 주 주민들의 항의로 미 의회는 다시 케이프 커내버럴로 이름을 바꾸었다.

존슨 우주센터(Johnson Space Center)

'휴스턴 임무 관제소'로 알려진 텍사스 주 휴스턴 소재 존슨 우주센터는 1961년 9월에 설립되었다. 이곳은 NASA의 제일 중요한 우주센터로 다음과 같은 일을 한다.

- 우주선 관련 시스템의 계획, 개발, 시험
- 우주비행사 선발과 훈련
- 유인 우주비행 임무의 계획과 실행
- 우주비행에서 이뤄지는 의학적·공학적·과학적 실험의 참여

존슨 우주센터는 휴스턴 시내에서 남동쪽으로 40킬로미터 떨어진 클리어 레이크에 인접해 있다. 이곳에서 북쪽으로 11킬로미터 떨어진 엘링턴 필드 부근에 추가 시설물이 위치해 있고, 이 또한 방문객들에게 많은 볼거리를 제공한다. 존슨 우주센터와 임무 관제소는 발사 이후 모든 비행 임무를 총 지휘하는 역할을 한다.

존슨 우주센터의 공식 방문객 센터는 '휴스턴 우주센터'로 불리는 박물관이다. 휴스턴 우주센터는 유인 우주비행 교육재단이 소유하고 있어 연방정부로부터 지원을 받지 않는다. 휴스턴 우주센터에서는 NASA가 그동안 이룩한 업적을 배울 수 있으며, 이곳에 전시되고 설치된 모든 시설물은 실물과 똑같다.

휴스턴 우주센터에서는 머큐리, 제미니, 아폴로 우주선들을 볼 수 있고, 아폴로 우주비행사들이 가져온 월석을 직접 만져 볼 수도 있으며, 아이맥스 스크린으로 신나는 영화를 관람할 수도 있다. 게다가 시뮬레이터 안에서 우주왕복선을 착륙시켜 위성을 관찰해 볼 수도 있다. 우주비행사 훈련과 미션 활동의 역사에 대한 간략한 설명을 듣고, 전차를 타고 우주비행사 훈련 시설을 관람하는 것이 유익하다. 휴스턴 우주센

터의 주요 전시관을 한 바퀴 돌아보는 일은 분명 즐거운 경험이 될 것이다. 센터 밖으로 나오면 실제 새턴V 달로켓과 머큐리-레드스톤 로켓 그리고 아폴로 우주선 시절의 리틀 조 로켓을 볼 수 있으며, 관람 시간은 대략 5시간이 소요된다.

존슨 우주센터는 NASA의 소니 카터 훈련 시설을 둘러볼 수 있는 버스관광을 제공한다. 이곳의 이름은 베테랑 우주왕복선 우주비행사였던 소니 카터가 1991년 비행기 충돌로 숨진 이후 붙여졌다. 이곳에는 '중립부력(浮力) 실험실(Neutral Buoyancy Lab.)'이라고 불리는 거대한 우주유영 훈련 장소가 있는데 규모가 가로 62미터, 세로 31미터, 높이 12미터로 약 2,300만 리터의 물이 담겨 있는, 세상에서 가장 큰 수영장이다. 중립부력 실험실에는 우주왕복선과 우주정거장의 실제 모형이 있으며, 우주비행사들은 우주복을 입고 물속에서 우주유영을 훈련한다. 우주복을 물속에서 중간 정도로 떠오르게 만드는 장치를 이용하여 거의 우주에서와 똑같은 자유 낙하 상태를 경험하게 된다. 나는 개인적으로 중립부력 실험실을 자주 드나드는데, 이곳에서는 정말 우주유영과 똑같은 느낌을 받을 수 있다. 다른 점이 있다면, 우주는 훨씬 더 아름답고, 위로 떠오르는 공기방울이 없다는 것뿐! 휴스턴 우주센터는 존슨 우주센터와 바로 인접해 있다.

엘링턴 필드 근처에는 구 공군기지가 있는데, 관광코스는 아니지만 T-38 우주비행사 훈련 제트기와 그 유명한 '보밋 혜성(Vomit Comet)' 무중력 훈련 비행기 그리고 대형 '슈퍼 거피' 수송기를 볼 수 있다.

NASA 에임스 연구센터의 주소와 웹 사이트는 다음과 같다.
NASA Ames Research enter, Moffett Field, CA 94035
www.arc.nasa.gov

초고속도(hypervelocity)는 정말 빠른 속도를 표현하는 NASA의 용어이다. 에임스 연구진들은 궤도에서 돌아올 때 인간이 역사상 가장 빠른 초속 여행을 할 때 발생하는 열 문제를 해결해야 했었다.

에임스를 방문하는 기간 동안 묵을 숙박시설에 대한 정보는 산호세 실리콘 밸리 상공회의소 웹 사이트(www.arc.nasa.gov)에서 얻을 수 있다.

에임스 연구센터(Ames Research Center)

NASA 견학을 위해 꼭 플로리다 주나 텍사스 주를 갈 필요는 없다.

마샬 우주비행 센터에 대한 보다 자세한 정보는 다음 웹 사이트에서 얻을 수 있다.
www.msfc.nasa.gov

캘리포니아 주 북부에는 45년 전 NASA가 설립된 때부터 에임스 연구센터가 운영되고 있다.

NASA의 에임스 연구센터는 실리콘 밸리의 중심지, 캘리포니아 주 모펫 필드에 위치해 있다. 1939년 12월 20일 미국 항공자문 위원회(NASA의 전신인 NACA)가 항공기 연구소로 설립한 에임스 연구센터는 1958년 NASA에 소속되었다. 에임스 연구센터는 항공학, 우주비행학, 행성 천문학, 생명과학 연구를 전문으로 한다. 에임스는 NASA의 모든 시도에 필요한 새로운 지식과 기술을 창조해 낸다. 우주선 조종사는 에임스에서 비상 착륙 훈련을 받는데, 이곳 활주로 상공에 '수직 이동 시뮬레이터'라는 조종하기 어려운 우주선이 있기 때문이다. 수직 이동 시뮬레이터에서 수십 번 훈련을 받고 나면, 웬만한 일은 다 시시하게 느껴진다.

에임스는 샌프란시스코만의 남쪽 끝, 마운틴뷰와 서니베일 사이에 있다. 에임스의 면적은 약 170만 제곱미터이며, 모펫 연방 비행장으로 알려진 약 600만 제곱미터의 구 해군기지가 인접해 있다. 이곳에서 제2차 세계대전 이전에 조성된 거대하고 낡은 비행기 격납고를 볼 수 있다.

1987년 12월에 문을 연 에임스 방문객 센터는, 예전에 우주선 캡슐과 열 차폐막이 지구로 재돌입할 때 초고속도(超高速度)라는 높은 속도에서 어떻게 반응하는지를 실험했던 건물에 들어서 있다.

방문객 센터는 에임스의 세계적인 연구와 기술개발을 소개하는 진열장이면서 일반인들을 위한 교육장으로 설계되었다. 비행 고도가 높은 항공기 NASA U-2 가 이곳의 특색이다. 에임스 방문객 센터는 101번 고속도로를 타고 모펫 필드로 나와, 방문객 센터 표지판을 따라가면 나온다.

마샬 우주비행센터(Mashall Space Flight Center)

앨라배마 주 헌츠빌에 있는 마샬 우주비행센터 또한 NASA의 견학지로 손색이 없다.

'앨라배마 우주로켓센터'라고 불리는 마샬의 방문객 센터는 초기의 미국 로켓 발달사를 한눈에 볼 수 있는 거대한 로켓 전시장이다. 제2차 세계대전이 끝나고 베르너 폰 브라운이 이끄는 육군 로켓팀이 바로 이곳에서 최초의 미국 중장거리 탄도미사일과 인간을 달에 착륙시킨 새턴 우주로켓을 개발했다. 앨라배마 우주로켓센터에는 로켓 엔진을 시험하는 커다란 건축물과 레드스톤 부스터 로켓의 초기 시험대가 복원되어 있다.

앨라배마 우주로켓센터는 실제 제미니와 아폴로 우주선, 스카이랩 우주정거장의 모형들과 아이맥스 영화관 시설을 갖춘 최고의 박물관이다. 그러나 최고의 볼거리는 야외 공원에 우뚝 솟아 있는 실물 크기의 11미터 새턴V 달로켓이다. 새턴V가 서 있는 주변으로 새턴I-B, 아틀라스와 레드스톤 우주로켓들 그리고 누워 있는 실제 새턴V가 있다. 공원 입구 바깥쪽에는 마하-3 정찰 비행기로 유명한 SR-71 블랙버드가 있다.

마샬 우주비행센터와 앨라배마 우주로켓센터는 내가 가장 즐겨 찾는 행선지이기도 하다. 이곳에서 로켓 과학의 역사에 흠뻑 빠져 하루를 보낸다면 시간이 전혀 아깝지 않을 것이다.

제트추진 연구소(Jet Propulson Laboratory)

제트추진 연구소(JPL)는 NASA의 태양계 로봇(달리 말해 무인) 탐사를 선도하는 심장부에 해당한다. 제트추진 연구소는 로스앤젤레스에서 북동쪽으로 약 19킬로미터 떨어진 파사데나(Pasadena) 근처의 산기슭에 있으며 면적은 약 71만 제곱미터이다. 캘리포니아 공과대학이 NASA를 대신해 가브리엘 연구소를 운영하고 있다.

제트추진 연구소가 개발한 우주선은 명왕성을 제외한 태양계의 모든 행성을 찾아갔다. 또한 인공위성에 탑재된 연구소의 카메라와 센서는 지구 궤도를 돌며 오존과 해양, 지구 현상들을 연구한다. 제트추진 연구소는 앞으로도 화성과 소행성을 비롯한 태양계의 행성 탐사에 중추적인 역할을 할 것이다.

제트추진 연구소를 방문하려면 사전에 예약을 해야 하고, 견학은 단체와 개인으로 모두 가능하다. '우주에 오신 걸 환영합니다'라는 제목의 멀티미디어 상영을 통해 제트추진 연구소의 역사와 업적을 한눈에 볼 수 있고, 본 칼멘 방문객 센터, 우주비행 운용 시설, 우주선 조립 부품관을 둘러볼 수 있다. 특히 우주선 조립 부품관은 우주선의 최종 조립 부품을 전시하는 곳으로, 1992~1994년에 우주 레이더 실험실이 여기서 만들어졌다. 제트추진 연구소 견학은 수많은 층계를 오르내리는 등 많이 걸을 각오를 해야 한다. 휠체어를 빌릴 수 있고 사진 촬영도 가능하며, 날씨에 관계 없이 견학이 진행되므로 비가 올 경우를 대비하는 편이 좋다.

고더드 우주비행센터(Goddard Space Flight Center)

고더드 우주비행센터는 1959년 문을 연 NASA의 우주과학 연구소이다. 메릴랜드 주 그린벨트에 위치해 있으며, 사이트 주소는 다음과 같다.

www.gsfc.nasa.gov

스테니스 우주센터(Stennis Space Center)

미시시피 주 남부에 위치한 스테니스 우주센터는 NASA가 로켓 추진을 시험하는 곳이다. 바이록(Biloxi) 시에서 서쪽으로 약 72킬로미터 뉴올리언스에서 동쪽으로 70여 킬로미터 떨어진 고속도로 2번 출구에 위치해 있다. 사이트 주소는 다음과 같다.

www.ssc.nasa.gov

이상 언급한 NASA 기지와 센터 중 어느 곳이라도 방문하여 가족과 함께 즐겁고 유익한 시간을 보내기 바란다.

간/추/리/기

- NASA의 다양한 방문객 센터는 한 번쯤 꼭 가 볼 만한 곳이며 특히 가족 단위로 견학하기에 좋은 장소이다.
- NASA의 시설들은 케네디 우주센터나 존슨 우주센터 외에도 미 전역에 분포되어 있다.
- 제트추진 연구소와 같은 NASA 시설을 방문할 때는 각 사이트에 들어가 미리 예약하고 정보를 얻는 것이 좋다.

2부

초기 우주시대

2부에서는 제1차 세계대전이 끝날 때부터 러시아가 최초로 유인 우주비행에 성공하기까지 미국의 초기 우주시대를 고찰하려고 한다. 초기 우주 계획이 어떻게 이뤄졌으며, 러시아가 우주개발 경쟁에서 크게 앞섬으로써 미국인들이 느꼈던 좌절감도 회상해 볼 것이다.

러시아의 스푸트니크 발사는 NASA의 탄생을 가져온 직접적인 계기가 되었지만, 미국은 우주개발에 있어 실패만을 반복했다. 그러나 더 많은 재정 지원과 대통령의 후원에 힘입어 NASA가 전면에 등장하게 되었고, 이때부터 상황이 급변하기 시작했다.

이 장에서는 미국 최초의 위성들이 궤도에 올라간 과정을 살펴볼 것이다. 대부분의 초기 인공위성은 과학, 기상, 통신위성 들이었고 이런 위성들은 우리 삶에 일대 변혁을 가져왔다.

베르너 폰 브라운과 초기 미국 로켓

우리는 오랜 옛날부터 항상 밤하늘에 떠 있는 달과 별을 경이로움에 가득 찬 눈으로 바라보았다. 망원경이 개발되어 시야가 넓어지면서부터는 우주를 탐험하고 다른 행성들에 가 볼 수 있기를 늘 소망해 왔다. 그러나 이런 소망을 실현시킬 과학기술을 지니게 된 것은 지금으로부터 불과 70여 년밖에 되지 않는다.

오늘날 인간은 달 위를 걸을 수 있다. 또한 화성과 금성에 탐사선을 착륙시켰고, 지구 궤도를 선회하는 수천 개에 달하는 위성들이 기상학과 통신 분야, 우주의 이해에 가히 혁명을 일으켰다.

전쟁으로 촉발된 우주과학 기술에서 진보를 이루기 시작한 것은 불과 몇 세대 전이라는 점을 기억하자. 6장에서는 인류에게 우주시대를 열어 준 몇몇 혁명적인 발명가들에 초점을 맞춰 근대 로켓공학의 초기 시절을 살펴볼 것이다. 인류의 역사를 바꾼 이들 혁명가들 맨 앞에 베르너 폰 브라운이 있었다.

천문학 수업을 경청하지 않았던 이들을 위한 짧은 보충학습을 해보자. 태양계의 중심에는 태양이 있고, 지구는 태양을 도는 9개의 행성 중 세 번째에 해당한다. 9개의 행성을 태양과 가까운 순서대로 나열하면 수성, 금성, 지구, 화성, 목성, 토성, 천왕성, 해왕성, 명왕성 순이다.

천재, 베르너 폰 브라운

귀족의 아들로 태어난 베르너 폰 브라운은 분명 천재였다. 공학도로서 박사 학위를 받는 데 고작 18개월이 걸렸고, 20세의 나이에 독일의 최고 로켓 전문가가 되었다.

초기 로켓의 창시자 베르너 폰 브라운 박사는 제2차 세계대전이 끝나고 미국에 건너와 NASA의 부국장이 되었다.

최초의 나치스 로켓

제1차 세계대전을 종결지은 베르사유 조약은 전후 독일의 군사무기 개발을 엄격히 규제했다. 독일의 대포 전문가들은 재래식 대포의 결함을 보완할 기술을 찾았다. 때문에 폰 브라운이 몸담고 있던 베를린의 한 아마추어 로켓단체가 독일 군대의 후원을 받으며 나치스를 위해 일하기 시작했다.

소형 액체연료 로켓을 실험한 독일 로켓팀은 대형 탄두를 탑재한 장거리 미사일을 고안해 냈다. A-4라고 불린 이 로켓이 나중에 V-2로 세상에 나오게 됐다.

로켓의 꿈이 전쟁무기 개발로 변하다

발터 도른베르거는 베르너 폰 브라운의 기술적 지도 아래 A-4 로켓 프로젝트를 총 지휘한 사람이었다. 도른베르거는 제2차 세계대전이 발발하기 6년 전, 대포보다 많은 폭탄을 탑재하고 보다 멀리 날아갈 수 있는 로켓을 개발하라는 임무를 부여받았다. 최초의 A-4 로켓 발사가

1942년 6월 독일 발트 해 페네뮌데에서 극비리에 이뤄졌다.

탄두(warhead)란 로켓 끝에 장착되는 폭탄을 말한다.

A-4 로켓은 초기 두 번의 시험에 모두 실패했지만 세 번째 시험에서 190킬로미터를 날아올랐고, 1943년 봄에 이르러 완전히 성공했다. 당시 A-4 로켓은 음속보다 5배 빠른 속도로 발트 해 상공을 높이 날아올랐으며, 영국으로 조준될 경우 A-4 로켓의 공격을 방어할 무기는 아무것도 없었다.

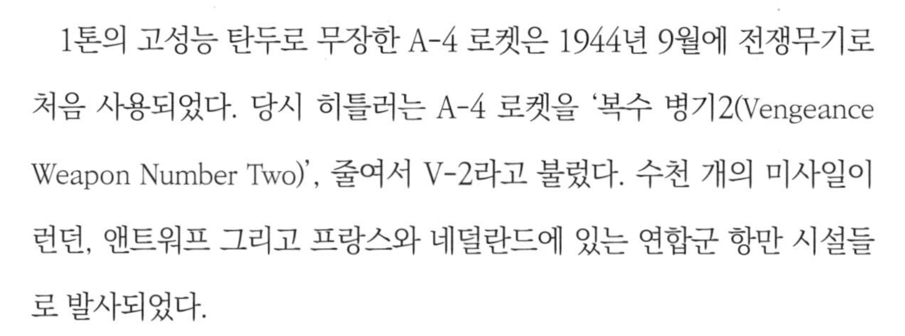

1톤의 고성능 탄두로 무장한 A-4 로켓은 1944년 9월에 전쟁무기로 처음 사용되었다. 당시 히틀러는 A-4 로켓을 '복수 병기2(Vengeance Weapon Number Two)', 줄여서 V-2라고 불렀다. 수천 개의 미사일이 런던, 앤트워프 그리고 프랑스와 네덜란드에 있는 연합군 항만 시설들로 발사되었다.

나치스의 미사일 개발에 말려들면서 폰 브라운과 도른베르거는 우주 탐험을 위한 로켓 연구의 소망을 가슴 깊이 숨겨 둘 수밖에 없었다. 1945년 당시 로켓공학의 유일한 목적은 가능한 많은 탄두를 영국에 쏟아붓는 것이었고, 이 공격으로 수천 명이 목숨을 잃었다.

폰 브라운은 어떻게 연합국의 승리에 기여하게 되었을까

V-2 로켓 미사일은 정확도가 떨어졌기 때문에 목표 지점을 수없이 빗나갔다. 결국 V-2 로켓은 적을 위협하고 공격하는 전쟁무기로는 실패작이었다. 그러나 원자폭탄에 장거리 미사일 개념이 도입되면서 V-2를 새로운 종류의 병기(兵器)로 바라보기 시작했다.

히틀러는 너무 많은 시간과 돈과 에너지를 미사일 개발에 쏟아부었기 때문에, 결과적으로 전투 능력을 상실하게 되었다. 바꿔 말하면, 폰 브라운의 미사일 개발 노력이 예기치 않게 연합군의 승리에 어느 정도

1톤 이상의 탄두를 적재한 V-2 미사일이 대략 3,225개 발사되었다.

기여한 것이다. 히틀러의 V-2 미사일을 향한 분투는 미국의 맨해튼 프로젝트(원자폭탄 개발계획)와 맞먹는 것이었다.

만일 미사일 개발에 들어간 시간과 돈과 에너지를 새로운 독일 전투기의 배치에 들였다면, 아마도 전쟁은 몇 년 더 — 원자폭탄을 개발할 때까지 — 연장되었을 것이다. 그 당시 연합군은 전쟁을 단번에 종결짓기 위하여 초강력 무기를 개발하고 있던 중이었다.

페이퍼클립 작전

폰 브라운과 도른베르거는 제2차 세계대전이 끝나자 자신들의 오래된 염원(우주 탐험을 위한 로켓 개발)을 실현시켜 줄 나라는 미국뿐이라고 생각했다. 따라서 그들은 러시아가 아닌 연합국에 항복하기로 결정했고, 이것은 장차 냉전 시대 동안 미국의 로켓 과학이 발달하게 되는 중요한 계기가 되었다.

자체 로켓 개발을 열망하던 미국은 V-2 로켓의 개발자와 기술자, 그리고 폰 브라운 로켓 개발팀의 전문가들을 확보하기 위해 유럽으로 떠났다. 이것은 다가올 냉전 시대에 대비해 독일 항공 과학자, 기술자, 정보 전문가 들을 연합국 측으로 끌어들이는 광범위한 조치 중 하나였다. 폰 브라운과 그의 로켓 개발팀은 서부 전선으로 몰래 도망쳤고, 마침내 가까스로 미국 육군부대를 찾아가 항복했다.

미국은 페이퍼클립 작전의 일환으로 가능한 한 많은 V-2 로켓과 부품들을 찾아 서둘러 미국으로 가져왔다. 폰 브라운과 그의 로켓 개발팀은 텍사스 주 서부에 있는 포트블리스(Ft. Bliss) 육군 기지로 보내졌다.

미국의 우주개발 계획은 포트블리스에서 몇 킬로미터 떨어진 뉴멕시코 주 화이트샌드 실험장에서 V-2 로켓을 실험발사하면서 시작되었다. 도른베르거는 미국에 온 뒤 벨 항공사로 가게 됐다. 그리고 러시아도 미국처럼 V-2 로켓 기술을 손에 넣으려는 목적으로 자신들의 미사일 계획에 참여할 독일 로켓 과학자들을 끌어모으기 시작했다.

V-2 로켓에 대한 일차적인 개선은 로켓의 재료였다. 독일 로켓이 무거운 강철로 만들어진 반면, 미국 로켓은 훨씬 가벼운 알루미늄으로 제조되었다. 연료를 가득 채운 바이킹 우주선의 무게는 5톤이 나갔는데, 이것은 V-2 로켓의 3분의 1 무게에 불과했다.

미국 최초의 로켓, 바이킹과 레드스톤

폰 브라운과 그의 로켓팀이 서부에 정착하는 동안 미국은 자체 로켓 개발에 박차를 가했다. 이렇게 해서 탄생한 최초의 실용적인 액체연료 로켓이 바이킹(Viking)이다. 바이킹은 해군 연구실험실(NRL)과 과학자 밀턴 로젠의 합작품이다. 이들의 초기 목적은 227킬로그램의 페이로드를 탑재하고, 고도 160킬로미터까지 날아가는 로켓의 개발이었다.

총 12번에 걸친 바이킹 시험 발사가 이뤄졌는데, 처음 3번은 엔진 가동이 중단되어 실패했다. 7번째와 9번째는 완전히 성공했고, 그중 1954년 5월에 발사된 바이킹은 374킬로그램의 탑재물을 싣고도 254킬로미터까지 날아갔다.

우주에서 찍은 최초의 사진

바이킹 로켓이 갖는 또 하나의 역사적 의의는 우주에서 찍은 최초의 사진에 있다. 바이킹에 탑재되었던 관측기기로 사진을 찍은 뒤, 밀봉한 필름을 특수 보호상자에 담아 지구 대기권을 뚫고 지상으로 내려보낸 것이다.

1954년 바이킹 로켓을 이용하여 텍사스 주 남부 상공의 열대 폭풍을 사진 촬영했다. 이것은 앞으로 기상 예측에서 우주개발이 가져올 커다란 가능성을 보여 주는 일이었다.

V-2 로켓에 이어 폰 브라운이 개발한 로켓이 바로 레드스톤(Redstone)이다. 레드스톤은 미 공군이 사용하던 엔진으로 핵탄두를 싣고서 총 322킬로미터를 날았다. 뒤이어 훨씬 성능이 뛰어난 미사일 로켓이 개발되었지만, 레드스톤은 역사에 확고히 자리매김했다. 1961년 미국인을 처음으로 우주에 올려놓는 데 사용했기 때문이다. 이에 관해서는 뒤에서 자세히 다룰 것이다.

미국은 독일의 V-2 로켓을 발판 삼아 자국의 우주계획을 한층 도약시킬 수 있었다. 예를 들면 V-2를 이용하여 최초의 2단 로켓을 발사시켰고, 1949년 2월에는 V-2를 지대지 미사일과 결합하여 고도 393킬로미터라는 신기록을 세우기도 했다.

주피터-C와 아틀라스

폰 브라운은 레드스톤에 이어 최초의 다단식 로켓, 주피터-C를 개발했고 1956년 9월 20일 첫 시험에 들어갔다. 주피터-C는 고도 1,097킬로미터 비행거리 5,399킬로미터라는 대기록을 세웠다. 주피터-C는 첫 비행시험 후 16개월이 지난 뒤에 미국 최초의 인공위성을 성공적으로 궤도에 올려놓았다.

1951년 8월 개발에 들어간 아틀라스(Atlas) 로켓은 나중에 머큐리 우주비행사들을 지구 궤도에 처음으로 올려놓는 쾌거를 이룬다. 아틀라스라는 이름이 붙여진 이유는 로켓의 개발자 콘베어의 아버지가 아틀라스란 이름의 회사를 운영하고 있었기 때문이다.

아틀라스는 비용과 모양 면에서 미사일 로켓으로는 부적합했지만, 약 8,000킬로미터의 비행 능력이 있었다. 이것은 '대륙간 탄도미사일'의 실현 가능성을 최초로 시사하는 것이었다.

미국의 로켓 공학은 1955년까지 거의 군사적 목적으로 사용되었다. 다양한 고도에서 대기 상태를 측정하는 몇몇 기상 관측용 로켓만이 연구 목적으로 만들어졌을 뿐이다. 아틀라스는 나중에 상부에 여러 가지 상단(上段) 로켓들을 결합시켜 NASA의 과학 연구와 개인의 상업 연구를 위한 우주발사체가 되었다.

아틀라스는 오늘날에도 여전히 사용되고 있다. 1966년 처음으로 발사되었던 아틀라스-센토어 로켓이 현재의 아틀라스I과 아틀라스II가 되었다. 아틀라스-센토어는 미국 최초로 달에 연착륙한 우주선 서베이어 1호를 발사한 우주발사체였다. 현재는 록히드 마틴사(社)에서 아틀라스 로켓을 만들고 있으며, 아틀라스는 케이프 커내버럴에서 발사되는 방위용 군사위성과 상업용 위성을 우주로 쏘아 올리고 있다.

대륙간 탄도미사일(ICBM)이란 탄두를 탑재하고 대륙 사이를 초음속으로 나는 장거리 미사일 로켓을 말한다.

아틀라스I 로켓은 6톤 반의 인공위성을 지구 저궤도에, 2톤 반의 인공위성을 정지 궤도에 올려놓고, 1톤 반의 인공위성을 지구 궤도 밖 우주로 보낼 만큼 힘이 강하다.

아틀라스는 높이 23미터, 무게 11.7톤, 추력 약 163톤에 달하는 당시 미국에서 가장 큰 우주발사체였다.

아틀라스II 로켓은 높이가 46미터에 달하며, 제1단의 발사 추력이 212.5톤이다. 센토어 로켓은 아틀라스I보다 추진 연료가 약 3,000킬로그램 더 많기 때문에 속도가 빠르다.

아틀라스II 로켓은 6.8톤의 인공위성을 지구 저궤도에, 약 2,700킬로그램의 인공위성을 정지 궤도에 올려놓을 수 있고, 1.9톤의 위성을 태양계로 보낼 수 있다.

아틀라스-센토어가 발사시킨 우주선 목록
- 천체 관측 위성
- 실용 과학 위성
- 인텔샛 IV, IV-A, V(통신 위성)
- 매리너 화성 탐사선
- 매리너 10호 (금성 1번, 수성 3번 근접 통과)
- 파이어니어 10호, 11호 (목성과 토성 근접 통과)
- 파이어니어 비너스 (금성을 선회하며 표면에 탐사선을 내보낸 우주선)

타이탄과 소어

아틀라스 로켓 개발과 동시에 보다 강력한 새로운 로켓 개발이 시작되었다. 그 결과 탄생한 타이탄 로켓은 성공적인 대륙간 탄도미사일이면서 모든 제미니 우주선을 발사시킨 로켓이 되었다.

소어는 1950년대 중반에 개발된 공군의 중거리 탄도미사일이었다. 소어는 일련의 군 정찰 위성과 과학 탐사선, 그리고 미국의 첫 달 탐사선을 발사시켰고, 나중에 델타 부스터 로켓의 핵심부분이 되었다.

타이탄-센토어

초기 타이탄은 2단의 액체연료 로켓이었고, 곧 강력한 타이탄Ⅲ-E 부스터 로켓이 되었다. 타이탄Ⅲ-E는 두 개의 커다란 고체연료 로켓 사이에 초기의 타이탄 로켓을 끼워 넣은 것이다. NASA는 1974년 타이탄Ⅲ-E와 센토어 로켓을 결합하여 7번 발사했다. 이 새로운 타이탄-센토어 부스터 로켓은 공군의 3단 로켓을 대체하며 더 먼 우주와 행성의 탐사 비행에 사용되었다.

타이탄-센토어 로켓은 발사될 때 먼저 타이탄Ⅲ-E의 고체연료가 타오르며 1,088톤의 추력을 생산했고, 뒤이어 2단의 액체연료가 점화되었다. 타이탄Ⅲ-E의 연료가 다 소모되면 센토어 로켓의 주 엔진이 불붙으며 7분 30초 동안 13.6톤의 추력을 생산했다. 또한 센토어는 궤도에서 재추진하여 바이킹과 같은 로봇 탐사선을 화성에 발사시킬 수 있었다. 타이탄-센토어 로켓은 총 높이가 49미터에 달했으며, 우주왕복선이 출현할 때까지 6기의 대형 행성간 탐사선을 성공적으로 발사시키는 공로를 세웠다.

오늘날의 타이탄 로켓

타이탄 로켓은 아틀라스처럼 영원히 사라지지 않았다. 록히드 마틴사(社)에서 케이프 커내버럴과 캘리포니아 주에 있는 반덴버그 공군기지에서 타이탄Ⅳ 로켓을 발사하고 있다. 주로 미 공군이 사용하지만 NASA의 과학 탐사나 상업적 목적으로도 여전히 사용된다.

타이탄의 높이는 62미터이며, 우주왕복선의 무게와 맞먹는 17.7톤의 화물을 궤도에 올려 보낼 수 있다.

우주에 열광하기 시작한 대중매체

1950년대 초에 미국에서는 우주여행이라는 발상이 대단한 인기를 끌었다. 우주를 정복하면 냉전에서 승리할 수 있다는 것 때문이 아니라, 인류에게는 우주를 탐험하고 그곳에 무엇이 있는가를 밝혀낼 의무가 있다는 의식이 사회적으로 팽배했기 때문이다.

아서 C. 클라크는 1951년 『우주 탐험』이라는 책을 출간했고, 월트디즈니사는 1954년 「우주의 인간」이라는 다큐멘터리를 제작했다. 또한 달이나 화성으로의 우주비행을 소개한 영화가 대중들로부터 큰 인기를 끌었다.

쿠바 미사일 위기

1962년 쿠바 미사일 위기 때 신 냉전시대의 로켓 미사일이 위험천만하게 사용될 뻔했다. 구소련의 수상이었던 흐루시초프는 장거리 미사일 병기의 부족함을 메우기 위해 1962년 10월에 플로리다 주에서 불과 145킬로미터 떨어진 공산국가 쿠바에 중거리 미사일을 배치했다. 케네디 대통령은 이에 맞서 쿠바를 향해 해군 봉쇄 부대를 파견했고, 양국은 일촉즉발의 미사일 대치 상황에까지 치달았다.

핵탄두를 탑재한 대륙간 탄도미사일의 사용이 임박해 있었다. 그러나 미국의 쿠바 침입이 급박해 오자, 흐루시초프는 카스트로를 쿠바에서 강제로 몰아내지 않겠다는 미국의 합의를 조건으로 쿠바에서 미사일을 철수시켰다.

미국과 구소련의 냉전은 우주에서도 마찬가지였다. 두 나라는 한편으로는 상대방을 목표로 한 수소폭탄 미사일 로켓을 개발하면서, 다른 한편으로는 우주개발에 박차를 가했다. 지구 인공위성 발사로 시작된 우주개발 경쟁은 곧 달 착륙 경쟁으로 이어졌다.

미국의 아틀라스 로켓은 2톤의 화물을 가까스로 궤도에 올려놓았지만, 러시아의 R-2 로켓은 그 두 배인 4톤을 올려놓았다.

수소폭탄 발사 로켓

실제적으로 사용 가능한 대륙간 탄도미사일을 만들려는 노력은 거의 모든 로켓 기술의 급속한 성장으로 이어졌다. 폭탄을 정확하게 목표 지점에 나르는 미사일 로켓은 바로 우주 탐험에 필요한 로켓(강력한 엔진, 정확한 유도 방식, 가벼운 구조와 재질)이었던 것이다. 미국은 수소폭탄의 크기가 작았기 때문에 작은 부스터 로켓을 개발하였고, 소련은 수소폭탄의 중량이 무거웠기 때문에 탑재 용량이 큰 로켓을 개발하게 되었다.

핵전쟁의 위협

대륙간 탄도미사일의 존재는 지구 반대편에 있는 적으로부터 언제라도 가공할 만한 공격을 받을 수 있다는 것을 뜻했다. 소련의 '핵무기 선제공격'을 우려했던 미국은 소련의 그런 움직임을 사전에 감지할 수 있는 모든 방법과 수단을 마련해야 했다. 그리고 우주가 이 문제를 해결하는 결정적인 열쇠였다.

군사적 우위를 갖게 해 주는 우주 지배

1960년대 초 미국은 더 이상 소련 같은 적국들로 날아가 전략적 항공 정찰을 할 수 없게 되었다. 1960년 소련 상공을 날던 U-2 첩보기가 격추되면서 소련에 대한 직접적인 정보 수집이 중단되었기 때문이다. 아이젠하워 대통령은 소련의 로켓과 폭격기 기지를 촬영할 수 있는 코로나 인공위성 개발에 착수했다. 코로나 인공위성의 발사용 로켓과 궤도에서의 촬영은 달과 행성 탐사를 위해 필요한 기술과 일치했다.

정확하고 강력한 우주로켓 개발로 미국은 조기경보 위성들을 궤도에 올려놓을 수 있게 되었다. 조기경보 위성은 러시아 폭격기와 미사일 기지들을 하늘에서 내려다보며, 미사일이 발사되었을 경우 대통령과 군대에 30분간 경보를 보냈다. 이런 군사적 이점을 가져다주기 때문에 우주는 미국과 러시아의 군사 활동으로 복잡한 장소가 되었다.

미국 측에서 보면, 1950년대 후반에서 1960년대 초기의 우주로 접근하려는 이런 열성적인 노력은 안정적인 부스터 로켓 개발로 이어져 NASA는 우주비행에 필요한 우주선과 우주발사체를 만들게 되었다.

간/추/리/기

- 나치스는 최초의 유도탄, V-2 로켓을 개발했다. 우주비행을 꿈꾸었던 베르너 폰 브라운은 역설적으로 독일을 위해 치명적인 전쟁무기를 개발하게 되었다.
- 러시아와 미국은 동시에 독일의 미사일 기술을 확보했지만, 미국은 폰 브라운 덕분에 로켓 개발을 한층 도약시킬 수 있었다.
- 러시아와 미국은 V-2 로켓에서 유도탄과 원자폭탄을 결합한 대륙간 탄도유도탄을 만들게 되었다.
- 냉전 시대의 맞수인 미국과 러시아는 군사적 목적의 대륙간 탄도미사일을 개조해서, 오늘날까지 사용하고 있는 우주비행 부스터 로켓의 첫 작품을 만들었다.

우주의 문을 최초로 연 러시아

1949년 베를린 공수(空輸)와 1950년 한국전쟁 발발 후 냉전의 공포가 계속해서 전 세계를 지배했다. 러시아가 1949년 최초로 원자폭탄 개발에 성공하자, 미국은 러시아가 정확한 위치에 핵탄두를 실어 나를 만큼 정교한 미사일을 개발하고 있다는 사실을 알게 되었다. 그러던 중 1957년 여름, 레이더에 러시아의 대륙간 미사일 실험 증거가 포착되자 미국의 지도자들은 심기가 상당히 불편해졌다.

미사일 실험은 실제로 소련이 R-7 로켓 발사를 시도했던 1957년 5월 봄에 이미 시작되었다. 첫 미사일 실험은 발사 직후 연료관이 파열하여 채 2분이 되기 전에 끝나 버렸다. 6월 9일에 있었던 두 번째 실험 역시 참담한 실패로 끝났다. 로켓은 점화하지도 못했다. 극적인 카운트다운에 이은 비참한 결말이었다. 세 번째 실험은 7월 11일에 있었는데, 이번에는 로켓이 지상을 떠났다. 그러나 불행하게도 유도장치가 작동하지 않아 로켓이 중심을 잃고 곧 폭발해 버렸다.

그러다가 8월 21일에 있은 네 번째 실험에서는 마침내 성공했다. R-7 로켓은 완벽하게 발사되었고, 비행거리 6,437킬로미터라는 기록을 세우며 다시 지상으로 돌아왔다. 코롤료프 팀이 러시아에서 미국으로 날아갈 수 있는 최초의 미사일 로켓을 쏘아 올린 것이다.

이미 밝혀졌듯이, R-7 로켓 발사의 두 번째 실패(6월 9일)는 누군가가 연료 밸브를 거꾸로 달았기 때문이었다.

성공적인 시험은 9월에도 이어졌다. 러시아는 인공위성을 궤도에 진입시킴으로써 R-7 로켓의 우수성을 세계에 알리기로 결심했다. 서방 국가들은 R-7 로켓이 수소폭탄을 탑재하고 미국으로 날아갈 수도 있다는 사실에 위기감을 느꼈다.

스푸트니크는 러시아말로 '동반자'를 뜻한다.

코롤료프의 R-7 로켓 개발팀은 어떤 인공위성을 궤도에 진입시킬 것인가를 놓고 고민에 빠졌다. 몇몇 과학자는 중량이 나가는 과학 실험용 인공위성을 궤도에 올려놓자고 주장했지만, 러시아는 '최초의 인공위성 발사'라는 목표를 달성하기 위해 보다 단순한 인공위성을 선택했다. 이미 미국이 1957년 후반에 인공위성을 발사할 계획에 있다고 발표했기 때문이다. 러시아가 선택한 첫 인공인성은 스푸트니크(Sputnik)라고 불리는 83킬로그램의 은백색 구체(球體)였다.

스푸트니크가 궤도에 진입한 다음 날, 「뉴욕타임스」에는 다음과 같은 기사 제목이 올라왔다. "소련 우주 공간으로 위성 발사, 시속 2만 8,000킬로미터로 지구 선회, 미 상공 4회 횡단하며 관측"

스푸트니크가 우주 경쟁의 포문을 열다

스푸트니크는 R-7 로켓의 노스 콘(Nose cone, 원추형 앞머리 부분) 안에 탑재되었다. 역사적인 첫 인공위성 발사는 1957년 10월 4일 저녁에 이뤄졌다. R-7 로켓은 스푸트니크를 지구 대기권 위로 밀어 올려 궤도에 진입시키는 데 성공했다. 러시아와 달리 미국은 스푸트니크 인공위성이 발사되자 충격과 함께 두려움에 휩싸였다. 러시아가 우주를 선점한다는 것은 곧 세계의 공산화를 의미했다. 스푸트니크 발사는 우주 경쟁의 신호탄이었다.

캡슐(Capsule)은 원래 화물(생물과 무생물 포함)을 탑재한 우주선을 지칭하는 용어였다. 그러나 미 우주비행사들이 '캡슐'보다는 '우주선'이라는 말을 더 좋아했기 때문에, 캡슐 대신 우주선이라는 용어가 사용되기 시작했다. 그러나 아직까지도 '우주 캡슐(Space capsule)'이라는 말은 남아 있다.

대담한 모험

러시아(구소련)는 스푸트니크 발사에 이어 살아 있는 생물체를 우주에 보내는 계획을 세웠다. 몇 년 동안 높은 고도의 로켓에서 개의 반응을 시험한 뒤, 마침내 생명유지장치, 먹이, 물, 모니터 기기가 완비된 대형 캡슐을 이용하여 개를 지구 궤도에 쏘아 올렸다.

지구를 궤도 비행하는 최초의 동물로 선택된 테리어 종(種) 라이카(Laika)의 운명은 불행했다. 러시아 기술진이 캡슐 회수의 시스템을 설계할 시간적 여유가 없었기 때문이다. 발사 일주일 후 라이카는 자동 독약 주사를 맞고 죽었다.

미국의 몇몇 전문가는 첫 스푸트니크가 발사되었을 때, 겨우 83킬로그램의 소형 인공위성에 지나지 않는다고 비평했다. 그러나 스푸트니크 2호가 발사된 후에는 아무도 스푸트니크를 작다고 비평할 수 없었다. 스푸트니크의 무게는 라이카를 포함하여 500킬로그램이 넘었으며, 3.6톤 나가는 우주 로켓과 함께 궤도에 진입했다.

NASA의 탄생

러시아의 한발 앞선 우주개발에 자극받은 미국의 과학 전문가들은 우주계획을 총 감독하는 '국가적 우주기구'의 창설을 제안했다.

이들은 로켓 개발이 눈앞의 군사적 이익을 뛰어넘어 보다 큰 이용가치가 있다고 믿었다. 그리고 이들의 주장을 지지했던 단체가 바로 앞에서 언급했던 '미국로켓협회'였다.

미국로켓협회는 우주비행 기술위원회를 조직해 우주개발 계획의 실제적인 필요성을 분석했다. 위원회가 제출한 우주계획 보고서에는 우주선의 지구 궤도 비행, 행성들로의 로봇 탐사선 파견, 인간의 달 착륙 계획 등이 포함되어 있었다.

또한 보고서에서 위원회는 미국의 우주개발 계획을 감독할 민간 우주 기관의 설립을 역설했다. 아이젠하워 대통령의 과학고문들은 1957

년 12월 30일에 위원회의 주장을 만장일치로 승인했다.

제2차 세계대전 당시 1942년 도쿄를 폭격하여 신문의 헤드라인을 장식했던 제임스 두리틀이 1958년 아이젠하워 대통령 전문위원회에 들어갔다. 전문위원회 의장은 노벨 수상자이면서 하버드 대학의 유명한 물리학자인 에드워드 퍼셀이 맡았다.

아이젠하워의 전문위원회 구성

미국 최초의 인공위성을 궤도에 진입시키고 한 달이 지난 1958년 2월 4일, 아이젠하워 대통령은 민간 우주기관을 설립하기 위하여 대통령 직속 과학 고문위원회 안에 전문위원회를 만들었다.

물론 민간 기관에게 미국 우주계획의 지휘권을 부여한다는 것에 모두가 동의하지는 않았다. 특히 육군과 공군은 우주는 군(軍)의 영역이며, 민간 기관의 우주개발은 국가의 안전을 위협할 수 있다고 강하게 반대했다.

우주개발의 주도권을 놓고 벌이는 군과 민간의 의견 차이는 지난 수십 년간 계속되고 있고, 오늘날에도 각자의 우주계획에 정부로부터 예산을 얼마만큼 지원받을 것인가를 놓고 서로 언쟁을 벌이고 있다.

외계로의 초대

아이젠하워 대통령의 전문위원회는 '외계로의 초대'라는 이름의 보고서에서 우주기술 개발이 중요한 이유로 다음 4가지를 언급했다.

우주기술 개발이 중요한 4가지 이유

- 과학 연구과 실험의 기회
- 국제적 명성
- 국가 방위
- 탐구를 향한 인간 본연의 욕구

만일 미 국방부가 우주계획의 전권(全權)을 위임받아 우주를 이용한 전쟁무기를 개발했더라면 세상은 많이 바뀌었을 것이다. 그러나 오늘날 민간과 군의 우주개발 계획의 경계선은 불분명하다. 나의 두 차례 '주 레이더 실험실' 비행은 지구의 정확한 지형도를 작성하는 우주왕복선 레이더 지도 작성 미션(STS-90)으로 이어졌다. 제작된 지도는 과학적 성격을 갖고 있었지만 군사용 지도를 만드는 미국 영상지도국에서 자금을 지원받았다. 우주개발은 과학적·상업적·군사적 이익을 가져온다.

1958년 미국의 우주 득점표
실패 : 13회
성공 : 5회(익스플로러 3회, 뱅가드 1회, 아틀라스 1회)

미국 항공자문위원회는 우주계획을 직접 운영하지 않고, 우주계획 전반에 관계 있는 행정 업무만을 담당했다.

전문위원회는 보고서에서 우주개발이 통신과 기상 분야는 물론 군 정찰에도 커다란 이익을 가져오지만, 우주의 군사적 개발은 곧 우주전쟁을 가져올 것이라고 그 위험성을 경고했다.

의회의 승인

미 의회는 마침내 미국의 민간 우주계획이 전 세계의 평화와 민주주의에 이바지할 것이라는 데 합의했다. 모든 민간 우주비행은 과학기술의 평화적 이용에 사용되어야 한다고 발표했는데, 이 말은 바꿔 말해서 전쟁 시를 대비한 군사적 우주개발이 비밀리에 계속 진행될 것임을 의미하는 말이기도 하다.

아이젠하워 대통령은 1958년 4월 2일 '우주 법안'을 의회에 제출했다. 약간의 수정이 있었지만 법안은 의회를 통과했고, 아이젠하워는 7월 29일 미국항공우주국 제정법에 서명했다. 이렇게 해서 미국 항공우주국(NASA, National Aeronautics and Space Adminstration)이 1958년 10월 1일에 탄생하게 되었다.

미국 항공자문위원회(NACA)

NASA의 탄생 이전까지 우주계획을 담당해 왔던 미국 항공자문위원회(NACA, National Advisory Committee for Aeronautics)는 NASA에 흡수되었다. 육군이 운영하던 제트추진 연구소와 폰 브라운 로켓 개발팀 또한 NASA로 편입되었다.

새롭게 정비된 NASA는 나중에 우주개발을 선도하는 세계적인 기구가 되었지만, 초창기에는 러시아의 수준에 훨씬 못 미쳤다. 러시아를 따라잡기 위해서는 NASA가 해야 할 일이 많았다.

간/추/리/기

- 러시아는 1957년 10월 4일 세계 최초의 인공위성 스푸트니크를 발사했다.
- 우주로 올라간 최초의 생물체는 러시아의 개, 라이카였다.
- NASA는 의도적으로 군 조직이 아닌 민간 기관으로 설립되었다. NASA의 모든 연구와 비행의 결과는 누구나 이용할 수 있다.
- NASA는 1958년 10월 1일 탄생했다.

거듭되는 실패_카붐(Kaboom) 계획

미국 우주개발 초창기의 수많은 실패를 돌아보면, 제일 먼저 '뱅가드(Vanguard) 로켓(1950년대 중반 해군의 로켓계획)'이 떠오른다. 영화 제작자들은 미국 로켓 공학의 초기 좌절을 보여 줄 때 항상 뱅가드 로켓의 폭발 장면을 사용한다.

NASA를 비난할 수 없다

뱅가드는 NASA가 설립되기 이전에 시작된 프로젝트이기 때문에 전적으로 NASA의 책임만은 아니다. 그러나 이 책에 이 내용을 포함시킨 이유는 뱅가드 계획의 실패야말로 NASA의 필요성을 절실하게 보여 주었기 때문이다. 미국의 초기 우주계획은 단편적이고 무질서했다. 육·해·공군이 모두 관련돼 있지만 서로 협력하기보다는 경쟁하는 경우가 더 많았다.

"루브 골드버그가 설계한 로켓"

육군은 베르너 폰 브라운의 노력으로 제일 먼저 인공위성을 궤도에 올려놓으려고 하였다. 그러나 다른 미사일 계획에서 쓰고 남은 부품을 개조해 로켓을 만들었기 때문에, 작가 윌리엄 E. 버로우는 육군의 로켓을 "루브 골드버그(미국 만화가의 이름으로, 매우 복잡하고 비실용적이며, 우습게 생긴 기계를 일컫는 말 : 옮긴이 주)가 설계한" 것처럼 조잡해 보인다고 혹평하기도 했다.

제트추진 연구소(JPL)는 바이킹 로켓을 사용하려고 했지만 해군 연구소(NRL)에 양보할 수밖에 없었다. 해군 연구소는 아주 성공적인 바이킹 연구용 로켓을 개조해서 새 뱅가드 로켓의 제1단으로 사용했다.

미국의 첫 인공위성의 발사체로 뱅가드를 선택한 이유는, 뱅가드가 독일인이 아닌 미국인들이 개발하고 있는 로켓이라는 점 때문이었다. 당시 독일인은 미국의 다른 로켓 개발에 전문적 기술로 상당한 기여를 하고 있었다. 결국 뱅가드 로켓은 인공위성을 쏘는 것에 실패하고 독일인이 설계한 레드스톤 로켓이 미국 최초로 인공위성을 궤도에 올려놓아 미국에게 씁쓸함을 남기게 되었다.

2순위 업체

뱅가드 계획은 바이킹 로켓을 1단으로, 에어로비(Aerobee) 로켓을 2단 로켓으로 이용하고, 여기에 3단 로켓을 새로 추가하여 18킬로그램의 인공위성을 궤도에 올려놓는 계획이었다. 바이킹 로켓을 제조한 글랜 L. 마틴사가 뱅가드 제작을 맡을 주 계약 업체였다.

그러나 마틴사는 이미 다른 계약으로 타이탄 ICBM을 만드는 일에 정신이 없었기 때문에, 뱅가드 계획은 여러 면에서 우수한 점이 별로 없는 2순위 업체로 넘어갈 수밖에 없었다.

바이킹 로켓의 후손인 뱅가드 로켓의 1단은 1954년 5월 24일 386킬로그램의 과학 페이로드를 탑재하고 고도 25킬로미터(우주로 올라간 높이)까지 성공적으로 날았다. 맨 처음 뱅가드 로켓의 출발은 순조로워 보였다.

최초로 인공위성을 궤도에 올려놓기 위한 로켓

뱅가드 로켓은 무기 체제, 즉 미사일과 아무 상관없이 진행된 미국 최초의 순수한 우주로켓 개발 계획이라는 점에서 의미가 크다. 뱅가드 계획의 목적은 단순했다. 즉 미국 최초로 인공위성을 궤도에 올려놓는

1957년 12월 6일 뱅가드 로켓의 실패는 러시아가 우주 로켓에서 미국을 크게 앞질러 있음을 증명했다. 뱅가드 로켓의 1단 추력은 12톤이었다. 이것은 2개의 스푸트니크를 궤도에 진입시킨 R-7 로켓이 내는 추력의 3분의 1에 불과했다.

것이었다.

비록 뱅가드가 미국 최초의 인공위성 발사에 성공하지 못했고, 또 계획 전체가 참담한 실패로 얼룩졌지만, 뱅가드 계획의 실패가 가져온 교훈은 나중의 로켓 계획에 아주 유용하게 쓰였다.

뱅가드 계획은 IGY 인공위성을 발사하는 것이었다. IGY는 1957년 7월 1일부터 1958년 12월 31일까지 진행됐던 '국제 지구 관측년'을 의미한다. IGY 계획은 지구와 우주 속의 지구 환경을 이해하려는 새로운 과학적 노력을 촉구했다.

발사대에서 폭발한 첫 발사

뱅가드 로켓의 설계자들은 자신들이 최초로 인공위성을 발사시킬 수 있으리라고 생각했다. 1956년 12월 8일과 1957년 5월 1일, 두 차례에 걸쳐 이뤄진 시험 발사는 인공위성을 탑재하지는 않았지만 성공적이었다. 그러나 세 번째 시험 발사가 있기 전인 1957년 10월 4일 구소련이 첫 인공위성 스푸트니크를 궤도에 올려놓아 전 세계를 놀라게 했다.

세 번째 뱅가드 로켓의 시험 발사는 원래 늦은 가을로 예정되었으나, 인공위성의 궤도 진입을 서둘러 온 미국 정부는 러시아의 성공을 보고, 해군을 통해 뱅가드 로켓이 인공위성을 궤도에 올려놓는 시도를 할 것이라고 성급히 발표해 버렸다.

세 번째 뱅가드 로켓 비행은 TV(시험 비행체)-3으로 명명되었다. 이전 발사에서는 1단 로켓만을 사용하였지만 TV-3 비행에선 처음으로 3단 로켓 모두를 사용할 계획이었다.

알루미늄 구체(球體)

뱅가드 로켓에 무게 1.4킬로그램, 지름 16센티미터의 작은 알루미늄 구체인 인공위성이 실렸다. 뱅가드는 TV를 지켜보던 전 미국인들 앞에서 1.2미터 상공을 불안하게 날다가 결국 케이프 커내버럴 발사대에 주저앉으며 폭발하고 말았다.

영국 언론은 뱅가드 로켓의 폭발을 신이 나서 비웃었다. 「런던데일리헤럴드」는 "쿵 떨어진 니크Nik!", 「런던데일리익스프레스」는 "끝장난 니크!"라고 조롱했다. 구소련 수상 흐루시초프는 이 로켓의 이름을 "뱅가드(전위부대)가 아니라 리어가드(후위부대)라고 부르는 편이 좋겠다"고 농담했다.

오렌지색 화염과 검은 연기

러시아의 인공위성 발사 성공을 따라잡으려고 했던 미국의 희망은 세계 언론이 지켜보는 가운데 오렌지색 화염과 자욱한 흑색 연기 속으로 사라져 버렸다.

뱅가드 1호 위성은 우주에 남아 있는 가장 오래된 인공물체로, 약 천 년 동안 지구를 선회할 것이다.

뱅가드 로켓의 실패에서 교훈을 얻은 미국은 결국 나중에 인공위성을 궤도에 올려놓는 데 성공했다. 그러나 1958년 1월 31일 미국 최초로 인공위성 익스플로러(Explorer) 1호를 궤도에 올려놓는 데 성공한 것은 뱅가드 로켓이 아니었다.

태양전지판은 인공위성 밖으로 뻗은 납작한 판으로, 태양광선을 전기로 바꾸어 준다.

육군 탄도무기 연구소는 뱅가드 대신 레드스톤 미사일의 4단 로켓에 실어 익스플로러 1호를 발사시켰다. 레드스톤은 베르너 폰 브라운 개발팀이 설계한 우주로켓이었다. 폰 브라운은 사실상 첫 시도에서 인공위성을 궤도에 올려놓는 데 성공한 것이다.

뱅가드는 첫 발사에서 실패했음에도 불구하고 프로젝트를 이어 나갔다. 그러다가 1958년 2월 5일 또다시 실패한 후 이제 뱅가드의 행운은 사라진 듯 보였다.

1958년 3월 17일 마침내 성공하다

마침내 1958년 3월 17일 뱅가드 로켓은 뱅가드 1호 인공위성을 궤

뱅가드 로켓에 대하여
- 부류 : 우주 발사체
- 길이 : 22미터
- 지름 : 1.2미터
- 첫 발사일 : 1956년 12월 8일
- 마지막 발사일 : 1959년 9월 18일
- 성공 발사 : 14회 중 3회

도에 올려놓았다. 이것은 성공적으로 궤도에 진입한 미국의 두 번째 인공위성이었다.

실패한 TV-3 로켓에 실었던 인공위성처럼 뱅가드 1호는 무게 1.4킬로그램, 지름 16센티미터의 알루미늄 추적위성이었다.

뱅가드 1호 인공위성은 자체 동력을 생산, 공급할 수 있는 태양전지를 장착한 첫 위성이었다. 태양전지는 나중에 태양전지판으로 발전하여 더 많은 동력을 생산하게 된다.

해군은 다음 해인 1959년 2월 17일에는 뱅가드 2호 인공위성을 성공적으로 발사하였다.

뱅가드가 남긴 유산

뱅가드가 남긴 유산은 두 가지이다. 첫 번째는 부정적인 측면으로, 초기 우주 탐험의 실패를 상징하는 대표적인 로켓으로 역사에 남을 것이라는 점이다.

두 번째 긍정적인 측면으로는, 뱅가드 로켓의 상부 단이 아틀라스-에이블, 소어-에이블, 스카웃 로켓과 결합하여 보다 강력한 로켓을 만드는 발판이 되었다는 점이다.

뱅가드 로켓은 미래의 우주계획에 이용할 기술들을 발전시키는 계기가 됐다. 예를 들어 개량된 뱅가드 상단은 아틀라스-안타레스의 2단이 되었는데, 아틀라스-안타레스는 아폴로 우주선의 지구 재돌입 시험을 위해 사용된 로켓이다. 뱅가드 로켓의 가장 큰 의의는 실패와 성공을 통해 우주개발에 성공하겠다는 NASA의 의지를 보여 주었다는 점이다.

간/추/리/기

- 뱅가드 계획은 NASA가 설립되기 전에 시작되었고, 뱅가드 계획의 실패는 미국의 체계적이지 못한 우주계획을 감독하고 통합할 'NASA'라는 조직체의 필요성을 일깨워 주었다.
- 뱅가드는 군의 무기 계획과 아무 관련이 없는 순수한 첫 로켓 계획이다.
- 뱅가드의 연이은 실패는 일부가 TV로 생중계되면서 다른 과학적 업적들을 깎아 놓기도 했다.
- 뱅가드 1호 인공위성은 궤도에 올라간 미국의 두 번째 위성으로, 1958년 3월 17일 발사되었다.

9장

익스플로러와 파이어니어

이 장에서는 익스플로러 계획과 파이어니어 계획이 어떻게 성공했는지 이야기하려고 한다. 이 두 가지 우주계획을 통해 미국의 위성들은 지구 궤도에 올라갔고 태양계까지 나아갔다.

익스플로러 1호, 궤도에 올라가다

미국 최초로 궤도 진입에 성공한 인공위성은 익스플로러 1호였다. 익스플로러 1호는 육군 탄도무기 연구소와 제트추진 연구소가 공동으로 제작했다. 육군팀은 고체연료를 채운 작은 단 두 개를 레드스톤 부스터 위에 얹어 1958년 1월 31일 케이프 커내버럴에서 쏘아 올렸다. 이 주피터-C 로켓은 제4단에 길이 1.8미터, 지름 16.5센티미터의 인공위성 익스플로러 1호를 실었다. 가느다란 화살 모양의 이 위성은 뒷부분 절반은 고체연료 로켓이, 앞부분 절반은 3개의 계기와 2개의 전파 송신기가 차지하고 있었다. 그리고 4개의 전선 안테나가 마치 수염처럼 위성 밖으로 뻗어 있었다.

익스플로러 1호의 비행 임무는 우주 환경을 측정하는 것으로, 작은 운석이나 우주선(cosmic ray)에 의한 충돌을 측정하는 계기와 온도 기록 계기를 장착하고 있었다.

밴 앨런대(Van Allen belt)를 발견한 것이 바로 익스플로러 1호 위성이다. 밴 앨런대는 태양과 은하에서 날아오는 하전입자(荷電粒子)들의 진로를 방해하고 멈추게 한다. 도넛 모양의 밴 앨런대는 우주선 과학자 제임스 A. 밴 앨런의 이름을 따서 지어졌다.

제임스 A. 밴 앨런 박사는 아이오와 대학의 물리천문학 교수로, 익스플로러 1호 위성이 관측한 자료를 분석하여 지구 자기장(磁氣場)에 활동적인 소립자가 덫에 걸린 듯 멈춰 있다는 사실을 밝혀냈다. 밴 앨런 박사의 발견으로 우리는 우주의 방사선 환경과 더불어 지구 자기장의 모양에 대해서도 알게 되었다.

파이어니어 계획

지구 궤도를 벗어나 태양계 탐사를 시도했던 미국의 첫 우주선이 바로 파이어니어였다. 3기의 파이어니어 위성들은 각각 파이어니어 0호, 파이어니어 1호, 파이어니어 2호라고 불렀다. 3기의 파이어니어는 달 궤도 진입을 목표로 설계되었지만, 모두 완전히 성공하지는 못했다. 그러나 파이어니어 계획은 가치 있는 정보를 과학자들에게 제공해 주는 기회가 됐다.

익스플로러 1호 인공위성은 작동 기간은 불과 4개월 정도지만, 1970년 3월 31일 남태평양 상공으로 재돌입하면서 타 버리기 전까지 약 1,600킬로미터가 넘는 고도에서 지구를 5만 8,000번 돌았다.

파이어니어 0호, 1호, 2호

첫 파이어니어의 임무는 공군이 맡았다. 그러나 1958년 8월 17일 발사된 파이어니어 0호는 비행 77초 만에 소어 로켓 1단이 폭발하여, 부서지고 말았다. 파이어니어 0호는 원래 파이어니어 1호였으나 발사 실패 후 파이어니어 0호로 불리게 되었다.

공군의 실패 후 NASA가 파이어니어 계획을 이어받았다. 실제로

최초의 기록들
- 1957년 10월 4일 : 최초로 우주로 올라간 인공위성, 스푸트니크 1호
- 1957년 11월 3일 : 최초로 우주로 올라간 동물, 라이카 개
- 1958년 2월 1일 : 미국 최초의 인공위성, 익스플로러 1호
- 1961년 4월 12일 : 최초로 우주로 올라간 인간, 유리 가가린
- 1963년 6월 16일 : 최초로 우주로 올라간 여성, 발렌티나 테라스코브
- 1964년 8월 19일 : 최초의 정지궤도 통신위성, 신콤 3호(10장 참조)
- 1984년 4월 6일 : 우주왕복선에 의해 궤도상에서 수리된 최초의 인공위성
- 1984년 11월 16일 : 우주왕복선에 의해 궤도에서 귀환한 최초의 인공위성

1958년 10월 11일 발사된 파이어니어 1호는 NASA가 쏘아 올린 첫 인공위성이었다. 그러나 안타깝게도 소어 로켓의 상단에서 발생한 프로그램 오류 때문에 지구의 중력장을 벗어나지는 못했다. 하지만 파이어니어 1호는 고도 11만 3,855킬로미터(지구에서 달에 이르는 거리의 1/4)까지 날아서, 넓게 퍼져 있는 지구 방사선대(帶)에 관한 자료를 제공했다. 파이어니어 1호의 발사 비행체는 이틀 뒤 태평양 상공의 지구 대기권으로 재돌입했다. 그리고 1958년 11월 8일 발사된 파이어니어 2호는 소어 로켓이 점화가 되지 않아 실패하고 말았다.

파이어니어 3호

1958년 12월 6일 발사된 파이어니어 3호는 파이어니어 1호, 2호보다 더 작은 인공위성으로 주노(Juno)-2 우주로켓에 실려 지구 중력장을 벗어날 예정이었다. 파이어니어 3호의 비행 임무는 한 가지, 즉 달을 궤도 비행하면서 우주 방사선을 측정하는 것이었다. 그러나 또다시 일이 제대로 진행되지 않았다. 발사 로켓 1단의 연료가 너무 빨리 소모되어 지구 중력을 벗어나지 못했던 것이다.

파이어니어 3호는 달 궤도에 미치지는 못했지만, 고도 10만 2,333킬로미터에 도달해 지구를 둘러싼 두 번째 방사선대를 발견했다. 그러나 파이어니어 3호는 지구 대기권에 재돌입하면서 타 버렸다.

파이어니어 4호는 길이 46센티미터, 지름 23센티미터의 원뿔모양 인공위성이다. 겉에는 태양의 뜨거운 열을 막아내는 특수 페인트가 칠해졌고, 방사선을 측정하는 2개의 가이거-뮐러 계수관(Geiger counter, 전리작용을 지닌 입자를 하나씩 세는 기기)을 장착하고 있었다.

파이어니어 4호

1959년 3월 3일에 발사된 파이어니어 4호는 마침내 지구 중력장에서 벗어나는 데 성공했다. 파이어니어 4호는 지구 궤도를 벗어난 미국 최초의 우주선이었다. 이미 몇 주 전에 러시아의 루나(Luna) 1호 위성이 지구 궤도를 벗어나는 데 성공했기 때문에, 여전히 러시아보다는 한 발 뒤져 있었다. 이 실험에서 과학자들은 원격 조종으로 우주선의 카메라를 조작할 수 있는지를 연구했다.

파이어니어 4호는 원래 달 표면의 약 3만 킬로미터 이내로 진입할 계획이었지만, 진로에서 약간 벗어났기 때문에 약 6만 킬로미터 이내로 겨우 들어갈 수 있었다.

파이어니어 5호와 마지막으로 교신했을 때 우주선은 지구에서 3,500만 킬로미터 이상 떨어져 있었다. 파이어니어 5호는 지금쯤 태양 주위를 선회하고 있을 것이다.

파이어니어 5호

파이어니어 5호는 1960년 3월 11일 소어-에이블 로켓에 실려 발사되었고, 지구 중력장을 완벽하게 탈출하는 것은 물론 더 먼 태양계까지 나아갔다.

지름 64센티미터의 구형(求刑) 파이어니어 5호에는 태양광선을 끌어 모으는 4개의 '태양 노(櫓)'가 부착되어 있어 16와트의 전력을 자체 생산할 수 있었다. 파이어니어 5호의 비행 임무는 행성간의 자기장 지도를 기록하는 것이었다.

파이어니어 12호가 금성 주위를 한 바퀴 도는 데는 단지 몇 분 정도밖에 안 걸렸다. 궤도의 모양은 원지점(遠地點) 6만 5,981킬로미터, 근지점(近地點) 150킬로미터의 완전 타원형이었다.

파이어니어 6호, 7호, 8호, 9호

파이어니어 6호, 7호, 8호는 태양풍, 우주선(線), 태양의 자기장을 측정하기 위해 설계되었고, 과학자들에게 우주 날씨(태양에 의한 우주의 기상 상태)에 관해 알려 주었다.

파이어니어 미션은 NASA의 역사상 놀랄 만한 예산 절감을 가져온 경제적인 비행이었다. 예를 들어 태양을 선회하는 파이어니어 6호는 발사된 지 36년이 지나서도 계속 작동하였다.

파이어니어 6호는 1965년 12월 16일에, 7호는 1966년 8월 17일에, 8호는 1967년 12월 13일에, 9호는 1968년 11월 8일에 각각 발사되었다. 또 하나의 파이어니어-E 인공위성이 1969년 8월 27일에 발사되었지만, 델타 우주 발사체의 고장으로 궤도에 진입하지 못했다. 모든 파이어니어 인공위성들은 소어 미사일 로켓의 후손인 델타-E 로켓에 실려 발사되었다.

파이어니어 10호, 11호 안에는 남자와 여자, 태양과 지구의 위치를 에칭으로 그려 넣은 금 명판이 있다. 이것은 언젠가 지구 밖 외계 생명체가 우주선을 발견할 경우를 대비한 것이다.

목성을 최초로 촬영한 파이어니어 10호

레이더 고도계(高度計)는 입체 지형도를 만들기 위해 관측하는 행성에 레이더 신호를 쏘아 다시 되돌아오는 신호를 측정하는 기계이다.

다른 파이어니어 우주선 시리즈는 금성과 화성을 목표로 했다. 지름이 2.7미터인 파이어니어 10호가 1972년 3월 3일 아틀라스-센토어 로켓에 실려 발사되었다. 파이어니어 10호는 1973년 12월에 최초의 목성 사진을 촬영했고, 12월 3일에는 태양계에서 가장 큰 이 행성의 약 20만 킬로미터 옆으로 통과했다.

장래 보이저(Voyager) 우주선의 정찰 역할을 한 파이어니어 10호는 또한 목성의 대기, 자기장, 위성들뿐 아니라 행성간 자기장과 티끌 환경, 태양풍, 우주선(線) 등을 관측했다.

우주에서 태양열은 매우 강렬하기 때문에, 우주를 비행하는 인공위성은 태양열을 반사시킬 수 있는 특수 페인트와 단열재가 필요하다. 내부에 탑재한 기기를 보호하기 위해 아주 가볍고 얇은 일종의 양산을 장착하기도 한다. 열차폐막은 지구로 재돌입하는 우주선이 불꽃에 타 버리지 않도록 보호하는 장치로 특히 유인 우주선에서 볼 수 있다.

파이어니어 10호는 다른 행성간 탐사선들이 그랬듯이 태양 주변 궤도에 가지 못했고, 오히려 완전히 태양계를 '벗어나는' 진로에 들어섰다. 따라서 파이어니어 10호는 태양계를 벗어난 최초의 인공물체가 되었다.

멋진 고리를 두른 토성을 향하여 _ 파이어니어 11호

1973년 4월 6일 아틀라스-센토어 로켓에 의해 발사된 파이어니어 11호는 목성을 2번 방문했는데, 1974년 12월 4일에 약 3만 4,000킬로미터 이내의 거리에서 목성을 통과했다. 그리고 고무줄 새총의 원리로 목성의 중력을 이용하여 토성을 향해 날았다. 5년 후 파이어니어 11호는 마침내 토성에 닿았다.

1979년 9월 1일 파이어니어 11호는 약 2만 킬로미터 이내의 거리에서 토성을 지났다. 그리고 파이어니어 10호가 목성을 지나며 했던 것과 똑같은 실험을 토성을 지나며 했다.

파이어니어 11호는 태양에서 너무 멀리 떨어져 나와 핵 발전기를 사용한 자체 전력을 생산할 수 없게 되면서, 1995년 9월 30일로 비행 임무를 끝마쳤다. 그러나 NASA는 2003년까지 파이어니어 10호가 발산하는 희미한 신호를 미래의 우주 탐사선 운용을 위한 비행 관제사들을 훈련하는 데 이용하였다.

지름 약 91센티미터의 파이어니어 6호, 7호, 8호, 9호는 태양 노(櫓)를 장착하고 79와트의 전력을 생산할 수 있었다. 이 우주 탐사선들은 행성들 사이의 공간을 탐사했으며, 나중에 개발된 파이어니어 사촌보다 큰 탐사선들은 최초로 거대 외행성들인 목성과 토성에 닿았다.

사랑스런 금성의 조사자, 파이어니어 12호

이제 금성의 사진을 찍을 차례였다. 1978년 5월 20일 아틀라스-센토어 로켓에서 발사된 파이어니어 12호가 그해 12월 4일에 드디어 금성 주변의 궤도에 진입했다.

금성은 두꺼운 황산 구름층으로 둘러싸여 있기 때문에 보통 카메라로는 촬영이 불가능하다. 따라서 파이어니어 12호에는 레이더 고도계가 장착되었다. 파이어니어 12호는 금성 궤도에 진입한 후에 레이더 고도계로 금성 표면의 93%를 지도로 작성했고, 금성의 이온층과 대기층을 분석했다. 게다가 파이어니어 12호는 운 좋게도 2개의 혜성에 관한 정보를 모을 수 있었다.

원래 파이어니어 12호는 8개월 동안만 작동하도록 설계되었지만, 1992년 8월까지 무려 14년 이상 계속해서 자료를 보내왔다. 그리고 추진제가 모두 바닥나 금성 대기권으로 천천히 낙하하다가 타 버렸다.

파이어니어 12호는 수명이 다할 때까지 총 17번의 실험과 관측을 수행했다.

수성, 금성, 화성을 향하는 우주선들에는 보통 자체 전력을 생산하는 태양전지판이 장착된다. 화성 궤도를 벗어나면 태양 에너지가 급격히 감소하기 때문에, 태양전지판 대신 핵 발전기를 사용하여 전력을 생산한다.

금성 다중(多重)탐사선, 파이어니어 13호

파이어니어 12가 금성 궤도선이었다면, 파이어니어 13호는 금성 다중(多重) 탐사선이었다. 파이어니어 13호는 1978년 8월 8일 아틀라스-센토어 로켓에 의해 발사되었다. 이 탐사선은 파이어니어 12호처럼 단순히 궤도에서 금성을 관측하는 것 이상의 일을 했다. 실제로 1978년 11월 중순 태양 전지로 움직이고 열 차폐막을 붙인 탐사기 4기를 금성 대기권으로 내려보냈다.

탐사기

파이어니어 13호가 금성으로 내려보낸 대형 탐사기 1기는 둥그런 본체, 보호 덮개, 열 차폐막의 세 부분으로 이루어졌다. 지름 1.5미터의 이 탐사기는 약 1시간 반을 하강한 후에 보호 덮개와 열 차폐막을 투하했고, 낙하산을 펼쳐 금성 표면에 안착했다.

지름 91센티미터의 소형 탐사기 3기는 하강하는 동안 보호 덮개와 열 차폐막을 투하시키지 않았고 낙하산 없이 금성 표면에 안착했다. 소형 탐사기들의 무게는 75킬로그램이었다.

금성 표면

탐사기들은 금성 대기의 밀도, 압력, 온도를 측정하는 기구를 탑재하고 시속 약 4만 킬로미터로 금성 대기권에 돌입했다. 소형 탐사기 3기는 대형 탐사기보다 가볍고 단순하게 변형시킨 것이었다.

탐사기들은 금성 표면의 각각 다른 장소에 떨어졌다. 놀랍게도 탐사기 1기는 착륙에 성공하여 한 시간 이상 신호를 보내다가 금성 표면의 열과 압력 때문에 부서졌다. 파이어니어 13호 역시 금성 대기의 밀도와 성분을 측정하다가 같은 날 타서 사라졌다.

익스플로러 1호는 지구 궤도에 오른 미국 최초의 인공위성으로 밴앨런대를 발견하는 큰 성과를 거두었다. 실패와 끊임없는 노력을 필요로 했던 파이어니어 계획은 지구 궤도를 벗어나 태양계의 이웃 천체들을 방문하는 방법을 가르쳐 주었다.

간/추/리/기

- 익스플로러 1호는 지구 궤도에 올라간 미국 최초의 인공위성이었다.
- 파이어니어 1호의 발사는 NASA가 수행한 첫 우주 탐사였다.
- 파이어니어 계획은 태양계로 영역을 넓힌 첫 우주개발이었다.
- 파이어니어 13호 다중 탐사선은 금성 표면에서 발생하는 신호를 받았다.

초기의 통신위성과 기상위성

NASA는 모든 과학기술 분야에 공헌했지만, 특히 통신과 기상, 두 영역에 큰 영향을 주었다. 먼저 통신에 대해 이야기해 보자.

통신

우리는 실시간 통신이 당연히 생각되는 시대에 살고 있다. 전화기를 들어 불과 몇 초 내에 중국에 있는 친구와 이야기를 나눌 수 있고, 인터넷을 이용하여 남극으로 전자메일을 보낼 수도 있으며, TV를 켜서 우주왕복선이나 우주정거장 창 아래 펼쳐지는 지구 영상을 시청할 수도 있다. 그러나 불과 50여 년 전만 하더라도 이런 일은 상상할 수도 없었다.

지구 반대편에 있는 사람과 통신하는 데 있어서 발생하는 문제점은 전파가 항상 직선으로 나아간다는 점이다. 전파를 구부리는 일은 불가능하기 때문에, 전파를 어떤 물체에 부딪치게 하여 방향을 바꾸도록 하는 것이 유일한 해결책이었다.

이론적으로는 지구 궤도에 여러 개의 인공위성을 쏘아 올려 놓고 전파를 보내면, 전파는 위성에서 위성으로 반사되어 전 세계 어느 곳이나 도달하게 된다.

에코 위성의 가장 인상적인 특징은 큰 부피와 반사 코팅 때문에 지상에서 육안으로도 쉽게 관찰이 가능하다는 점이다. 지금으로부터 대략 50년 전 별 관측자들은 비행기보다 더 빠르게 밤하늘을 가로지르는 에코를 지켜보았다.

스코어 위성

스코어(Score, 궤도중계 실험에 의한 신호교신)라고 불리는 미국 최초의 통신위성이 1958년 발사되었고, 스코어를 통해 처음으로 음성 통신이 이뤄졌다.

테이프 레코더를 탑재한 스코어 위성은 높은 하늘에 떠 있는 방송 안테나와 같은 기능을 했다. 테이프에는 전 세계에 크리스마스 인사를 보내는 아이젠하워 대통령의 목소리가 담겨 있었다. 스코어 위성은 12일간이라는 짧은 시간 동안 작동했지만, 궤도 중계위성의 가능성을 보여주었다.

에코 계획

NASA의 첫 실험 통신위성을 에코(Echo)라고 불렀다. 에코 위성들은 크고 가벼운 금속 기구였고 지름은 30미터에 달했다. TV, 라디오, 전화의 통신 신호가 에코 위성에 부딪혀서 지구의 다른 곳으로 보내졌다.

에코 1호는 1960년 5월 13일 발사되었지만, 델타 로켓의 고장으로 궤도에 진입하지는 못했다. 1960년 8월 12일 궤도 진입에 처음으로 성공한 에코 1A호를 보통 에코 1호라고 부른다. 에코 2호는 1964년 1월 25일 소어-아제나B 로켓에 의해 궤도로 올라갔다.

에코 1A호는 1968년 5월 24일에, 에코 2호는 1969년 6월 7일에 각

아서 C. 클라크
1945년 제2차 세계대전이 끝나갈 무렵, 영국행성학회 회원이었던 한 공군 장교가 『무선통신세계』라는 영국의 과학기술 잡지에 다음과 같은 편지를 보냈다.
"…마지막으로 반세기가 흐른 먼 미래를 이야기하고 싶습니다. 지구에서 정확한 거리만큼 떨어져 있는 '인공위성'이 한 장소에 머무르며 지구의 절반에 해당하는 범위 내에서 전파를 주고받게 될 것입니다. 그리고 정상궤도에서 120도 떨어진 3군데 중계소(中繼所)에서 TV전파와 극초단파를 온 지구로 송신할 수 있게 될 것입니다."
그 편지에는 히틀러가 영국을 폭격하는 데 사용했던 V-2와 같은 로켓이 전쟁이 끝난 후에는 우주 탐험에 사용될 것이라는 내용도 있었다. 편지를 쓴 사람은 통신위성의 아버지인 아서 C. 클라크였다. 클라크는 나중에 『2001 스페이스 오디세이』와 같은 훌륭한 공상과학 소설을 집필했다.

에코 2호는 지름이 30.5미터에 이른다. 통신 전파는 에코 2호에 반사되어 지상의 다른 곳으로 뻗어 나갔다.

각 지구 대기권에 재돌입하면서 타 버렸다.

에코는 전파를 반사만 하는 수동 위성이었지만, 1960년 궤도에 진입한 쿠리어(Courier) 위성은 조금 달랐다. 국방부가 발사한 쿠리어는 오늘날의 통신위성처럼 지구에서 날아오는 전파를 수신했다가 다시 지상으로 되돌려 보냈다. 쿠리어는 17일 동안 작동했는데 고장 난 이유에 대해서는 알려져 있지 않았지만 쿠리어 기술의 상업적·군사적 가치는 명확했다. 전파를 단순히 반사하지 않고 다시 송신한다는 것은 강한 전파를 목표 지점으로 정확하게 보낼 수 있는 기술임을 의미한다.

나는 STS-98 비행 임무를 마치고 클라크 박사와 만난 적이 있다. 사실, 클라크의 소설을 바탕으로 한 영화 「2001 스페이스 오디세이」는 어린 시절 나에게 우주비행의 꿈

신콤(Syncom) 위성

첫 3기의 신콤 위성은 1963년과 1964년 케이프 커내버럴에서 델타 B 로켓에 의해 발사되었다. 신콤 위성은 공상과학 소설가 아서 C. 클라크의 꿈을 현실로 실현시켰다.

신콤 1호가 1963년 2월 14일 케이프 커내버럴에서 발사되었고 궤도에 진입했다고 여겨졌지만, 이후 교신이 두절되어 버렸다. 신콤 2호는 1963년 7월 26일 발사되어 정지 궤도 진입에 성공한 첫 인공위성이 되었다. 신콤 3호가 1963년 8월 19일 성공적으로 발사되어 역시 정지 궤도에 올라갔다. 신콤 4호는 몇 년이 지나 STS-41 우주왕복선이 발사되던 해에 궤도에 올라가게 되었다. 클라크의 상상이 신콤을 통해 사실로 증명된 후, 수백 개의 인공위성이 정지 궤도로 발사되었다.

을 심어 주었다. 나는 소설 『2001 스페이스 오디세이』를 가지고 STS-98 우주비행길에 나서 동료 마샤 아이빈즈와 함께 읽었다. 지구로 돌아와서 친구에게 이 이야기를 했고, 친구는 다시 클라크 박사에게 이야기를 전했다. 얼마 지나지 않아 클라크 박사로부터 짧은 편지가 도착했다. 편지에는 자신의 책이 2001년의 첫 우주왕복선 비행에서 재미있게 읽혔다는 소식을 듣게 되어 매우 기쁘다고 적혀 있었다.

텔스타(telstar) 위성

텔스타는 미국의 통신회사인 AT&T에서 만들고 회사가 소유한 통신위성으로 1961년 발사되었다. 텔스타는 타원 궤도를 그리며 2시간 40분마다 지구를 한 바퀴씩 돌았다.

텔스타 2호는 1963년 최초로 대서양을 횡단하여 컬러텔레비전 프로그램을 전송했다. 그해 가을 케네디 대통령 암살 사건이 발생했는데, 통신위성 기술을 이용하여 장례식 장면을 전 세계로 방송할 수 있었다.

NASA는 1964년과 1965년에 각각 릴레이와 얼리버드라는 통신위성을 발사하였다. 얼리버드는 통신위성 회사로 알려진 회사가 돈벌이를 위해 발사한 것이었고, 약 3만 5,000킬로미터 상공의 정지 궤도에 오른 릴레이 위성 2기는 RCA로 알려진 민간 통신회사의 소유였다.

정지 궤도에 진입한 위성은 지구의 자전 속도와 똑같은 속도로 궤도를 비행한다. 지구와 똑같이 움직이기 때문에 항상 같은 장소에 머물게 된다. 정지 궤도 위성으로 오늘날의 위성TV가 탄생했다. 위성TV는 지붕에 설치된 수신 안테나가 위성과 연결될 때 제 기능을 발휘한다.

기상학(Meteorology)

우주과학 기술을 개발하려는 초기 목적 중 하나는 기상학, 즉 기상 예보에 대혁명을 일으키자는 것이었다. 알다시피 오늘날의 기상 예보는 기상위성이 찍은 사진을 바탕으로 이뤄지고 있다.

전 세계로 방송된 케네디 대통령의 장례식을 통해 인류 역사상 유례 없는 '공동체' 의식이 싹트게 되었다. 1960년대 TV화면에 등장한 '위성을 통한 생중계(Live via satellite)'라는 자막은 당시로선 아주 혁신적이었다.

타이로스 1호는 지름 1미터, 높이 48센티미터, 무게 122킬로그램의 위성이었다. 타이로스는 알루미늄 합금과 강철로 만들어졌고, 내장된 배터리를 충전하는 9,200개의 태양 전지로 덮여 있었다. 밑판에 설치된 3쌍의 고체 추진제 회전 로켓은 타이로스를 팽이처럼 회전시켜 자세의 안정성을 높여 주었다.

저해상도와 고해상도란 한 사진에서 식별 또는 '분해'할 수 있는 상(像)의 양을 말한다. 고해상도 사진을 얻으려면 저궤도 비행을 하거나 작은 망원경이 부착된 카메라를 사용해야 하는데, 고해상도 카메라는 특정 지역을 확대할 수 있지만 저해상도만큼 넓은 지역을 담아내지는 못한다.

기상학자들은 원래 우주에서 찍은 사진이 기상 예보에 도움을 줄 거라고는 별로 기대하지 않았다. 그러나 1947년 미국의 무인 로켓이 카메라를 탑재하고 우주로 날아가 구름이 형성되는 모습을 촬영하고 나자 비로소 생각을 바꾸었다.

최초의 기상위성, 타이로스

기상학자들은 13년을 기다려 드디어 타이로스(Tiros, 텔레비전 적외선 관측 위성)라는 이름의 첫 기상위성이 궤도에 올라가는 것을 지켜보았다. 타이로스는 비디오 카메라를 이용하여 지구 대기를 규칙적으로 관찰했다. 기상학자들은 지상 관측과 우주에서 찍은 사진을 결합하여 이전보다 훨씬 더 정확하게 기상을 예보할 수 있었다. 1960년대 총 10기의 타이로스 기상위성이 궤도에 올라갔다.

타이로스 1호는 1960년 4월 1일 소어-에이블 로켓에 실려 케이프 커내버럴에서 발사되었다. 타이로스의 임무는 범세계적인 기상위성 정보 시스템을 구축하게 될 TV장비를 시험하는 일이었다. 타이로스 1호는 저해상도와 고해상도의 TV카메라 2대를 탑재하고 있었다. 각 카메라에는 타이로스가 지상국 네트워크에서 벗어나 있는 동안 찍은 사진을 저장하는 녹화장치가 장착되어 있었다.

타이로스 1호의 밑판에서 뻗어 나온 4개의 안테나는 송신기의 역할을 했고, 상판 중앙에서 수직으로 솟은 1개의 안테나가 수신기였다. 비록 타이로스 1호는 3개월도 채 작동을 못했지만 NASA는 충분히 만족스런 결과를 얻었다. 구름을 촬영한 수천 장의 사진이 지구로 전송되어 기상학자들은 우주 관측과 지상의 실제 날씨 사이의 관계를 연구할 수 있었다. 타이로스 1호는 날씨가 연구될 수 있고, 또 우주에서 관측이 가능하다는 것을 증명하였다.

타이로스 1호에 이어 타이로스 2호가 1960년 11월 23일 3단 델타 로켓에 실려 발사되었다. 타이로스 2호는 1년 이상 작동했고, 밤에도 구름과 지구 표면을 구별할 수 있는 새로운 적외선 카메라를 시험했다. 또한 타이로스는 지구의 자기장을 이용해 위성의 자세를 조정하는 '자세제어 장치'도 시험했다.

1965년에 발사된 타이로스 9호는 기술의 발달에 힘입어, 24시간에 걸쳐 찍은 450장의 사진을 혼합하여 지구의 '모자이크 사진'을 만들었다.

타이로스 계획은 현재까지 계속되고 있다. TV 기상채널을 통해 타이로스가 이룩한 업적은 눈으로 확인할 수 있다. 오늘날 일기 예보자는 우주에서 전송되는 영상들 덕분에 지구 모든 곳의 날씨를 알 수 있는 것이다.

적외선은 인간의 눈으로 볼 수 있는 가시광선보다 파장이 더 길다. 적외선을 감지하는 필름이나 TV카메라는 멀리 떨어져 있는 물체가 얼마나 뜨겁고 혹은 차가운지 보여 준다. 예를 들면, 높은 고도에 위치한 구름은 지표에 가까운 구름보다 훨씬 차갑기 때문에 기상학자들은 우주에서 찍은 대기 사진을 보고 구름의 형성을 이해할 수 있다.

기상 연구소의 호킨스 소장은 이렇게 말했다. "기상위성은 지구 상공에 파수꾼을 올려놓은 것과 같다. 지구 대기는 하나의 조각 그림과 같은데, 만약 기상위성이 없으면 수많은 조각을 못 보는 셈이 된다."

지구의 반구 사진

미국은 1966년 ATS라는 이름의 위성을 궤도에 올려놓았다. ATS는 정지 궤도에 진입한 첫 기상위성이었다.

ATS는 적도 상공 약 3만 5,000킬로미터의 정지 궤도에서 한 번에 지구의 반구(半球) 전체를 보여 주는 사진을 최초로 찍었다. ATS에서 찍은 사진을 통해 보다 넓은 지역에서 어떻게 구름이 이동하고 폭풍이 형성되는지 처음으로 알 수 있었다.

갤버스턴(Galveston) 섬

기상위성이 사람의 생명을 구한 것은 당연했다. 1900년 시속 약 240킬로미터의 강풍을 동반한 허리케인이 텍사스 주 갤버스턴을 덮쳐

총 6개의 랜드샛 위성(지상관측위성)이 발사되었는데, 랜드샛 6호는 실패했다. 그래서 랜드샛 4호, 5호가 원래 계획보다 장시간 이용됐다.

다. 갤버스턴은 멕시코만 입구에 있는 저지대 섬으로, 주민들은 허리케인이 다가오고 있다는 사실을 모르고 있었다. 기상국조차 허리케인이 갤버스턴에 도착하고 나서야 알게 되었고, 결국 8,000명 이상이 죽는 비극을 낳았다.

만일 이런 허리케인이 오늘날 발생한다면 결과는 매우 다를 것이다. 당시 갤버스턴의 사망자 수와 1992년 플로리다 주 동부 해안을 강타한 허리케인 앤드루의 사망자 수를 비교해 보자. 플로리다 주는 300억 달러에 이르는 큰 재산 피해를 입었지만, 사망자 수는 40명에 그쳤다. 기상위성이 전송한 사진 덕분에 허리케인의 발생을 미리 알았고, 주민들이 안전한 곳으로 대피했기에 인명 손실을 줄일 수 있었다.

랜드샛(Landsat)

NASA는 1970년대 초에 기상위성에 의해 개발된 사진 기술을 이용하여 지구 지형을 연구하는 랜드샛 계획을 시작했다. 랜드샛의 성공으로 지구를 바라보던 기존의 시각이 빠르게 바뀌었다.

제너럴일렉트릭(GE)사가 제조한 랜드샛 1호는 1972년 7월 23일 캘리포니아 주의 반덴버그 공군기지에서 발사되었다. 랜드샛 1호는 1978년 작동을 멈출 때까지 30만 장이 넘는 영상을 지구로 전송했으며, 랜드샛 계획은 다음과 같은 부분에서 유용하게 활용됐다.

- 토지 측량
- 토지 관리
- 수자원 계획
- 농업 예보, 기상 예보

- 삼림 관리
- 바다의 유빙(流氷) 이동
- 지도 제작

랜드샛이 가져온 보다 구체적인 유용성의 예를 몇 가지 들어 보면 다음과 같다.

- 랜드샛 위성사진은 몇 초 안에 넓은 토지에 경작된 농작물을 보여주었다. 따라서 농부, 상인, 보험회사를 위한 농작물 예보가 이전보다 훨씬 정확해졌다.
- 랜드샛의 해안선 영상은 해양오염(석유유출과 같은)을 방지하는 데 이용되었다.
- 랜드샛 영상에서 얻은 단층 정보로 미국을 비롯한 많은 나라들이 새 발전소의 위치를 선정하고, 석유와 가스 수송관의 최적 경로를 결정하고 있다. 실제 볼리비아에서는 랜드샛의 영상으로 이미 예정되었던 가스 수송 경로가 지진 단층을 통과하고 있다는 걸 발견했다. 따라서 지진 단층을 피해 수송로를 수정했는데, 원래 예정되었던 경로보다 훨씬 짧아지는 효과를 얻었다.

델타 로켓(Delta)

대부분의 초기 통신위성과 기상위성은 델타 로켓에 의해 발사되었다. 델타 로켓은 현재도 사용 중이며, 타이로스와 랜드샛을 포함하여 지금까지 총 180개 이상의 인공위성을 쏘아 올렸다.

가장 최신형에 해당하는 델타Ⅱ로켓은 높이 약 40미터의 가장 강력한 로켓이다. 델타II는 액체연료의 1단, 2단과 고체연료의 3단으로 구성된다. 주 엔진과 6개의 보조 로켓이 달린 제1단의 평균 추력은 396톤에 달한다. 미 공군과 맥도넬 더글러스사가 1989년 2월 케이프 커내버럴 공군기지(1988년 NASA가 공군에게 양도)에서 델타II를 처음 발사했다. 델타 로켓을 이용한 상업적 우주 발사가 바로 이곳에서 이루어지고 있다.

스카우트 로켓(Scout)

스카우트 로켓은 1960년 첫 발사가 이루어진 후 다양한 용도로 사용되다가 1994년을 마지막으로 사라졌다. 34년에 걸쳐 100개가 넘는 스카우트 로켓이 발사되었다. 스카우트 로켓은 기상위성과 통신위성의 발사를 포함하여 다양한 비행 임무에 이용되었다.

마지막에 사용된 스카우트는 높이 23미터, 무게 21톤, 추력 60톤의 고체연료 4단 로켓이었다. 스카우트는 181~210킬로그램의 위성을 지구 저궤도로 발사할 수 있었다.

경량의 스카우트 로켓은 케이프 커내버럴, 캘리포니아 주의 반덴버그 공군기지, 버지니아 주 해안에 위치한 NASA의 월럽스 발사장, 이렇게 3곳의 미국 발사장에서 발사되었다. 그리고 미국과 이탈리아가 공동으로 아프리카 케냐에 있는 이탈리아의 산마르코(San Marco)의 발사대에서도 발사되었다.

NASA는 통신과 기상 분야에서 아주 중요한 발견을 하고 또한 혁신시켰다. 초기부터 NASA는 오늘날에도 계속 작동하는 통신위성과 기상위성을 발사해 왔다.

간/추/리/기

- 통신위성(콤샛)은 전화, 텔레비전, 컴퓨터, 무선 신호를 전 세계에 중계한다.
- 스코어는 미국 최초의 통신위성이다.
- 우주에서 촬영한 지구 사진으로 기상을 관찰하고 예보할 수 있다.
- 기상위성 덕분에 허리케인이나 태풍이 닥치기 전에 주민들을 피난시킬 수 있게 되었다. 우주계획은 수천 명의 인명을 구했고, 수십 억 달러의 재산 피해를 막는 데 큰 도움이 되었다.

3부

우주로 올라간 인간

3부에서는 인류 역사상 최초로 달을 탐험했던 우주탐험자들의 이야기를 할 것이다. 러시아는 미국을 앞질러 지구 궤도에 처음으로 인간을 올려 보냈고, 유인 우주비행에 관한 수많은 기록을 세웠다. 그러나 지구 궤도를 벗어나 달에 도착한 것은 미국이 먼저였다.

인간이 우주에서도 생존할 수 있다는 걸 증명한 머큐리 계획과 두 명의 우주비행사가 우주에서 달 착륙을 훈련한 제미니 계획을 각각 살펴보고, NASA의 초기 우주 탐사와 우주선 음식이 어떻게 발달해 왔는지를 알아볼 것이다.

유리 가가린, 앨런 셰퍼드, 머큐리 계획

1961년 4월 12일 러시아가 최초로 인간을 지구 궤도에 올려놓았을 때 미국이 받은 충격은 1957년 첫 인공위성 스푸트니크의 발사로 인한 충격보다 훨씬 강했다. 미국이 우주 경쟁에서 러시아에 얼마나 뒤졌는지 명확하게 드러나는 순간이었다.

러시아 우주비행사는 '별 항해자(Astronauts)'라는 뜻의 미국 우주비행사와 달리 '우주항해자(Cosmonauts)'를 뜻했다. 최초로 지구 궤도에 올라간 러시아 우주비행사는 유리 가가린(Yuri Gagarin)으로, 그는 구소련(지금의 카자흐스탄)의 발사대에서 우주로 출발했다. 가가린은 나중에 역사적인 이륙 순간을 이렇게 회상했다.

"비행기가 이륙할 때와 비슷한 소음이 들렸다. 나는 모든 준비를 완벽하게 끝냈고, 그때 로켓이 하늘로 가볍게 솟구치기 시작했다."

“지구는 푸른빛이었다”

유리 가가린
1934년 모스크바 서쪽의 한 집단농장에서 태어났다. 우수한 성적으로 사라토프 – 지구로 재돌입할 때 낙하산을 타고 내려다보던 도시 – 에 있는 공과대학에 입학했고, 비행기 조종을 배워 공군 지원 자격을 얻었다. 1957년 오렌부르크에 있는 공군사관학교를 최우등생으로 졸업하고 공군 조종사가 된 후 러시아 우주비행사로 뽑혔다.
역사적인 첫 지구 궤도 비행을 마친 가가린은 러시아 사람들의 열렬한 환영을 받았다. 그러나 불행히도 1968년 3월 27일 비행 훈련 중 타고 있던 제트기가 추락하여 숨지고 말았다. 모스크바에는 지구 위에 똑바로 서서 두 팔을 쳐들고 있는 가가린의 기념 조각상이 세워져 있다.

그는 우주로 올라가는 순간을 이렇게 회상했다.

“갑자기 구름이 전혀 보이지 않았다. 물결 모양으로 주름진 산 지형과 숲, 강, 계곡을 볼 수 있었다. 나의 정확한 위치는 알 수 없었다. 아마 옵이나 이르티시였다고 생각한다. 커다란 강과 그 안에 있는 섬들이 보였다. 지평선, 별, 하늘도 볼 수 있었다. 하늘은 칠흑같이 캄캄했다. 어둠 속에서 별들이 더욱 선명하게 빛났다. 아주 아름다운 지평선과 지구의 활 모양으로 굽은 면을 보았다. 지평선은 밝은 푸른색으로 빛났다. 지구 표면이 은은한 푸른빛에서 보랏빛으로 변하더니 점점 어두워졌다. 우주에서 내려다본 바다는 잿빛이었으며 지표면은 사진 속의 모래 언덕처럼 울퉁불퉁했다.”

생리적 어려움은 없었다

“나는 보통 때처럼 먹고 마셨다. 생리적 어려움도 전혀 없었다. 무중력 상태가 다소 낯설었는데, 마치 끈에 묶여 수평으로 매달려 있는 느낌이 들었다.”

역추진 로켓(retro-rocket)
진행 방향을 향해 분사하는 형의 로켓이다. 이 로켓은 궤도로부터 지표를 향해 강하 경로를 옮길 때나 달 표면에 연착륙할 때 등에 사용된다.

가가린은 지구를 한 바퀴 궤도 비행했다. 76분간의 비행을 마치고 지구로의 재돌입을 준비했다. 그러자 우주선 속도를 낮추기 위해 역추진 로켓이 자동으로 점화되었다.

공중제비 귀환

역추진 로켓이 작동하자 우주선의 속도는 떨어졌지만, 예기치 않게 우주선이 12초마다 한 바퀴씩 돌게 되었다. 게다가 재돌입 전에 분리되었어야 할 우주선 부분이 분리되지 못했다. 그것은 재돌입하면서 발생한 열로 매달고 있던 케이블이 불타면서 떨어져 나갔다. 지구 대기권을 통과하는 동안 회전은 멈췄지만, 아직 극복해야 할 장애가 하나 더 남아 있었다.

낙하산 탈출

우주선을 바다로 유도해 회수하는 미국과 달리, 소련은 가가린을 바다로 유도하는 대신 카자흐스탄의 초원에 내려놓았다. 그 이유는 단순했다. 러시아의 대부분이 바다와 인접해 있지 않고, 미국처럼 대규모 해군 회수 인력이 없었기 때문이다. 바다는 러시아에게 기회보다는 문제를 더 가져올 뿐이었다.

가가린 또한 미국 우주비행사들과 달리 우주선을 타고 착륙하지 않았다. 낙하산을 펼친다 해도 우주선을 타고 딱딱한 육지에 착륙하는 것은 위험했기 때문이다. 고도 7킬로미터에서 자동 폭발 장치가 우주선의 해치를 열자, 사출 좌석을 통해 우주선 뒤로 빠져나온 가가린은 낙하산을 펼치고 지구로 내려갔다. 첫 유인 궤도 비행의 세계 기록을 지키기 위해, 소련은 가가린의 지구 귀환 방법을 공개하지 않았다. 가가린은 사라토프 근처의 평원에 착륙했다.

유인 우주여행의 두 가지 이론

NASA가 탄생할 무렵 사람들은 벌써 유인 우주여행을 꿈꾸고 있었다. 그러나 그 방법에 대해서는 의견이 분분했다. 가령 베르너 폰 브라운은 인간을 작은 노스콘(nose cone)에 넣어 레드스톤 로켓 꼭대기에 고정시킨 후 약 240킬로미터 상공으로 발사하고자 하였다.

이와 달리 공군은 아틀라스 로켓을 개발해서 인간을 지구 저궤도에 올려놓기를 원했다. 폰 브라운의 구상은 인간을 대포에 넣어 쏘아 올리는 서커스와 같다는 비난을 받았지만, 결국 두 가지 방법 모두 실행되었다. 공군이 내놓은 방안은 아직 해결해야 할 문제가 있었지만, 폰 브라운의 방법은 언제라도 실현이 가능했다. NASA는 인간을 우주에 보낸다는 단일 계획 아래 모든 제안을 수용했다.

머큐리 계획

NASA는 새로운 유인 우주비행 시도를 로마 신화에 등장하는 사자(使者)의 신, 메르쿠리우스 이름을 따서 머큐리(Mercury) 계획이라고 불렀다. 머큐리 계획은 1958년에 처음 발표되었고, NASA는 곧 자질 있는 우주비행사들을 찾기 시작했다. 아이젠하워 대통령은 대학 교육을 받은 능력 있는 군의 시험비행 조종사 중에서 선발해야 한다고 지시했다. 까다로운 자격시험을 통과하고 1959년 4월 드디어 미국 최초의 우주비행사 7명이 탄생했다.

머큐리 캡슐 설계

머큐리 계획이 착수된 지 3개월 후 우주비행사가 탑승할 머큐리 캡슐이 완성되었다. 머큐리 캡슐은 로켓의 꼭대기에 설치되었고, 우주에 진입해서는 로켓과 분리되게 만들어졌다.

우주비행사들은 우주선 계획과 개발에 참여하여 아주 혁신적인 아이디어를 내기도 했는데, 어떤 아이디어는 나중에 우주비행사의 목숨을 구하기도 했다. 예를 들어 초기 설계에서는 창문이 달려 있지 않았는데, 창문 없이는 자동 유도 장치가 기능을 상실했을 때 우주선의 수동 조종이 불가능하다는 이유로 창문을 만들도록 제안한 것이 그것이다.

머큐리 우주선(설계자는 캡슐이라는 용어를 고집)은 버지니아 주 노퍽 근처의 랭글리 항공학 연구소의 공기역학자 맥스 파제의 설계를 기초로 하였다. 머큐리 우주선은 다른 고속 항공기와 달리 끝을 잘라 낸 뭉툭한 원뿔모양이었다.

소설가 톰 울프가 쓴 머큐리 7인의 이야기는 베스트셀러가 되었고, 나중에 「필사의 도전」이란 제목으로 영화로 제작되어 역시 흥행에도 성공했다. 7명의 우주비행사는 울프가 자신들의 이야기를 윤색했다고 생각했지만, 어쨌든 소설은 인기를 끌었다.

파제는 우주선이 지구 대기권에 돌입할 때 운석처럼 쉽게 타 버린다는 사실을 알았다. 그래서 우주선의 속도를 줄이면서 대기권 돌입 시 발생하는 고열로부터 우주선을 보호하는 방법을 찾았다. 파제는 우주선 바닥에 곡선형 열 차폐막을 설치했고, 우주선은 열 차폐막이 설치된 바닥부터 거꾸로 대기권에 돌입했다. 열 차폐막은 강렬한 열을 막아 줘서 우주선이 타 버리지 않게 하는 역할을 했다.

머큐리 계획의 7인

첫 유인 우주비행을 두 해 앞둔, 1959년 4월 머큐리 우주비행사들이 공식 발표되었다. 우주에 올라간 순서대로 열거하면 다음과 같다.

- 앨런 셰퍼드
- 거스 그리솜
- 존 글렌
- 스콧 카펜터
- 월리 쉬라
- 고든 쿠퍼
- 데크 슬레이튼

우주비행사 7명의 명단이 발표되었을 때, 많은 사람들은 척 예거

(Chuck Yeager)가 빠져 있다는 걸 의아하게 생각했다. 예거는 1947년 음속의 장벽을 최초로 돌파한, 미국의 가장 우수한 시험비행 조종사였다. NASA는 모든 우주비행사에게 학사 학위를 요구했는데, 예거는 대학을 다닌 경력이 없었다.

첫 기자 회견에서 존 글렌은 나중에 성공적인 정치가가 될 수 있는 타고난 소질을 유감 없이 보여 주었다. 기자 회견이 진행되는 동안 글렌은 신, 모성, 사과파이, 우주여행에 관해 말했다.

NASA는 모든 우주 계획과 관련된 대중 홍보 활동에 있어 우주비행사들이 아주 중요한 역할을 한다는 걸 알고 있었다. 말하자면 우주비행사는 '우주의 얼굴'이었다. 대중적으로 인기 있는 우주비행사를 중심에 놓으면 의회의 예산 승인을 보다 쉽게 얻어 낼 수 있었다. 따라서 NASA는 7명의 머큐리 우주비행사들의 언론 공개를 상당히 조심스러워했고, 우주비행사의 이미지 보호를 위해 존 쇼티 파워스 중령을 우주비행사 언론 전담 대변인으로 두었다. 우주비행사들도 보통 사람들처럼 결점이 있었지만 언론은 그들에 대해 격찬과 미사여구를 아끼지 않았다. 『타임』지는 머큐리 우주비행사들을 가리켜 '콜럼버스, 마젤란, 라이트 형제처럼 위대한 7인'이라고 불렀다.

침팬지 햄이 1961년 우주여행에 앞서 몸에 센서를 부착하고 있다.

침팬지 햄의 우주여행

원숭이 두 마리와 햄이라는 이름의 침팬지가 인간보다 먼저 머큐리 우주선에 올라 우주선의 안전성을 시험했다. 햄은 24미터 높이의 레드스톤 로켓을 타고 의해 우주로 올라갔다가 돌아왔다. 머큐리 우주선은 낙하산을 펼치고 바다에 착수했다. 기능을 상실한 우주선이 예상보다 빠른 시속 약 2,200킬로미터의 속도로 대기권에 돌입했기 때문에, 햄은 대단히 고통스런 15g의 중력가속도를 견뎌 내야 했다. 그러나 햄이 살아서 돌아오자, NASA의 과학자들은 우주비행사도 생존할 수 있다고 확신했다. 햄의 우주비행은 러시아의 라이카보다 시기적으로 늦었지만, 훨씬 많은 시간을 우주에서 보냈다는 데 의의가 있다.

프리덤(Freedom) 7호

NASA는 폰 브라운이 고안한 우주비행 방법으로 첫 번째와 두 번째 유인 우주비행을 진행하기로 결정했다. 인간을 궤도에 올려놓을 만큼 강력하지 않은 레드스톤 로켓은 15분 정도 지속되는 짧은 시간의 우주비행에 사용되었다.

최초로 우주로 올라간 미국인 앨런 셰퍼드의 환한 웃음

액체산소와 알코올을 추진제로 사용하는 레드스톤 로켓은 머큐리 계획을 위해 작은 개량만으로도 충분했다. 레드스톤 로켓은 우주비행사를 '자유 탄도(ballistic trajectory)'로 비행시켰다. 달리 말해 우주비행사는 대포알처럼 활 모양을 그리며 우주로 올라가 다시 돌아오는 것이다.

최초로 우주로 올라가는 머큐리-레드스톤 3호의 비행사로 앨런 셰퍼드가 뽑혔는데, 셰퍼드는 몇 년 후 골프 역사상 가장 유명한 세븐 아

셰퍼드의 비행이 유리 가가린의 비행과 달랐던 한 가지는 TV로 생중계되어 전 세계인의 주목을 받았다는 점이다. 미국의 주요 TV방송 3사(ABC, NBC, CBS)가 정규 프로그램을 중단하고 셰퍼드의 우주비행 전 과정을 방송으로 내보냈다. 1963년 고든 쿠퍼가 22회의 궤도 비행을 했을 때에서야 비로소 TV 방송사들은 미국인이 우주에 있는 동안에도 정규 프로그램을 방송했다.

프리덤 7호 우주선과 레드스톤 로켓은 각각 따로 시험되었다. 로켓은 발사가 있기 훨씬 이전에 발사대에 세워졌고, 우주선은 발사 며칠 전에 로켓에 부착되어 테스트를 받았다.

이언 샷을 날렸다. 머큐리 우주비행사는 자신이 탑승하는 우주선의 이름을 지을 수 있었다. 셰퍼드는 우주선을 프리덤 7호라고 불렀다.

셰퍼드는 비행을 앞두고 이렇게 말했다.

"지난 2년간 받아 온 훈련을 되돌아볼 때 제일 먼저 떠오르는 건 내가 정말로 확신을 갖게 되었다는 점이다. 나와 함께 일하는 동료들에 대한 믿음, 현재 그리고 앞으로 내가 다루어야 하는 기계들에 대한 확신, 그리고 내 자신에 대한 믿음, 이 모든 것들을 확신한다."

프리덤 7호의 모든 전기, 기계, 통신 시스템들은 발사에 앞서 점검되고 또 점검되었다. 모든 시스템들이 어울려 제 기능을 다하는지 확인하기 위해 최종 모의시험 발사(총연습)가 이루어졌다. 셰퍼드는 캡슐로 올라가면서 모든 준비가 끝났음을 알았다. 그러나 셰퍼드 또한 다른 우주비행사들처럼 자신을 우주로 보낼 로켓과 프리덤 7호가 가장 낮은 입찰가(!)로 만들어졌다는 사실을 알고 있었다.

레드스톤 로켓은 우주로 올라간 미국인 앨런 셰퍼드와 거스 그리솜을 쏘아 올렸다.

비행 초기에 문제가 생길 경우를 대비해(많은 로켓들이 발사 직후 폭발했다) 머큐리 캡슐에는 소형 비상탈출 로켓이 장착되었다. 문제가 생기면 우주비행사는 버튼을 눌러 탈출 로켓을 점화시켜 발사 비행체에서 나온 뒤 낙하산을 펼치고 착륙할 수 있었다. 셰퍼드의 우주비행은 1961년 5월 2일로 예정되었지만, 기상 악화 때문에 72시간 뒤로 연기되었다.

머큐리-레드스톤 3호는 10시간의 카운트다운을 끝내고 나서야 발사되었다. 카운트다운은 두 번으로 나뉘어 발사 전날 4시간, 발사 당일에 6시간이 이뤄졌다. 카운트다운의 목적은 로켓과 우주선 시스템을 완벽하게 점검하는 것이다.

로켓을 쓰러지지 않도록 지지하고, 기술자들이 그 위에서 작업할 수 있게 해주는 구조물을 갠트리(Gantry, 공중탑)라고 불렀다. 갠트리에는 로켓 꼭대기까지 올라가는 엘리베이터가 있다. 우주선의 문으로 통하는 갠트리의 작은 방은, 초기 머큐리 시설의 색깔을 따서 '화이트 룸'이라고 불렀다. 머큐리 비행에 쓰였던 갠트리는 발사 몇 시간 전에 레일에 실려 옮겨졌다.

참으로 아름다운 광경이다!

셰퍼드의 비행이 마침내 1961년 5월 5일 금요일에 있었다. 우주로 올라가는 첫 미국인 셰퍼드는 187킬로미터 높이에서 케이프 커내버럴 동쪽으로 486킬로미터를 나아갔다가 대서양에 착수했다. 이 짧은 비행에서 셰퍼드의 임무는 우주 공간에 있는 동안 상하, 좌우, 회전을 수동으로 제어하는 시험을 하고 무중력(자유 낙하) 상태에서 단순한 방향 조종을 잘 해낼 수 있는 방법을 알아보는 것이었다. 전문 시험비행 조종사 셰퍼드는 방향을 조종하는 데 아무런 어려움이 없었다.

그는 기상 지도에 나타난 구름 모양이 실제 우주에서 내려다본 것과 비슷하다고 확인해 주었다.

"참으로 아름다운 광경이다! 플로리다 상공을 덮고 있는 구름이 동쪽 해안으로 뻗쳐 있어서 해터러스 곶은 잘 보이지 않는데…… 방금 안드로스 섬을 보았다."

지구의 모습에 심취해 있는 동안 셰퍼드의 혈압, 심장 박동수, 호흡, 체온은 원격 지시 장치로 측정되었다(원격 지시 장치는 어떤 데이터를 측정하여 먼 곳으로 전송하는 장치이다). 전체 비행시간은 16분이 걸렸으며, 그중 셰퍼드에게 약 5분간의 무중력 상태가 주어졌다.

케네디 대통령의 약속

우주선이 바다에 착륙했을 때 우주선과 우주비행사를 회수하는 일은 해군의 몫이다. 헬리콥터가 우주선과 우주비행사를 바다에서 들어올리는데, 우주선 비행사가 우주선 안에 탑승한 채 바다로 내려오는 것을 착수(着水)라고 한다. 우주비행사들은 지금도 성공적인 우주비행이 끝나면 휴스턴에 모여 '착수' 파티를 연다.

앨런 셰퍼드(Alan Shepard)
앨런 셰퍼드는 1923년 11월 18일 뉴햄프셔 주 동부 데리에서 태어났다. 해군사관학교를 졸업하고 제2차 세계대전 동안 해군 구축함 코그스웰에 승선해 태평양 전투에 참가했다. 전쟁이 끝나고 비행 조종법을 배워 1947년 조종사가 되었으며, 전투기 비행 중대에 배속되어 항공모함을 타고 몇 년 동안 지중해에 머물기도 했다. 1950년 메릴랜드 주에 있는 해군 시험비행 조종사 학교에 들어갔다. 졸업 후 시험비행 조종사가 되어 8,000시간 이상을 비행하다가 머큐리 7인 우주비행사의 일원이 되었다.
준궤도 비행 — 미국의 첫 유인 우주비행 — 을 마치고 셰퍼드는 우주비행사실 책임자가 되어 우주비행사 훈련 프로그램의 개발과 실행을 조정하는 책임을 맡았다. 그러

앨런 셰퍼드의 비행이 있은 후 20일이 지나, 존 F. 케네디 대통령은 공산 진영이 부상하는 위기상황을 맞아 '국가적으로 급하고 중요한 업무'를 논의하는 양원 합동회의에서 연설했다. 케네디 대통령의 연설은 다음과 같았다.

"지금 전 세계에서 벌어지는 자유진영과 공산진영의 싸움에서 승리하고 인류의 정신을 고양시키기 위한 길이 무엇인지를, 몇 주 전에 있었던 우주에서의 극적인 성취가 분명히 알려 주었습니다. 이 모험은 인류가 앞으로 어떤 길로 나아가야 할지 밝혀 주었습니다. 이제 더 큰 발걸음을 내딛어 위대한 미국인의 모험심을 보여 주고, 미국이 우주개발의 선도적인 역할을 해야 할 때가 온 것입니다. 이것은 앞으로 인류 미래를 결정짓는 중요한 열쇠가 될 것입니다. 나는 미국이 1960년대가 끝나기 전에 인간을 달에 착륙시켰다가 다시 지구로 안전하게 귀환시

"나는 미국이 1960년대가 끝나기 전에 인간을 달에 착륙시켰다가 다시 지구로 안전하게 귀환시키는 목표를 달성해야 한다고 생각합니다." 당시 케네디 대통령의 연설 모습

키는 목표를 달성해야 한다고 생각합니다. 인간을 달에 착륙시키는 것만큼 인류에게 흥미롭고 인상적인 일은 없을 것입니다. 이 꿈을 이루기 위해 우리는 어떤 값비싼 대가라도 치를 것이며 그 어떤 어려움도 이겨낼 것입니다."

다가 귀 안쪽에 이상이 생겨 1969년 5월 수술을 받기도 했다. 셰퍼드는 두 번째 우주 비행 임무를 부여받고 1971년 1월 31일부터 2월 9일까지 아폴로 14호의 선장으로 달 위를 걷는 행운을 얻었다. 1974년 NASA를 은퇴한 후 텍사스 주 휴스턴에서 개인 사업을 시작했고, 1998년 7월 21일 암으로 사망했다.

케네디가 인간을 달에 보내겠다는 선언을 할 때, 미국은 총 16분간의 유인 우주비행 경험만을 갖고 있을 뿐이었다.

셰퍼드와 프리덤 7호 우주선은 바다에 착수된 지 단 11분 만에 구조선에 올랐고, 곧이어 셰퍼드는 케네디 대통령으로부터 축하전화를 받았다.

리버티벨 7호(Liberty Bell 7)

1961년 7월 21일 두 번째로 우주로 올라간 미국인이 된 사람은 거스 그리솜이었다. 그리솜은 자신의 머큐리 우주선이 자유의 종처럼 생겼다고 해서 리버티벨 7호라고 이름 붙였다. 그도 셰퍼드처럼 레드스톤 로켓에 의해 발사되었지만 준궤도 비행은 그리솜을 우주에 올려 보냈을 뿐 궤도에 진입시키지는 못했다.

새롭게 개량된 캡슐

그리솜의 리버티벨 7호는 새롭게 개량된 캡슐이었다. 우주선에는 장래의 궤도 비행을 가능하게 할 제어판이 새로 설계되었고, 넓어진 창문은 보다 폭넓은 시야를 갖게 해 주었으며, 폭발 볼트를 이용하여 투하할 수 있는 비상탈출 해치도 있었다.

셰퍼드는 우주선 착수 후에 회수 팀이 끌어낼 때까지 우주선 밖으로 나올 수 없었다. 그래서 그리솜은 화재나 침몰 같은 긴급 상황이 발생했을 경우 스스로 우주선에서 탈출할 수 있기를 원했다. 폭발 볼트 70개로 잠겨진 해치는 조종실의 플런저를 눌러 작동시킬 수 있었다.

앨런과 그리솜은 우주비행을 통해 무중력 또는 무중력 상태를 경험했다. 그러나 사실 우주에도 미약하나마 중력이 존재하고, 이 중력이 우주선을 궤도에 머물게 해 준다. 바꿔 말해서, 우주비행사는 미소(微少) 중력 상태에서 모든 시간을 보내는 것이다.

발사 당일 아침 카운트다운이 2번에 걸쳐 이뤄졌다. 한 번은 비상구 수리를 위한 것이었고, 한 번은 구름이 비행을 기록하기 위해 설치한 카메라의 시야를 가렸기 때문이었다.

그리솜은 나중에 리버티벨 7호의 자세제어 장치가 '부자연스럽고 느리게' 작동했다고 불평했지만, 일단 올라간 후 비행은 순조롭게 진행되었다.

그리솜은 1957년 시험비행 조종사가 되었으며, 곧 머큐리 우주비행사에 지원하여 신체 적성 종합 시험을 통과하고 머큐리 7인 우주비행사의 일원이 되었다.

머큐리 비행에서 캡슐의 침몰 경험도 NASA 안에서 그리솜의 명성을 손상시키지는 못했다. 그리솜은 1965년 3월 23일 제미니 3호 우주선 선장으로 비행해 두 번 우주에 올라간 최초의 미국인이 되었다. 그러나 안타깝게도 1967년 아폴로 1호의 화재 사고로 목숨을 잃었다. 당시 그리솜은 최초의 유인 달 착륙 비행의 선장으로 물망에 올라 있었다.

리버티벨 7호의 침몰

우주비행을 마친 리버티벨 7호는 대서양에 성공적으로 착수했지만, 곧 문제가 발생했다. 그리솜의 말에 따르면 다음과 같다.

"헬멧에 연결된 산소 호스를 떼어 낸 뒤 헬멧을 우주복과 분리시켰다. 그리고 가슴 끈, 무릎 벨트, 어깨 벨트, 신체 감지기를 풀고 우주복 목 부분을 말아 올렸다. 모든 일을 끝내자마자 구조 헬리콥터에게 준비되었다고 말했다. 원래 계획은, 해치를 폭발시켰을 때 물을 뒤집어쓰지 않도록 우주선을 조금 들어 올리고 나서 내게 알리게 되어 있었다. 그런 다음 나는 헬멧을 벗고 해치를 폭발시키고 밖으로 나가면 되었다.

그런데 갑자기 둔탁한 쿵 소리와 함께 해치가 날아가 버렸다."

파도가 우주선 안으로 세차게 밀려왔다. 그리솜은 왜 해치가 폭발했는지 영문을 모른 채 바다에 가라앉지 않으려고 우주선에서 기어 나왔다. 헬리콥터가 재빨리 구조하지 않았다면 그리솜은 리버티벨 7호와 함께 영원히 바다에 수장되었을 것이다. 리버티벨 7호는 1999년 여름, 해저 약 5킬로미터에서 회수되었다.

나중에 그리솜은 리버티벨 7호의 침몰에 대해 이렇게 말했다.

"전문 조종사인 나로서도 아주 힘든 일이었다. 리버티벨 7호는 조종사로서 내가 처음 잃어버린 비행기였다."

그리솜의 동료 우주비행사들은 우주선의 해치가 우연히 폭발하곤 한다고 늘 주장해 왔다. 불행하게도 그리솜은 폭발 해치를 없애 버린 아폴로 1호에서 화재 사고로 목숨을 잃었다.

우주 경쟁이 절정에 치달으면서 NASA의 규모 또한 커졌다. NASA는 케이프 북쪽의 메리트 섬 323.75제곱킬로미터를 매입하여 28만 3,253세제곱미터의 초대형 발사체 조립 빌딩을 세웠는데, 나중에 이곳에서 최초의 달 착륙 로켓이 조립되었다. 그리고 텍사스 주 휴스턴 외곽에 '유인 우주선 센터'가 들어섰다.

버질 이반 거스 그리솜(Virgil Ivan Gus Grissom)

거스 그리솜은 1926년 4월 3일 인디애나 주 미첼에서 태어났다. 수학 과목에 뛰어났으며, 고등학교 때 공군 사관 후보생이 되어 졸업과 동시에 비행 훈련을 받았다. 육군 항공대에서 일하다가 1945년 제대하고, 퍼듀 대학교에 입학하여 기계공학을 전공했다. 시험비행 조종사가 되기 위해 다시 공군에 입대했으며 한국전쟁에 참전해 100회 출격 비행했다.

간/추/리/기

- 러시아인 유리 가가린은 최초로 우주에 올라간 인간이었다. 그는 1961년 4월 지구 궤도를 비행했다.
- 앨런 셰퍼드는 1961년 5월 우주로 올라간 최초의 미국인이었다.
- 미국의 첫 두 우주비행사인 셰퍼드와 그리솜은 레드스톤 로켓에 의해 발사되었다.
- 그리솜의 우주선 리버티벨 7호는 해치 폭발로 바다에 침몰했다.

90분 만에 세계를 돌다

NASA의 세 번째 유인 비행이 있기까지 미국의 어떤 우주비행사도 지구 궤도에 완전히 올라가지 못했다. 첫 지구 궤도 비행의 주역은 머큐리 우주비행사 7인의 첫 기자회견에서 애플파이 이야기를 하여 스포트라이트를 한몸에 받았던 존 글렌이었다.

프렌드십 7호 _ 미국 최초의 궤도 비행

머큐리-아틀라스 로켓에 실려 있던 프렌드십 7호의 카운트다운은 11일이나 연기되었다. 우주선의 기능 장애와 개량에 기상 악화까지 겹쳐 글렌은 비행을 한없이 기다려야 할 듯 보였다. 그러다가 1962년 2월 20일 마침내 글렌은 우주로 올라갔다.

이 비행의 첫 단계는 순조롭게 진행되었다. 아틀라스 로켓이 프렌드십 7호를 완벽하게 지구 궤도에 진입시켰고, 우주선이 지구를 6번 선

프렌드십 7호에 탑승한 존 글렌

글렌은 프렌드십 7호를 타고 비행하기 전에 앨런 셰퍼드와 거스 그리솜의 예비 조종사였다.

회하는 동안 아무런 문제도 발생하지 않았다. 글렌은 이제껏 그 어떤 미국인도 구경하지 못한 지구의 장엄한 광경에 빠져 있었다.

반딧불처럼 반짝이는 미립자

글렌은 첫 해돋이를 보면서 창밖으로 반딧불을 봤다고 말해 우주의 신비감을 더해 주었다. 어떤 사람은 생명체를 발견한 것이라고 했고 어떤 사람은 환각에 불과하다고 말했지만, 우주선에서 떨어져 나온 작은 얼음 조각들이 태양광선을 받아 빛났을 것이라는 설명이 가장 타당성 있다.

그러나 곧 우주선에서 심각한 문제가 발생했다. 프렌드십 7호가 지구를 한 바퀴 다 돌았을 무렵 자동 자세제어 장치에 이상이 발생하기 시작했다.

벽돌 조종간

글렌은 선견지명으로 목숨을 구했다. 자동 제어 장치가 고장났을 경

존 글렌(John Glenn)
존 글렌은 1921년 7월 18일 오하이오 주 케임브리지에서 태어나 뉴 콘코드에서 성장했다. 머스킹검 대학을 졸업하고 해군 사관후보생이 되었다. 1943년 해병대 중위로 조종사가 되었으며, 제2차 세계대전 때 남태평양에서 59회 출격 비행했다.
한국전쟁에서는 63회 지상지원 비행을 했고 북한 미그 전투기 3대를 격추시켰다. 전쟁이 끝난 후 1956년 11월부터 1959년 4월까지 해군과 해병대의 제트전투기를 시험비행했으며, 1957년 7월, 처음으로 음속보다 빠른 속도로 대륙을 횡단 비행하는 기록(3시간 23분 8.4초)을 세웠다.
글렌은 시험비행 조종사로서 머큐리 캡슐의 설계를 도왔다. 또 지구 대기권으로 재돌입할 때 우주비행사가 견뎌 내야만 하는 중력가속도(g-force)를 모의 훈련하는 데 이용하는 장비들과 원심분리기를 시험했다. 말하자면 글렌은 우주비행사 선발과정에서 자신이 테스트 받을 장치들을 이미 설계하고 시험한 셈이다.
역사적인 첫 우주 궤도 비행을 끝낸 지 2년이 채 안 되어 글렌은 자신의 나이(40대 초)가 달 착륙 비행을 하기에 적합하지 않다는 사실을 깨달았다(또한 NASA의 많은 사람들은 케네디 대통령이 국가적인 영웅을 잃고 싶지 않았기 때문에 글렌을 다른 우주비행에 참여시키

우에 대비해 머큐리 우주선에 수동 제어 장치 — 벽돌 조종간이라고 부름 — 를 설치해야 한다고 계속 주장해 왔기 때문이다. 글렌은 남은 두 바퀴의 궤도 비행과 지구 재돌입을 할 때 수동 조종 장치를 사용했다. 그런데 아직 더 큰 문제가 글렌을 기다리고 있었다. 비행 관제소는 프렌드십 7호의 지구 대기권 재돌입이 가까워졌을 때 우주선의 열 차폐막이 헐거워져 있다는 사실을 알게 되었다.

불타는 역추진 장치

지상 관제사들은 신호 오류가 아닐까 생각했지만 그 위험을 무시할 수 없었다. 지구에 재돌입하는 동안 열 차폐막이 떨어져 나가면 글렌과 우주선이 모두 타서 재로 변할 수 있었다.

재돌입하는 동안 열 차폐막이 제자리에 붙어 있게 할 희망에서, 역추진 장치(우주선의 속도를 늦추기 위해 점화하는 로켓을 포함한 장치로 보통 연소 후에 투하된다)를 켠 채로 놔두었다.

우주선이 재돌입하면서 화염에 둘러싸였을 때, 글렌은 창밖으로 불타는 역추진 장치를 볼 수 있었다. 글렌은 우주선 조종에 온힘을 쏟았고 다행히도 열 차폐막은 떨어져 나가지 않았다.

온 국민이 숨죽인 순간

지구로 재돌입하는 우주선의 각도가 아주 중요하다는 사실을 글렌은 알고 있었다. 너무 가파르게 진입하면 열 차폐막이 고열을 견디지 못해 타 버리게 되고, 너무 얕게 진입하면 지구 대기권을 뚫지 못하고 영영 우주의 미아가 될 터였다. 글렌은 시속 약 2만 9,000킬로미터로 비행하면서 삶과 죽음의 경계를 넘나들었다. 미국인들은 불덩이가 된 우주

선과의 모든 통신이 두절되었던 그 끔찍했던 순간을 기억하고 있다.

당시 우리는 우주선이 재돌입할 때 우주선을 둘러싼 고온의 플라스마로 인해 무선 송신이 차단된다는 사실을 모르고 있었다. 한순간 모든 미국인들은 숨을 죽였고, 그 누구도 불덩이에 싸인 우주선과 글렌의 미래를 점칠 수 없었다. 그러나 프렌드십 7호는 살아남았고 글렌은 교신을 재개했다. 그제서야 영원 같았던 기다림 후에 모두들 안도의 숨을 내쉬었다.

프렌드십 7호는 케이프 커내버럴에서 남동쪽으로 1,287킬로미터 떨어진 대서양에 착수했다. 그리고 글렌과 그의 우주선은 착수 후 21분 만에 구축함 노아호로 끌어 올려졌다.

지 말라고 지시했다고 믿고 있다). 글렌은 1964년 1월 NASA를 그만두고 오하이오 주의 상원으로 출마했지만 낙선했다. 1974년 세 번째 시도 끝에 상원의원에 당선되었다. 1998년 글렌은 지구 궤도에 올라간 최고령자(77세)가 되었다.

프렌드십 7호 정보
발사일 : 1962년 2월 20일
비행 시간 : 4시간 55분 23초
원지점 : 260킬로미터
근지점 : 160킬로미터
궤도 속도 : 28,163킬로미터
총 비행거리 : 12만 1,793킬로미터
최대 중력가속도 : 7.7g

색종이 퍼레이드의 이색 기록

우주에서 귀환한 후 존 글렌은 국민적 영웅이 되어 유례 없는 환영을 받았다. 그가 케이프 커내버럴로 돌아왔을 때는 명예 훈장을 수여하기 위해 케네디 대통령이 먼저 도착해 기다리고 있을 정도였다.

글렌은 먼저 의회 연설을 위해 워싱턴 D.C.로 향했고, 그 다음 뉴욕의 브로드웨이에서 3,500톤에 이르는 어마어마한 양의 색종이 퍼레이드를 선물받았다. 이것은 최초로 대서양 단독 횡단 비행에 성공한 찰리 린드버그를 환영하며 뿌린 3,249톤보다도 많은 양이었다.

프렌드십 7호는 워싱턴 D.C.에 있는 스미스소니언 연구소의 항공우주 박물관으로 보내져 찰리 린드버그의 비행기와 함께 나란히 중앙 복도에 전시되었다.

명예훈장을 받은 후 글렌은 아내와 아이들에게 프렌드십 7호를 보여 주며 지구 대기권에 재돌입하면서 생사의 기로에 섰던 이야기를 해 주는 시간을 가졌다.

오로라 7호(Aurora 7) _ 카펜터의 아슬아슬한 비행

글렌에 이어 스콧 카펜터가 지구 궤도에 올라갔다. 기본적으로 글렌

원지점(遠地點)은 궤도상에서 지구와 가장 멀리 떨어져 있는 점이고, 근지점(近地點)은 지구와 가장 가까운 점이다.

오로라 7호 비행 중 이뤄진 성공적인 실험 중 하나는 우주 가시성(可視性)으로 색깔을 분류했다는 점이다. 카펜터는 오렌지색을 우주 공간에서 가시성이 가장 높은 색으로 판별했다

멀미가 심한 사람은 우선적으로 우주비행사에서 제외되지만, 무중력 상태에서 오랜 시간을 보내면 누가 어떻게 될지 미리 알아낼 방법은 없다. '구토 혜성(Vomit Comet)'이라고 불리는 무중력 훈련 비행기는 단시간에 자유 낙하와 친숙해지는 데 도움을 줄 수 있지만, 무중력 상태에서 살아가는 법은 실제의 경험을 통해서만 배울 수 있다. 연구에 따르면 우주비행사 35퍼센트가 우주 적응 증후군으로 알려진 멀미 같은 증상을 경험한다고 한다. 치료하지 않아도 이 메스꺼운 증세는 2, 3일 후에 사라진다. 다행히도 오늘날에는 신속히 멀미를 잠재우는 약이 있다.

의 비행 임무를 반복하는 것이었지만 카펜터도 글렌과 같은 어려움을 겪었다.

이번 비행의 목적은 인간이 우주 공간에서 작업할 수 있는지 시험하는 것이었다. 카펜터는 지구 궤도를 3회 선회하는 동안 기구(氣球)를 매달거나 지구에서 발사된 불꽃을 관찰하는 등 수많은 실험을 수행해야 했다.

카펜터를 태운 오로라 7호 우주선은 1962년 5월 24일에 아틀라스 로켓에 의해 발사되었다. 궤도 비행의 원지점은 263킬로미터였고, 시속 2만 3,214킬로미터로 비행했다.

기구(氣球) 폭발

기구 배치가 순조롭지 못했다. 이 실험은 미약한 대기에서 기구가 받는 중력가속도를 측정하고 기구의 움직임을 관측하도록 계획되었다. 카펜터는 다양한 색을 칠한 기구를 보고 우주에서 가장 눈에 잘 보이는 색깔을 알아내기로 되어 있었다.

기구는 최대 크기로 팽창하지 못했다. 30미터의 나일론 탯줄 끝에 닿는 데 예상보다 시간이 많이 걸려 실험 시기를 놓쳐 버렸다. 다음에 기구는 제때 투하되지 못하고 내내 오로라 7호 뒤에 매달려 있다가 대기권에 재돌입할 때 터져 버렸다.

조종사 과실

카펜터는 지구를 3회 선회하는 동안 몇 가지 중요한 실수를 저질렀다. 우선 수동에서 전자식 비행통제 시스템(Fly-by-wire system)으로 전환시키면서 연료통을 잠그지 않아 연료가 너무 많이 새어 나갔다. 그리고 지구 대기권으로 재돌입할 시간이 되었을 때 우주선의 위치를 잘못 결정하여 우주선이 오른쪽으로 25도 기울어졌다. 위치의 잘못된 결정으로 역추진 로켓을 점화했어도 우주선은 하강하지 않았다. 그러나 가장 더 큰 실수는 역추진 로켓을 3초 늦게 점화했다는 점이다.

우주선을 천천히 하강시켜 대기권으로 재돌입시키는 로켓을 역추진 로켓이라고 부른다. 머큐리 우주선은 역추진 로켓이 패키지로 구성되어 역추진 장치(retropack)라고 부른다.

아슬아슬한 재돌입 귀환

연료 부족과 빗나간 재돌입 각도 문제가 겹쳐, 우주선이 타 버리지 않고 대기권을 통과하는 것은 '어려운' 일이었다. 오로라 7호는 착륙 목표 지점에서 402킬로미터를 벗어나 있었다.

열 차폐막(Heat shield)은 우주 궤도에서 지구로 내려올 때 2,500도를 견뎌 내야 하며, 달에서 돌아올 때는 무려 4,700도의 고온을 견뎌야 한다.

카펜터는 창밖으로 지평선을 보면서, 최대한 연료를 아껴 가며 우주선을 신중하게 지구 쪽으로 유도했다. 재돌입 각도가 맞지 않았기 때문에 대기권을 통과하는 동안 열 차폐막이 제 역할을 다할 수 없었다. 우주선이 가열되기 시작하자 카펜터는 우주선을 천천히 회전시켰다. 우주선의 모든 면이 균등하게 열을 받게 하기 위해서였다. 카펜터는 열 차폐막이 녹아내려 밝은 빛을 내며 우주선에서 떨어져 나가는 모습을 볼 수 있었다.

스콧 카펜터(Scott Carpenter)
스콧 카펜터는 1925년 5월 1일에 콜로라도 주 볼더에서 태어났고, 부모의 이혼으로 친척집에서 자랐다. 콜로라도 대학에서 해군 V-5 비행 훈련 프로그램 1년 과정을 이수했고, 다시 모라가의 세인트 메리 예비비행 학교에서 6개월 훈련했으며, 아이오와 주 오툼바에서 기본 비행 훈련을 4개월 받았다. 1949년 콜로라도 대학에서 항공공학 학사 학위를 받았고, 해군에 입대하여 1949년 11월부터 1951년 4월까지 플로리다 주 펜사 콜라와 텍사스 주 코퍼스 크리스티에서 비행 훈련

우주선이 격렬하게 흔들리기 시작했을 때 카펜터는 그것을 통제하는 데 마지막 남은 연료를 사용했다. 그는 우주선이 거꾸로 되어 낙하산을 펼칠 수 없게 되는 것은 아닌가 하는 걱정이 들었다. 카펜터는 걱정이 된 나머지 예정보다 높은 7.9킬로미터 상공에서 감속용 보조 낙하산을 펼쳤다. 그것도 낙하산이 자동으로 펴지지 않아 수동으로 작동시켜야 했다.

뒤이어 주 낙하산이 완벽하게 펴졌고, 오로라 7호는 4시간 53분 47초의 우주비행을 끝마치고 케이프 커내버럴에서 남동쪽으로 약 1,600

을 받았다.
한국전쟁에 참전하여 황해, 남중국해, 대만해협에서 대(對)잠수함 초계, 선박 감시, 항공 기뢰 임무를 수행했다. 1954년 메릴랜드 주에 있는 해군 항공 시험 기지에서 시험비행 조종사 훈련을 받았다.
NASA가 탄생되었을 때, 카펜터는 미국의 첫 유인 우주비행을 위해 선발된 110명의 군 조종사 중 한 명이었고, 1959년 4월 9일 머큐리 우주비행사 7인의 일원으로 뽑혔다. 그는 미국 최초의 유인 궤도 비행을 한 존 글렌의 예비 조종사였고, 데크 슬레이튼의 심장질환으로 인해 차기 미션의 주 조종사로 선발되었다.

킬로미터 떨어진 바다에 떨어져 표류했다. 카펜터는 45분이 지나 발견되었고, 2시간 후 헬리콥터로 구조되었다. 온 나라가 카펜터의 실종으로 몇 시간 동안 애를 태우다가 구조되었다는 소식을 듣고서야 비로소 안도했다.

바다에 표류하던 카펜터는 거울로 햇빛을 반사시켜 수색 비행대 쪽으로 신호를 보낸 뒤에야 구조되었다.

간/추/리/기

- 존 글렌은 지구를 궤도 비행한 최초의 미국인이었다.
- 글렌은 유도 장치가 고장나자 침착하게 우주선을 조종하여 힘겨운 재돌입을 해내고 지구로 돌아왔다.
- 글렌은 완벽한 비행조종사의 표상이 되었다.
- 글렌에 이어 우주로 올라간 스콧 카펜터의 비행에는 결함이 있었지만, 다시 한 번 미국의 궤도 비행 능력을 증명한 성공적인 비행이었다.

완벽에 가까운 비행

머큐리 계획의 모든 결함이 스콧 카펜터의 불운한 우주비행에서 해결된 듯했다. 남은 두 차례의 머큐리 비행은 완벽에 가까웠다.

쉬라는 9시간 13분 11초 동안 지속된 비행에서 고도 281킬로미터, 시속 2만 8,249킬로미터로 지구 궤도를 6회 선회하는 성과를 올렸다.

시그마 7호(Sigma 7)

NASA는 1962년 6월 27일 월리 쉬라가 미국의 5번째 유인 우주비행 임무에 임명되었다고 발표했다. 발사일은 원래 1962년 9월 28일이었으나 연료 조절 밸브에 이상이 생겨 10월 3일로 연기되었다.

월리 쉬라의 아버지는 콜롬비아 대학을 졸업한 공학도로 제1차 세계대전 때는 독일 상공에 폭탄을 투하하는 비행 조종사였다. 전쟁이 끝나고 월리의 부모는 곡예비행사가 되어 전국을 순회하며 공연했다. 아버지가 조종하는 동안 어머니는 쌍엽기 날개 위에 서는 곡예를 선보였다.

쉬라는 우주선을 시그마 7호라고 이름 붙였는데, 그리스 문자 시그마(Σ)는 '공학적 정밀함'을 뜻한다. 우주선의 이름에 걸맞게 이번 우주비행은 거의 완벽에 가까웠다.

쉬라는 비행 계획서대로 정확히 밟아 나가는 철저한 시험비행 조종사였다. 그는 비행 중에 전기와 연료를 성공적으로 관리할 수 있다는

월리 쉬라(Wally Schirra)
월리 쉬라는 1923년 3월 12일 뉴저지 주 해켄색에서 태어났다. 뉴워크 공과대학에서 항공공학을 전공했고 미국 해군사관학교에 들어가 1945년 6월 이학사 학위를 받았다. 졸업과 함께 해군 소위로 임관되어 무장 전투 순양함 알래스카에 배치되었다.

점 — 달에 가는 것 같은 장거리 비행에 필요한 기술 — 을 증명하여 이 비행의 첫째 목표를 달성했다.

정밀한 비행은 우주선 착수에도 이어져 시그마 7호는 태평양 미드웨이 군도 북동쪽 443킬로미터 지점에 착륙했는데, 회수선인 항공모함 키아사지(Kearsarge)호는 그곳으로부터 불과 7.2킬로미터 떨어져 있었다.

쉬라는 비행 보고서에 다음과 같이 적었다.

'이번 비행의 주된 목적 중 하나는 장기 비행을 위해 우주선 시스템의 역량을 공학적으로 평가하는 것이었다. 이 목적과 같은 맥락에서 우리는 장래 머큐리 우주선을 이용한 장기 체류 비행이 가능하도록 소모품을 충분히 저장할 수 있는지 시연하고 싶었다. 물론 물, 전기, 오염물질 여과기 같은 대부분의 소모품은 늘려야 하지만, 보다 중요한 건 장기 소모품의 양을 결정하는 일이다.'

쉬라는 또한 '비행 준비와 장비에 관계하는 모든 사람들의 동료애'에 대해서 이렇게 적고 있다.

'발사 당일 우주선에 들어가 조종간 안전핀에 놓인 엔진 점화키를 볼 때 정말 감격스러웠다. 내가 하고 있는 일에 많은 사람들의 노고가 숨어 있음을 깨닫는 순간이었다. 시그마 7호는 머큐리 계획에 참여한 수많은 사람들이 엄청난 노력 끝에 탄생시킨 결정체였다. 시그마 7호, 시그마 7호를 준비한 직원들, 이 비행, 이 모든 것들이 결합하여 내 생애의 가장 빛나는 순간을 만들어 주었다.'

쉬라는 1948년 플로리다 주 팬사 콜라 해군 항공기지에서 조종사 훈련을 받은 후, 제71전투 비행대대에 배치되었다. 한국전쟁 동안 제154전투폭격기 비행대대의 조종사로 출격 비행 90회를 기록했다.

1952~54년 동안 캘리포니아 주 차이나 레이크의 해군 병기훈련소

에서 해군 시험비행 조종사로 일하며 사이드와인더(Sidewinder) 공대공 미사일 개발에 참여했고, 1954년에서 1956년까지 프로젝트 조종사이자 조종사 교관으로 일했다. 1957년 해군 항공안전 장교학교에 입교했고, 1959년 메릴랜드 주에 있는 해군 항공시험 기지에서 시험비행 조종사 훈련을 마쳤다. 그곳에서 머큐리 계획에 관해 듣고 우주비행사를 지원했는데 신체검사에서 기관지 종양이 발견되었다. 3개월간의 종양 치료를 받고 나서 쉬라는 자신이 머큐리 우주비행사 7명에 포함될 거라는 사실을 예감했다. 쉬라는 머큐리 우주비행사로 선발된 후에 우주비행사의 안전을 책임지는 환경제어장치, 생명유지장치를 개발하는 데 크게 공헌했다.

무중력 상태에서 우주비행사가 겪는 또 하나의 신체 변화는 몸 아래로 흘러야 하는 체액이 그 자리에 멈추거나 혹은 머리 쪽으로 역류하는 일이다. 이런 '체액 역류' 현상은 코가 막힌 것 같은 느낌을 주고 얼굴을 붉게 만들며 심하면 두통을 일으키기도 한다. 초기 우주비행 때는 체액 역류 현상으로 우주식의 맛(!)을 느낄 수 없었기 때문에 그다지 나쁘게 생각되지 않았다.

여전히 우주 경쟁에 앞서 있는 러시아

미국은 머큐리 계획의 성공으로 러시아를 상당 부분 따라잡게 되었지만, 여전히 러시아가 우주 경쟁에서 한발 앞서 있었다. 월리 쉬라가 지구를 6회 궤도 비행하는 동안, 러시아는 이미 유인 우주선 2기를 동시에 발사하여 4.8킬로미터 이내에서 함께 궤도를 비행하도록 조종했고, 24시간 이상을 우주에 머문 우주비행사가 있었다. 또 최초의 여성 우주비행사인 러시아 여성 발렌티나 테레슈코바(Valentina Tereshkova)가 성공적으로 우주를 비행하기도 하였다.

그러나 머큐리 계획 또한 성큼성큼 나아갔고, 야심적인 다음 비행에서 러시아를 바싹 따라붙을 계획이었다.

NASA의 과학기술이 탄생시킨 '똑똑한 침대(Smart bed)'는 비스코스 발포고무로 만들어졌다. 이 침대는 자동으로 사람의 체중과 체온을 감지하여 체형과 자세에 맞게 모양을 변화시킨다.

페이스 7호(Faith 7)의 하루를 넘긴 우주비행

고든 쿠퍼의 비행 임무는 이전 머큐리 우주비행사들이 우주에 머문

고든 쿠퍼(Gordon Cooper)
르로이 고든 쿠퍼 2세는 1927년 3월 6일 켄터키 주 머레이에서 공군 대령의 아들로 태어났다. 고등학교를 마치고 해병대에 입대하여 대통령 경호원으로 복무했다. 하와이 대학을 다닐 때 조종사 트루디를 만나 나중에 결혼했다. 대학에서 ROTC 과정을 밟아 육군 소위로 임관되었다.

이륙하는 동안 4g, 우주 공간에서는 0g의 중력가속도를 경험한다. 1g는 지구 위를 걷고 있는 동안 우리에게 가해지는 중력의 힘이나 가속도이다. 2g는 0g의 2배, 4g는 0g의 4배가 된다.

시간을 모두 합친 것보다 더 긴 시간을 우주에서 보내고 그 결과를 평가하는 일이었다.

쿠퍼는 페이스 7호라 이름 붙인 우주선에 타고 1963년 5월 15일에 머큐리-아틀라스 9호 로켓에 실려 발사되었다. 그리고 우주에서 34시간 19분 49초 동안 머물며 지구를 22회 선회했다.

쿠퍼는 시속 2만 8,238킬로미터로 총 87만 8,947킬로미터를 비행했고, 최고 고도는 267킬로미터였으며 7.6g의 중력가속도를 견디어 냈다.

쿠퍼는 우주에서 수면을 취한 첫 미국 우주비행사였다. 언제 어디서나 불편함 없이 잠을 잘 만큼 느긋한 성품이었기 때문에 궤도 비행을 하면서도 몇 분간 잠을 청할 수 있었다.

대부분의 우주비행사는 다음날 큰 비행 임무를 앞두고 긴장한 경우가 아니라면 우주에서 수면을 취하는 데 별로 어려움을 느끼지 않는다. 물론 처음에는 다리가 침대에 떠 있는 느낌 때문에 당황해할 수도 있다.

우주에서 잠을 잘 때는 침낭 위에 몸이 똑같은 힘으로 닿는다. 상당히 편안하고 몸이 깃털처럼 가볍게 깊숙이 가라앉는 것 같은 재미를 주기도 하지만, 어떤 우주비행사는 적응하지 못해 수면제를 복용하기도 한다. 그러나 대부분 쿠퍼처럼 단번에 잠을 청하는 요령을 터득할 수도 있으며, 필자의 경우에는 하루 일과를 끝내면 너무 피곤했기 때문에 베개에 머리를 대자마자 잠들어 버렸다.

그는 1949년 공군으로 전속하여 텍사스 주 페린 공군기지와 애리조나 주 윌리엄스 공군기지에서 비행 훈련을 받고 조종사가 되었다. 서독에서 제86전투폭격기 비행대대에 근무했고 4년 후 제525전투폭격기 비행대대 편대장이 되었다.

1954년 오하이오 주 데이턴에 있는 라이트 패터슨 공군기지로 발령받고 공군 과학기술 연구소에서 항공학을 전공했다. 시험비행 조종사로 일하던 중 머큐리 우주비행사 후보자로 뽑혔다. 발사대에서 사고가 발생했을 경우 우주비행사를 보호할 수 있는 시스템 개발에 참여했다. 프렌드십 7호와 오로라 7호의 비행 때 존 글렌과 스콧 카펜터의 교신 담당자(CAPCOM)였으며, 나중에 제미니 5호의 선장으로 우주에서 약 8일간 체류했다. 쿠퍼의 우주비행 시간은 총 225시간 15분이었다.

일부 우주왕복선 비행에서 승무원들은 절반은 자고 절반은 일하는 2교대로 근무했다. 꽤 아늑하고 빛과 소음이 차단된 '수면실'에는 침낭이 하나 놓여 있다(필자는 침낭을 천장에 붙여 놓고 엎드려서 자곤 했다). 오늘날 우주비행사들은 함께 자고 함께 일하며 공동 작업을 수행한다. 이들이 모두 자는 동안에는 지상 관제소에서 우주선을 관찰한다.

몇 년 동안 스카이랩 프로젝트에서 일하다 1970년 NASA와 공군을 동시에 그만두고 플로리다 주 하이얼리에 항공우주 자문회사를 차렸고, 1980년부터 알코올 항공 연료를 개발하는 X-L사의 사장이 되었다.

우주에 UFO가 존재할까?

고든 쿠퍼는 UFO를 언론에 처음으로 공개한 우주비행사였다. 쿠퍼는 12년 전 서독에서 F-86 전투기를 몰 때 자신보다 더 빠르게 보이는 몇 개의 금속 원판 모양의 비행체를 보았다. 쿠퍼는 나중에 우주비행사가 된 뒤 UN에 이렇게 보고했다.

"나는 외계인이 비행체를 타고 다른 행성에서 지구를 찾아오리라고 믿는다. 대다수 우주비행사들은 UFO에 대해 말하는 걸 꺼리지만, 나는 1951년 유럽에서 크기가 다른 수많은 비행체들이 전투대형으로 날아가는 모습을 이틀 동안 관찰한 적이 있다."

또 다른 인터뷰에서 쿠퍼는 다음과 같이 말했다.

"오랜 세월 나는, 우주비행학의 모든 전문가들에게 부과된 비밀엄수 규정에 따라 비밀을 간직하며 살아왔다. 미 레이더에는 매일 정체를 알 수 없는 비행체가 탐지되고 있다. 또한 수천 명의 사람들과 자료들이 미확인 비행 물체를 증언하고 있지만 아무도 대중에게 공개하려 하지 않는다. 왜일까? 대중들이 그들을 무서운 지구 침략자로 오인할 소지가 있다고 당국에서 우려하기 때문이다. 어떻게 하든 공황 상태는 막아야 하니까 말이다. 나 또한 이 지구에서 비범한 현상을 목격한 사람 중의 한 명이다. 몇 달 전에 플로리다에서 외계 비행체가 남기고 간 흔적을 직접 두 눈으로 확인했다. 그들은 지구 지형을 연구하고 토양 표본을 채집하고 엄청난 속도로 사라졌던 듯 보인다. 그러고 나서 대중의 공황적인 반응을 우려해 이 사건을 신문과 방송에서 보도하지 못하도록 했다는 사실을 우연히 알게 되었다."

제임스 맥디빗과 에드워드 화이트는 1965년 6월에 제미니호를 타고 하와이 상공을 날고 있을 때 UFO를 보았다고 말했다. 이 금속성 물체는 두 팔이 밖으로 뻗어 나온 모습이었는데, 맥디빗이 사진을 찍었지만 현상은 되지 않았다고 한다.

그로부터 몇 개월이 지난 1965년 12월 제임스 러벨과 프랭크 보먼은 지구를 두 번째 선회할 때 UFO를 발견했다. 보먼이 지상 관제소에 UFO를 발견했다고 보고하자 지상 관제소는 아마도 투하되는 타이탄 부스터 로켓일 거라고 응답했다. 그러나 보먼은 또다시 타이탄과 UFO를 모두 보았다고 말했다. 러벨 역시 비행 도중 UFO를 발견했다고 보고했는데, 당시 러벨과 교신 담당자 사이에 오고 간 대화는 다음과 같다.

러벨 : "국적불명 비행체 10시 방향에 출현."

교신 담당자 : "여기는 휴스턴. 다시 말하라 7호."

러벨 : "국적불명 비행체 10시 방향에 출현했다."

교신 담당자 : "제미니 7호, 부스터 로켓인가 아니면 실제 발견체인가?"

러벨 : "실제 발견체가 여러 개가 보인다."

교신 담당자 : "예측되는 거리와 크기는?"

러벨 : "부스터 로켓도 보인다."

보먼과 러벨이 본 것은 무엇이었을까? 정말 UFO였을까?

인간의 눈으로는 설명할 수 없는 수많은 지구 물리학적 현상이 존재하지만 우리는 그 원인을 알지 못한다. 나는 53일간 우주를 비행하면서 UFO를 본 적은 없지만 미확인 비행 물체가 발견된다는 것은 부정할 수 없다.

간/추/리/기

- 월리 쉬라는 완벽한 임무 수행으로 머큐리 계획을 제 궤도에 올려놓았다.
- 쉬라는 우주선의 한정된 연료와 전력으로도 임무 수행을 성공적으로 관리할 수 있다는 점을 증명했다.
- 고든 쿠퍼는 우주에서 밤을 보낸(비록 90분마다 태양이 나타났지만) 첫 미국인이었다.
- 오늘날에도 우주비행사는 우주에서 잠을 자는 데 어려움을 겪지만, 쿠퍼는 아주 편안하게 수면을 취했다.

우주선 음식의 역사

잠시 NASA의 역사를 접어 두고 우주비행에서 경험하는 독특한 주제, '음식'에 대해 알아보자.

미국 우주비행사든, 러시아 우주비행사든 우주선 음식을 떠올리면 얼굴이 저절로 일그러진다. 군대에서 복무했거나 대학 구내식당을 이용해 보았거나 병원에 입원했던 사람은 누구나 그곳 음식이 형편없다는 데 동의한다. 우주선 음식도 과거에는 그랬다. 물론 지금은 음식이 예전보다 훨씬 좋아졌다는 사실에 모든 우주왕복선 비행사들은 커다란 위안을 느낀다.

2002년 우주왕복선과 국제우주정거장에서 먹는 음식은 1994년 나의 첫 우주비행 때 먹었던 음식보다 확실히 맛이 좋아졌다. 우주선 음식은 존 글렌의 첫 궤도 비행 이후 지난 50년 동안 상당히 발전해 왔다.

최초로 우주에서 식사를 한 존 글렌

음식을 냉동 건조시키면 수분이 모두 사라져 상하지 않게 된다. 그리고 냉동 건조된 음식에 수분을 재공급한다는 것은 다시 먹을 수 있게 물을 넣는다는 뜻이다.

우주에서 처음으로 먹는 실험을 한 미국인은 존 글렌이었다. 당시 과학자들은 무중력 상태에서 어떻게 음식을 섭취하고 소화가 되는지 알 수 없었다. 우주비행사가 무중력 환경에서 음식을 삼킬 수 있을까?

사과소스를 가지고 시도해 본 글렌은 우주에서도 음식 섭취가 쉽게 이뤄진다는 사실을 알아냈다. 무중력 상태에서도 지구에서와 똑같이 음식을 씹고 삼키는 느낌을 받았으며, 우려했던 것처럼 음식이 목에 걸려 넘어가지 않는 일은 발생하지 않았다.

그러나 음식을 입으로 가져가는 일이 가장 큰 문제였다. 글렌의 실험이 있은 후 NASA는 우주비행사가 보다 쉬운 방법으로 음식을 입에 넣을 수 있는 방법을 고안해 냈다.

우주비행사는 알루미늄으로 만든, 치약 모양의 튜브에 담긴 음식을 짜서 먹었다. 음식은 반유동체로 튜브에서 우주비행사 입으로 들어간다. 또 다른 음식은 한 입 크기의 모양이나 냉동 건조시킨 형태로 준비되었다. 진공 상태로 음식을 건조시키면 부피를 줄이면서 부패를 방지할 수 있다. 이제 냉동 건조된 음식은 주변에서 아주 흔하게 볼 수 있다.

새롭게 개선된 식사 방식

제미니 우주비행이 이뤄질 무렵 튜브 음식이 사라졌다. 맛이 좋지 않아서가 아니라 음식보다 음식을 담는 용기가 더 무거웠기 때문이었다.

입방체 음식 역시 문제점이 있었다. 만일 우주비행사가 실수로 음식 부스러기를 흘린다면 이것들이 우주선 안을 떠다니면서, 부스러기가 우주선 기기 속에 들어가 장애를 일으킬 수 있었기 때문이다. NASA의 우주선 음식 연구원들은 문제를 해결하기 위해 입방체 음식에 젤라틴을 입힘으로써 음식의 점성을 높여 부스러기가 생기지 않도록 했다.

냉동 건조 식품은 사용하기 쉬운 새 비닐 주머니의 개발로 먹기가 훨씬 편해졌다. 먼저 비닐주머니에 물을 주입해서 음식에 수분을 재공급한 다음, 손으로 주머니를 반죽해서 음식물을 잘 섞는다. 그리고 주머니를 짜서 그 안에 든 음식을 먹는 것이다.

머큐리 우주비행사들은 튜브에 든 걸쭉한 음식이 마음에 들지 않았고 또한 냉동 건조 식품에 수분을 재공급할 때 어려움을 겪었다. 무중력 상태에서는 원하는 곳으로 유동식을 가져가기가 힘이 든다. 나는 우주왕복선 엔데버호에서 포도음료를 쏟아 그것이 비처럼 쏟아져 한바탕 전쟁(!)을 치른 적이 있다.

미식 메뉴

머큐리 우주비행사들은 제미니호의 음식 메뉴가 다양해진 것을 보고 매우 부러워했다. 머큐리 우주비행사들은 유아식 같은 음식을 먹었던 반면, 제미니 우주비행사들은 작은 새우칵테일과 버터스카치 푸딩 같은 음식까지 맘껏 즐길 수 있었다. 또 한 가지 제미니 비행사들은 냉수와 온수를 이용하여 음식의 온도를 달리 할 수 있었다는 점에서 머큐리 비행사들보다 훨씬 좋은 음식 환경을 보장받았다.

우주비행사는 일정한 영양학적 한도(적어도 하루에 2,800칼로리 제공) 내에서 자신이 먹을 음식을 선택할 수 있었다. 적어도 칼로리는 탄수화물 50%, 지방 30%, 단백질 15% 이상으로 구성해야 한다.

숟가락 그릇

아폴로 우주비행사가 비행할 무렵에는 숟가락 그릇이라는 새로운 우주음식 용기가 개발된 덕분에 처음으로 스푼을 사용하여 음식을 먹게 되었다.

음식 그릇이 뚜껑으로 덮여 있고 뚜껑 안에는 지퍼가 달려 있다. 우주비행사가 그릇 안에 물을 투입하면 건조된 음식이 원래 상태로 돌아오면서 지퍼가 열렸다. 음식은 끈적끈적한 점성 상태로 남아 있도록 만들어졌기 때문에 우주선을 떠돌아다니지 않았다. 바꿔 말하면, 음식 자체가 그릇과 숟가락에 달라붙어 있었다.

숟가락 그릇의 음식은 너무 건조해져 부스러기가 생기기 시작하면 바로 지퍼를 닫아 음식의 유출을 막을 수 있다는 장점이 있다.

식당을 갖춘 스카이랩

1973~74년 동안 머큐리, 제미니, 아폴로 우주선들과 비교해 아주 거대한 스카이랩 우주정거장은 우주비행사 3팀이 거주했다. 식탁에 둘러앉은 우주비행사들에게는 72종류의 다양한 메뉴가 제공되었다. 또한 냉동고가 있어서 부드러운 필레 고기와 아이스크림까지 먹을 수 있었다.

식탁 다리 위로 음식 접시가 솟아 나와 있으며, 접시는 내부에서 가열되었기 때문에 음식을 담는 그릇이면서 동시에 음식을 따뜻하게 데워 주는 역할을 했다. 우주비행사는 의자에 앉지 않고 허벅지 제어장치와 발 제어장치를 이용해 앉아 있는 자세를 유지했다. 그래서 식사할 때의 모습이 마치 투명 의자에 앉아 있는 것처럼 보인다.

스카이랩의 우주비행사는 포장지의 무게를 포함하여 하루에 약 2킬로그램의 음식을 먹었다.

선실 안을 떠다니는 것을 막기 위해 모든 나이프와 포크, 숟가락은 자기화(磁氣化)되어 금속표면에 척척 들러붙는다. 스카이랩에서 몇 달 동안 생활하다 보면 캔과 냉동식품 포장지 쓰레기가 상당히 나왔다. 우주비행사들은 이 쓰레기들을 자루에 담아 에어록(Airlock)을 통해 생활공간 아래의 빈 연료탱크 속으로 던져 넣었다.

알루미늄 캔

스카이랩 음식은 잡아당겨 따는 뚜껑이 달린 알루미늄 캔에 담겨 있다. 그리고 비닐 주머니가 아니라 비닐 병에 담긴 음료수를 마셨는데, 비닐 병은 안의 내용물이 다 빠져나가면 마치 아코디언처럼 쭈글쭈글해졌다.

떠다니는 음식 부스러기 문제가 완전히 해결되지 않았기 때문에, 우주비행사는 음식이 용기에 담겨 있거나 숟가락에 붙어 있도록 조심스럽게 음식을 먹어야 했다.

빵과 치즈

1975년 아폴로-소유스 미·소 합동 비행이 있을 무렵에는 우주비행사들이 신선한 빵과 치즈를 먹는 단계로 올라섰다. 그들은 80가지나

되는 여러 종류의 음식을 선택할 수 있었지만, 비좁은 아폴로 선실에 냉동고와 자체 가열 접시가 없었기 때문에 스카이랩 우주비행사들만큼 음식을 즐기지는 못했다. 대신 아폴로-소유스 비행사들은 스프링과 벨크로 테이프로 접시를 허벅지에 부착시키고 식사했다. 이와 비슷한 접시들이 오늘날 우주왕복선에서 여전히 사용되고 있다.

박물관이나 NASA 방문객 센터에는 냉동 건조된 '우주비행사 아이스크림'이 판매되고 있는데, 실제 우주비행에서 먹는 음식은 아니다. 무중력 상태에서 먹기에는 너무 부서지기 쉽고 무르기 때문이다. 우주비행사나 정거장에 오를 비행사들은 자신이 좋아하는 한두 가지 음식을 우주에 가져갈 수 있다. 내 경우에는 어린 시절 고향에서 즐겨 먹던 초콜릿 컵케이크, 버터스카치 크림팻, 스놉볼, 혹은 냉동 건조한 메릴랜드 크랩 수프를 가져갔다. 다른 비행사들은 쿠키(어떤 비행사는 부서지기 쉬운 초콜릿 땅콩 쿠키를 가져가 우주선에서 한바탕 소동을 일으킨 적도 있다!), 신선한 빵, 한 입 크기의 스위스 초콜릿 바를 가져갔다.

오늘날의 우주 식당

우주선 음식은 우주왕복선과 국제우주정거장에서 제 모습을 갖추게 되었다. 이제는 나이프, 포크, 스푼을 자기화(磁氣化)하지 않고 각 음식 접시에 자기띠를 부착한다.

어떤 음식이든 안전하게 보존되고 포장되어 우주선 안을 떠다니는 일이 발생하지 않는다. 냉동 건조식품, 과일 캔, 푸딩 캔, 그리고 군대의 야전식량을 모방한 즉석 '열 안정화' 음식을 먹는다.

파스타, 스튜, 작은 새우칵테일, 아이스크림까지도 메뉴에 포함되는데, 사실 어떤 음식인가보다 어떻게 음식을 포장할 것인가가 관건이다. 완두콩은 아무 곳이나 잘 떠다니기 때문에 골치가 아프지만 일단 소스에 넣으면 점성이 생겨 숟가락에 아주 잘 붙는다.

식단 짜기

발사일을 6개월 앞두고 우주왕복선 승무원들은 존슨 우주센터에 모여 식품 전문가들과 함께 우주선 음식으로 점심식사를 한다. 수많은 메인 요리, 곁들임 요리, 한 입 크기의 간식을 시식하고 음식 연구소에서 개발한 최신 요리를 실컷 먹고 마시며 1~10까지 점수를 매긴다. 시식이 끝나면 늘어난 몸무게(!) 때문에 다들 고민에 빠진다.

몇 주 후 우주비행사들은 각자 자신의 음식 등급표를 가지고 우주비행에서 먹을 식단을 짠다. 음식 선택은 자유지만 반드시 필요한 열량을 보충할 수 있는 균형 잡힌 식단을 짜야 한다. 예를 들어 우주유영자들은 심장 기능을 향상시키는 칼륨을 더 보충할 필요가 있다. 우주왕복선 비행에서는 식단이 4일 간격으로 반복되지만, 국제우주정거장은 메뉴를 늘려 1주일이나 8일 간격으로 식단이 반복된다.

식사 준비

우주선은 부족한 공간과 한정된 전력 사용량 때문에 냉장고나 냉동고를 탑재할 수 없으므로 모든 음식은 실온에서 때로는 몇 달간 저장될 수밖에 없다. 음식과 음료수는 발사 전에 우주왕복선 중간 갑판에 있는 식품 저장고나 우주정거장의 음식 상자에 빼곡이 채워진다. 우주왕복선 비행에서는 보통 한 끼 분 식사마다 미리 이름을 붙여 놓는다.

우주선 주방에는 대류 오븐과 냉온수가 준비되어 있고, 식사시간이 되면 음식 포장을 뜯어 냉동 건조된 음식에 수분을 재공급한 뒤 데워서 먹는다. 우주에서는 숟가락만으로도 모든 음식을 먹을 수 있다.

음료수는 알루미늄박으로 만들어진 주머니에 담겨 있는데 역시 수분을 재공급한 뒤 원하는 온도로 데워서 빨대를 이용해 마실 수 있다. 내가 즐겨 마셨던 즉석커피는 너무 뜨거워서 몇 분간 '벨크로'를 이용해 식품 저장고에 붙여 놓곤 했다. 과학연구 비행을 할 경우에는 연구 냉장고를 탑재했는데, 연구가 끝나서 냉장고가 비게 되면 즉시 아이스케이크로 가득 채웠다. 지구 궤도를 선회하며 먹었던 로켓 모양의 아이스케이크 맛은 그 무엇과도 비교가 안 된다!

탄산음료와 갓 끓인 여과 커피는 아직 우주선에서 마실 수 없지만 현

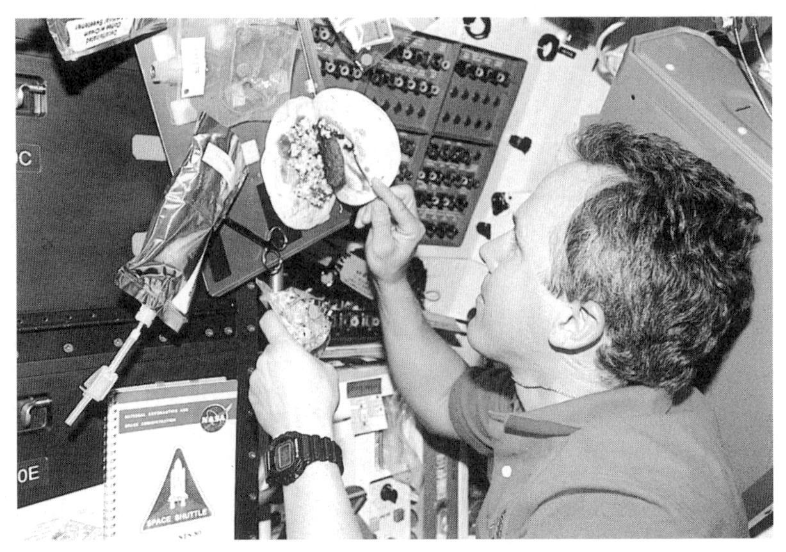

STS-80 비행(1996년 11월~12월) 때 토틸라 샌드위치를 만들고 있는 모습이다. 푸른 쟁반 위에 벨크로로 접착된 은색 음료수 주머니가 보인다.

재 NASA에서 연구 중에 있다. 한 번은 경쟁관계에 있는 두 회사의 콜라제품을 실험한 적이 있는데 무중력 상태에서 콜라는 전혀 차갑지 않고 거품만 끓어올랐다.

음식 이야기

우주선에서는 부스러기가 생기고 쉽게 부패하는 빵 대신에 '토틸라'라는 얇고 둥근 멕시코 떡으로 샌드위치를 만들어 먹는다. 나는 아침 식사로 부리토를 즐겨 먹었는데, 만드는 방법은 다음과 같다. 우선 토틸라를 접시에 올려놓고 그 위에 피칸테 소스를 얹는다. 피칸테 소스는 부리토에 들어가는 여러 가지 재료를 접착시키는 역할을 한다. 그다음 오븐에 데운 소시지를 얹고 멕시코 스크램블 달걀을 한 숟가락씩 조심스럽게 떠 넣는다. 한 번은 실수로 모든 재료가 사방에 떠다니게 되었다. 나는 오른쪽, 왼쪽으로 떠다니는 달걀 덩어리를 정신없이 입으로

1994년 4월 STS-59 비행에서 내가 만든 마지막 '치킨 비행접시' 샌드위치이다. 토틸라 2개와 피칸테 소스, 그리고 구운 닭 가슴살로 만든 최고의 메뉴였다.

물었고 동료 비행사는 소시지를 재빨리 쫓아다녔다. 무중력 상태에 적응하기란 얼마나 어려운 일인지!

우주에서 먹는 음식 맛은 지구에서의 음식 맛과 상당히 다르다. 우주에서는 작은 새우칵테일과 같은 매운 음식이 둔화된 미각을 살리는 데 도움이 된다.

나의 마지막 우주 비행 때는 신선한 롤빵에 프랑크푸르트 소시지를 넣고 겨자 소스를 얹어 먹었는데, 신선한 롤빵 핫도그처럼 점심메뉴로 좋은 것은 없었다.

대부분의 승무원들은 하루 일과를 끝낼 때쯤 많은 음식을 남기게 된다. 빡빡한 작업 일정 때문에 식욕이 줄어들 수밖에 없다. 따라서 우주선에서는 전날 남은 음식을 상대방과 맞바꿔 자신의 메뉴를 새롭게 만드는 흥정이 항상 진행되었다.

국제우주정거장은 45일 간격으로 화물 수송이 이뤄지기 때문에 음식이 떨어질 위험은 없다. 우주정거장 식단에는 미국과 러시아의 가장 좋은 음식이 포함된다. 러시아 음식은 미국보다 캔에 담긴 음식을 선호하지만 음식 준비 과정은 비슷하다. 우주정거장에는 극초단파 오븐과 냉장 냉동고가 준비되어 맛과 질 면에서 모두 우수한 음식을 비행사에게 제공하였다. 방금 구운 피자나 군침 도는 치즈버거 또한 우주에서 맛보는 일이 가능해졌다.

우주비행사에게 필요한 영양소

우주선 음식은 장기간 우주 공간에서 일하는 사람들에게 비행하는데 필요한 영양소를 제공한다. 우주비행사는 지상에 있을 때보다 음식 섭취량이 줄어들기 때문에 장기간 우주에 머물다 보면 비타민이 부족하게 된다. 특히, 우주에는 햇빛의 양이 부족하기 때문에 비타민D가 결핍되기 쉽다.

지상에서는 피부에 흡수되는 자외선으로 비타민D가 생산되지만, 우주에서는 우주선 창문이 코팅 처리되어 있어서 자외선이 인체에 흡수되지 못한다. 게다가 우주비행사는 우주선 밖으로 나갈 수 없으므로 음식으로 비타민D를 보충할 수밖에 없다. 따라서 우주 음식에는 비타민D가 풍부한 유제품(요구르트, 치즈, 푸딩 등)이 반드시 포함된다.

중요한 점은 우주비행사가 자신의 메뉴를 자유롭게 선택하면서 우주 생활에 필요한 기본적인 영양 상태로 적응해 간다는 점이다. 국제우주정거장에서 지구로 돌아온 우주비행사는 음식과 식욕에 대한 보고서를 작성하고 신체검사를 받아 어떤 영양학적 요소가 우주에서 필요한지를 알려 준다.

존슨 우주센터의 스콧 M. 스미스 박사는 "우리는 우주비행사들이 최상의 영양 상태로 우주비행 임무를 수행할 수 있도록 모든 노력을 다하고 있다"고 말한다.

간/추/리/기

- 존 글렌은 우주에서 음식을 섭취한 첫 미국 우주비행사였는데, 그가 먹은 음식은 사과파이와 비슷한 사과 소스였다.
- 머큐리 우주비행사들은 음식을 치약 모양의 튜브에 담아 짜서 먹었다.
- 오늘날 우주선 음식은 장기 캠핑 여행에서 먹는 음식만큼 훌륭하며, 맛과 영양도 점점 좋아지고 있다.

둘은 하나보다 낫다_제미니 계획

타이탄 II 로켓은 제미니 우주선을 궤도에 진입시킬 만큼 아주 강력했다. 타이탄 II는 9메가톤급 수소폭탄을 지구 어느 곳이든 쏘아 올릴 수 있었다. 타이탄 II는 캔자스 주, 애리조나 주, 아칸소 주의 지하 격납고들에 배치되어 있었으며, 마틴 컴퍼니사에서 우주비행사가 안전하게 탑승할 수 있도록 타이탄 로켓을 재설계했다.

머큐리 계획에 이어서 NASA의 다음 유인 우주비행 계획은 제미니(Gemini) 계획이라 불렀다. 제미니 계획은 머큐리와 아폴로를 연결하는 '중간' 계획이었다.

케네디 대통령의 달 착륙 목표를 지키기 위해 곧바로 아폴로 계획에 착수하려 했지만 NASA는 머큐리 계획이 달로 도약할 모든 노하우를 주지 못한다는 사실을 깨달았다. 그래서 두 계획 사이의 가교 역할을 할 또 하나의 유인 우주선 계획이 필요했는데, 그것이 바로 2인승 우주선 제미니였다. 우주비행사는 제미니를 타고 달 착륙에 필요한 랑데부와 도킹을 훈련했다. 우주선 2대가 우주에서 서로 접근하여 랑데부하고 도킹하여 같은 궤도를 비행하는 우주선이 되었다.

제미니의 새로운 특징

두 명의 우주비행사를 우주로 보내기 위해서는 아틀라스보다 더 강력한 로켓이 필요했다. NASA는 공군의 가장 큰 액체 추진제 미사일인 타이탄Ⅱ(ICBM)를 사용하기로 결정했다.

제미니 캡슐은 밑바닥에 곡선의 열 차폐막이 달린 뭉툭한 원뿔 모양으로 머큐리 캡슐과 똑같았지만 부피는 훨씬 컸다. 머큐리 우주선의 무게가 1.5톤이었던 반면 제미니의 무게는 4톤에 달했다. 우주선 안에는 2명의 우주비행사가 나란히 앉게 설계되었으며 각자 창문이 있었다. 우주선 조종실은 맥도넬 더글러스사가 머큐리와 제미니 우주비행사들의 의견을 참고해서 제트기 조종실과 비슷하게 설계했다. 부스터 로켓의 문제로 비상 탈출할 경우에 대비한 사출 좌석이 있었고, 우주에서 우주선의 궤도를 바꿀 수 있는 로켓 엔진들이 우주선 밑바닥에 있었다.

제미니란 이름은 천문학의 황도 12궁 별자리에서 따왔다. 제미니는 카스트로(Castor)와 폴룩스(Pollux)라는 쌍둥이자리를 뜻한다.

사람들이 우주비행사에게 제일 먼저 묻는 말은 "우주선에선 어떻게 위 아래를 구분합니까?"이다. 사실 창밖을 내다보지 않는 한 우주선에서 위 아래를 구분할 방법은 없다. 그러나 우주선의 한 부분을 천장, 반대편을 바닥이라고 한 번 뇌에 저장시키면, 뇌가 그 정보를 바로 눈으로 전하여 비행사는 상하를 구분하는 데 전혀 어려움을 느끼지 않는다.

제미니 2호 _ 마지막 무인 시험

무인 우주선 제미니 1호, 2호의 비행 목표는 지구로 재돌입할 때 열 차폐막이 적절히 우주선을 보호하는가를 확인하는 것이었다. 또한 이 두 비행에서 비행관제사들을 훈련하고 지상 통신 추적 시스템을 시험하였다.

제미니 우주선은 1964년 8, 9월 두 번에 걸쳐 케이프 커내버럴에 몰아친 허리케인 때문에 발사되지 못했다. 제미니 2호는 원래 1964년 12월 9일이 발사 예정일이었지만, 타이탄Ⅱ의 1단 로켓에 점화를 했을 때 엔진을 조종하는 유압 시스템의 압력이 부족하다는 것이 발견되어 자동적으로 엔진이 꺼져 버려 발사가 또다시 지연되고 말았다.

마침내 1965년 1월 19일 오전 9시 4분에 발사된 제미니 2호는 머큐리 계획의 앨런 셰퍼드와 거스 그리솜처럼 궤도에 진입하지 못하고 18분 16초 동안 준궤도 비행만 하고 끝나 버렸다. 제미니 2호는 최고 고도 171킬로미터까지 총 3,415킬로미터를 비행했다. 그 후 드디어 2명의 우주비행사를 궤도에 진입시키는 제미니 3호 계획이 시작되었다.

존 W. 영(John W. Young)
존 W. 영은 1930년 9월 24일에 캘리포니아 주 샌프란시스코에서 태어났다. 조지아 공과 대학을 졸업하고 미 해군에 입대하여 비행 훈련을 받고 4년 동안 전투기를 조종했다. 1959년 미 해군 시험 비행 조종사 과정을 마치고 3년 동안 메릴랜드 주에 있는 해군 항공시험 센터에서 복무했다. 1962년 F-4 팬텀II 전투기로 고도 2만 5,000미터의 세계기록을 세웠고, 1962년 9월에 우주비행사로 선발되었다. 영은 제미니3, 제미니10, 아폴로10, 아폴로16, STS-1(첫 우주비행사 비행), STS-9 우주비행에 참가하여 우주에 총 6번 올라간 첫 비행사가 되었다.

제미니 3호 _ 첫 2인승 우주선

앨런 셰퍼드가 원래 제미니 유인 비행의 첫 우주비행사로 내정되었지만, 귓병이 발생하여 부득이하게 제미니에 오를 수 없었다. 두 번째로 우주에 올라간 기록을 가진 그리솜이 셰퍼드를 대신해 그 임무를 맡았다.

그리솜과 함께 제미니 3호에 탑승한 우주비행사는 존 W. 영이었다. 존 W. 영은 해군 시험비행 조종사로 1962년 9월에 우주비행사 2기로 선발되었다. 첫 우주비행에서 리버티벨 7호가 바다에 가라앉는 바람에 은근히 조소당했던 그리솜은 제미니 3호를 '몰리 브라운'이라고 불렀다. 몰리 브라운이란 이름은 브로드웨이의 인기 있는 뮤지컬 「침몰하지 않는 몰리 브라운」에서 따온 것이다.

기동성 시험

제미니 3호는 1965년 3월 23일에 케이프 커내버럴에서 발사되었

1965년 3월 23일 거스 그리솜과 존 W. 영을 태우고 발사되는 제미니-타이탄 3호

다. 5시간에 걸친 비행을 통해 우주선의 운용 시스템들을 시험하고 우주선의 기동성이 랑데부와 도킹작업에 적절한지 판단했다. 그리솜의 몰리 브라운은 모든 과업을 순조롭게 완수했다.

러시아는 우주유영에서도 미국을 한발 앞질렀다. 러시아 우주비행사 레오노프(Alexei Leonov)는 보스호드(Voskhod) 2호에 올라 선외 활동을 하는 데 성공했다. 그러나 우주복 압력이 너무 세서 다시 우주선 안으로 돌아갈 수 없었다. 초조한 몇 분이 흐른 뒤 레오노프는 밸브를 돌려 압력을 낮추고 나서야 무사히 우주선으로 돌아갔다.

몰래 가져간 콘드비프 샌드위치

우주선 음식이 불만족스러울 것이라고 예상한 존 W. 영은 몰래 콘드비프(Corned Beef, 쇠고기를 잘게 부순 뒤 양념한 통조림) 샌드위치를 가지고 제미니 3호에 탑승했다.

그리솜은 비행이 끝나고 이렇게 말했다. "제미니호의 조종에 열중하고 있는데, 갑자기 존이 묻더군요. '콘드비프 샌드위치 좋아하시죠?' 하마터면 의자에서 떨어질 뻔했습니다. 정말 존의 손에는 콘드비프 샌드위치가 들려 있었어요."

우주선을 바다에서 회수할 때 콘드비프 냄새가 나면서 사실이 밝혀졌고, 이 이야기는 언론에 새어 나갔다. NASA는 앞으로 우주선에 '음식을 몰래 가지고 들어가는 일'은 더 이상 없을 거라고 힘주어 말했다.

이후에도 영은 우주비행 센터에서 우주비행사로 활동했으며, 우주왕복선 시뮬레이터와 T-38 제트 훈련기에서 정기적으로 훈련을 받았다.

제임스 맥디빗(James A. McDivitt)
제임스 맥디빗은 예비역 미 공군 준장으로 1929년 6월 10일에 일리노이 주 시카고에서 태어났다. 미시간 대학에서 항공공학을 전공했고, 1951년 공군에 입대해서 한국전쟁 동안 145회 출격 비행했다. 미 공군 시험비행 조종사와 항공우주 연구소 조종사 과정을 마치고, 캘리포니아주 에드워드 공군기지에서 시험비행 조종사로 복무했다. 1962년 9월에 NASA의 우주비행사로 뽑혔고, 제미니 4호와 아폴로 9호의 선장으로 우주비행 임무를 완수했다. 1972년 NASA에서 사직하고 개인 사업을 시작했다.

제미니 4호 _ 첫 우주유영

제미니 4호가 우주비행사 제임스 맥디빗과 조종사 에드워드 화이트를 태우고 1965년 6월 3일에 발사되었다. 제미니 4호는 시속 약 2만 8,000킬로미터로 지구 궤도에 진입했으며, 첫 궤도의 원지점은 286킬로미터, 근지점은 162킬로미터였다.

선외 활동(EAV:Extra-Vehicular Activiry)이란 우주비행사가 우주선 밖에서 작업하는 모든 우주유영을 말한다.

에드워드 화이트(Edward H. White)
에드워드 화이트는 1930년 11월 14일에 텍사스 주 산 안토니오에서 태어났다. 미 육군사관학교와 미시간 대학을 졸업하고, 플로리다와 텍사스 주에서 비행 훈련을 받았다. 그리고 3년 반 동안 독일에서 F-86과 F-100 전투기를 조종했으며, 1959년 캘리포니아 주 에드워드 공군기지에서 비행시험 조종사 과정을 마치고 오하이오 주 라이트-패터슨 공군기지로 발령받았다. 1962년 9월에 우주비행사로 뽑혔고, 1967년 1월 27일에 아폴로 우주선의 화재 사고로 사망했다.

제미니 4호의 임무는 4일 동안 지구 궤도를 선회하면서 장기 우주비행의 영향을 평가하는 일이었다. 맥디빗과 화이트는 제미니 4호 비행을 위해 1년간 우주와 비슷한 상태에서 음식을 먹고 잠자는 훈련을 받았다.

첫 우주유영

화이트는 우주선 밖으로 발을 내딛은 최초의 미국인이 되었다. 화이트는 미국 본토 상공을 날던 두 번째 궤도 비행에서 우주선 출입구를 나와 선외 활동을 하고 대서양의 밤이 깊어 갈 무렵 다시 제미니 4호로 돌아오는 게 임무였다.

1965년 6월 3일 첫 우주유영에 나선 화이트의 모습.

특수 우주복

화이트가 입은 특수 선외 활동 우주복에는 금도금된 여러 겹의 창이 달린 헬멧과 '생명유지 배낭'이 첨가되었다. 비상 산소병이 들어 있는 생명유지 배낭은 우주선으로부터 산소 공급이 끊어졌을 때 8분 동안 우주비행사에게 산소를 제공한다. 8분은 우주비행사가 다시 우주선으로 돌아올 수 있는 충분한 시간이다. 특수 우주복은 우주비행사를 극도의 기온과 우주 미립자로부터 보호하기 위해 알루미늄 처리된 마일라, 무명, 펠트 등의 여러 층으로 만들어졌다. 우주비행사는 선외 활동을 하는 동안 손을 보호하는 특수 장갑을 꼈다(우주선 밖은 태양이 있을 때는 121도까지 치솟고, 태양이 없을 때는 영하 100도까지 내려간다).

선외 활동용 헬멧은 다양한 눈꺼풀을 가진 도마뱀처럼 총 3겹의 창(visor)이 있다. 고정된 내부 창은 우주복 안쪽의 압력을 유지했고, 햇빛 차양이라고 불리는 외부 창은 금으로 코팅되어 가시광선과 적외선을 반사했다. 폴리카보네이트 플라스틱으로 만들어진 중간 창은 일종의 보호막이었다.

우주선은 지구 고궤도보다 지구 저궤도에서 더 빠르게 비행하기 때문에 만약 저궤도 비행하는 우주선이 속도를 높이면 고궤도로 진입하게 되고, 고궤도 비행하는 우주선이 속도를 낮추면 저궤도에 진입하게 된다. 따라서 랑데부를 하려면 속도를 높여 느리게 비행하거나 아니면 속도를 낮춰 빠르게 비행하게 된다.

화이트는 우주선과 7.6미터 길이의 탯줄로 연결되었다. 이 탯줄은 전기선, 나일론선, 생명줄로 구성되어 있다. 전기선과 나일론선은 우주비행사가 우주유영하는 동안 우주선과 통신하는 중요한 수단이면서, 지상 관제소에 비행사의 신체에 일어나는 변화를 알려 주는 역할을 했으며, 생명줄은 우주복 안으로 끊임없이 산소를 공급하여 편안한 호흡 환경을 제공하는 수단이다.

랑데부 연습

제미니 계획의 가장 중요한 목표는 우주에서 다른 우주선과 랑데부하는 방법을 익히는 일이었다. 그러나 제미니 4호를 비롯하여 초기에는 어려움이 많았다. 맥디빗은 제미니 4호가 궤도에 진입하자마자 랑데부를 시도해야 했다. 타이탄II의 2단 로켓을 따라가면서 랑데부할 예정이었다. 그러나 타이탄II의 2단 로켓을 쫓아가는 일은 생각보다 어려웠고, 예기치 않게 연료가 너무 많이 소모되어 성공하지 못했다. 타이탄II의 2단 로켓은 2일간 궤도를 비행하다가 대서양 상공을 재돌입할 때 타서 사라졌다.

다소 지연된 우주유영

맥디빗은 두 번째 궤도 비행에서 예정되었던 선외 활동을 한 바퀴 지

키가 좀 더 크기를 바란다면 우주비행사가 되는 것도 좋은 방법이다. 무중력 상태에서 척추는 몸무게를 지탱할 필요가 없기 때문에, 우주비행사의 키가 5센티미터가량 더 자라기 때문이다. 나는 우주왕복선 비행에서 키가 약 3.8센티미터 커졌다.

연시켜 세 번째 궤도 비행 때 수행하기로 결정했다. 하와이 상공을 날며 우주유영을 준비하던 화이트는 제미니 4호가 미국 서부 해안으로 접근했을 때 이미 우주선 밖에 있었다.

"우주선 밖입니다. 말로 설명할 수 없을 정도로 정말 멋진 경험입니다"라고 감격과 흥분에 차서 화이트가 외쳤다.

화이트는 우주총이라고 불리는 손바닥 크기의 작은 조종장치를 사용하여 몸을 움직였다. 그러나 우주총의 압축 질소가 금방 떨어졌기 때문에 우주선과 자신을 연결하는 탯줄 끝에 매달려 우주유영 대부분의 시간을 보냈다.

훈련의 이득

모든 좋은 일은 끝이 있게 마련이다. 나중에 화이트는 우주유영을 끝내고 우주선으로 돌아오던 때가 '내 평생의 가장 슬펐던 순간'이라고 말했다. 그러나 36분 동안 선외 활동을 완수하고 제미니 4호로 돌아왔을 때 약간 긴장되는 일이 일어났다.

우주유영을 마친 화이트가 우주선으로 돌아온 후에 해치(hatch, 우주선의 문)의 빗장이 제대로 잠기지 않았다. 빗장은 우주선을 밀폐시켜 재돌입할 때 우주비행사를 보호하는 절대적인 장치였다. 그러나 다행히도 제미니가 발사되기 며칠 전에 빗장의 분해와 조립을 연습했던 덕분으로 맥디빗은 빗장을 고치고 무사히 지구로 내려올 수 있었다.

4일간의 우주 체류

제미니 4호는 발사 후 4일 2시간 만인 1965년 6월 7일에 지구로 돌아왔다. 고도 299킬로미터에서 지구를 62번 궤도 비행했고 예정 착륙 장소에서 81킬로미터 떨어진 지점에 착수했다. 원래 컴퓨터 제어로 재돌입할 예정이었지만 컴퓨터 기억장치의 장애 때문에 취소되었다.

토머스 스태퍼드(Thomas Stafford)
1930년 9월 17일에 오클라호마 주 웨더포드에서 태어났다. 1952년 미 해군사관학교를 졸업하고 1953년 코널리 공군기지에서 비행사 자격증을 받았다. 에드워드 공군기지에서 시험비행 조종사 과정을 이수하고 1962년 NASA의 우주비행사로 선발되었다. 스태퍼드는 제미니 6호, 제미니 9호, 아폴로 10호, 아폴로-소유스로 네 번 우주에 올라갔다. 1970년대 후반 NASA를 나와 개인 사업을 시작했고 현재 NASA의 고문직을 맡고 있다.

제미니 5호 _ 체류시간 시험

머큐리 계획에서 지구를 22회 궤도 비행했던 고든 쿠퍼가 제미니 5호의 선장이 되었다. 쿠퍼와 조종사 찰스 콘라드와 함께한 제미니 5호 비행의 첫째가는 목표는 달에 갔다가 돌아오는 데 소요되는 기간(약 8일) 동안 우주에서 생활하고 일할 수 있는가를 입증하는 것이었다.

제미니 5호는 원래 1965년 8월 19일에 발사될 예정이었지만 전력을 공급하는 연료 전지에 문제가 생겨 연기되었다. 1965년 8월 21일에 발사되어 약 8일(정확히 7일 22시 55분 14초)을 궤도에서 보낸 제미니 5호는 인간이 달에 착륙하였다가 지구로 돌아오는 시간 동안 일을 할 수 있다는 가능성을 증명했다. 또 랑데부도 시험할 예정이었지만, 또다시 연료 전지의 히터에 문제가 생겨 전기 생산량이 줄어드는 바람에 이뤄지지 못했다.

두 우주선이 우주 공간에서 서로 연결되었을 때 도킹했다고 한다.

제미니 5호는 지구 궤도를 120회 비행했다. 비행 관제소에서는 컴퓨터 제어로 제미니 5호를 귀환시키는 것을 다시 한 번 시도해 보기로 하였다. 그런데 이번에는 지상 관제요원이 정확하지 않은 정보를 우주선 컴퓨터로 전송하는 바람에 목표 지점에서 약 170킬로미터 벗어난 곳에 착수하였다. 그래서 우주비행사들은 착수 후 1시간 반이 지나 회수선 USS 레이크 챔플레인호에 승선하게 되었다.

찰스 콘라드(Charles Pete Conrad Jr.)
1930년 6월 2일에 필라델피아에서 태어났고, 뉴저지 주의 프린스턴 대학에서 항공공학을 전공했다. 1962년 우주비행사로 선발되어 1965년 제미니 5호 조종사, 1966년 제미니 11호 선장, 1969년 아폴로 12호 선장이 되었다. 1973년 스카이랩 우주정거장 수

제미니 5호의 비행은 모든 일이 완벽하게 이뤄지지는 않았지만 이 비행을 통해 우리는 인간이 달에 갔다 돌아오는 기간 동안 우주에서 생활하고 일할 수 있다는 사실을 알았고, 소련의 우주 체류 기록을 앞지

리 임무를 맡고 세 번에 걸친 힘든 선외 활동을 수행했다. 1974년 해군과 NASA를 그만두고 우주선 개발에 모든 힘을 쏟았다. 1999년 캘리포니아 주에서 오토바이 사고로 사망했다.

르게 되었다.

제미니 6호 _ 거의 실패할 뻔한 비행

제미니 6호는 무인 표적 비행체 아제나와 1965년 10월 말에 우주에서 랑데부할 예정이었으나, 10월 25일 아틀라스 로켓에 실려 발사된 아제나가 궤도에 진입하지 못하면서 발사가 부득이하게 지연되었다. NASA는 제미니 계획의 정해진 일정에 따라 1965년 12월 4일에 제미니 7호를 먼저 발사하였다. 제미니 6호는 제미니 6A호로 이름을 바꿔 12월 12일 발사되었다. 그리고 무인 표적 비행체 대신 제미니 7호와 랑데부하는 것으로 계획을 바꾸었다.

우주에서 제미니 7호와 제미니 6A호의 랑데부가 진행되고 있을 때, 지상에서는 육사와 해사의 미식축구 경기가 있었다. 해군사관학교를 졸업한 쉬라와 스태포드는 '타도 육사!'라고 적은 문구를 우주선 창문으로 비춰 보였다. 육군사관학교를 졸업한 보어맨은 '타도 해사!'라는 문구로 이에 맞섰다. 그들의 소망과 상관없이 경기는 7대 7 무승부로 끝났다.

그러나 12월 12일은 NASA의 역사에서 가장 끔찍한 순간으로 기억된다. 우주비행사 월리 쉬라와 토머스 스태퍼드를 태운 제미니 6A호의 카운트다운이 끝나자 타이탄 로켓의 엔진이 요란한 굉음을 내다가 이륙 2초 만에 꺼져 버렸다. 사람들은 1957년 뱅가드 로켓의 붕괴를 떠올리며 타이탄이 발사대에서 쓰러질 것이라는 공포감에 휩싸였다.

관제사들은 쉬라가 우주선에서 비상 탈출을 시도할 것이라고 당연히 생각했다. 로켓이 발사대에서 쓰러지면 폭발할지 모른다는 점을 쉬라도 잘 알고 있었기 때문이다(전기 플러그가 부스터 로켓의 소켓에서 빠져나왔던 것으로 나중에 밝혀졌다. '점화를 정지시킨 이 문제점은 기능상실 탐지 시스템'이 발견했다). 비상 탈출은 우주비행사들의 안전을 보장하겠지만, 또 다른 뜻으로는 제미니 6A호 전체의 비행은 취소된다는 것을 의미했다. 쉬라는 로켓 엔진이 완전히 멈출 때까지 우주선에 침착하게 남아 있었다. 이 일로 우주비행사로서 쉬라의 명성은 더욱 높아졌다.

로켓은 엔진이 점화되고 몇 초가 지난 후에 발사대를 떠나기 시작한다. 따라서 쉬라와 스태퍼드의 경우에 로켓이 발사대를 떠나기 전에 엔진이 꺼져 버려 굉장히 운이 좋았다고 볼 수 있다. 만일 로켓이 몇 센티미터라도 이륙했더라면 발사대에서 쓰러져 폭발하고 말았을 것이다. 기술자들이 문제를 재빨리 해결했고, 제미니 6A호는 마침내 12월 15일에 성공적으로 발사되었다. 우주에는 11일 전에 발사된 제미니 7호가 기다리고 있었다.

제임스 러벨(James Lovell)
1928년 3월 25일에 오하이오 주 클리블랜드에서 태어났다. 1952년 미 해군사관학교를 졸업하고 1958년에 메릴랜드 주 파투센트 강에 있는 해군 시험비행 조종사 과정을 마쳤다. 1962년 9월 우주비행사로 뽑혔다. 제미니 7호에 이어, 제미니 12호의 선장을 맡았고, 아폴로 8호에 승선했고, 아폴로 13호 선장을 맡았다. 첫 유인 달 궤도 비행인 아폴로 8호에서 프랭크 보어맨, 윌리엄 A. 앤더슨과 함께 비행했다. 1973년 해군과 NASA를 그만두고 개인사업을 시작했다.

제미니 7호 _ 2주일간의 우주비행

제미니 6A호에서 찍은 제미니 7호와 지구의 모습. 제미니 6A호와 제미니 7호는 약 13미터 떨어져 있었다.

제미니 7호는 우주비행사 프랭크 보어맨과 제임스 로벨을 태우고 2주일을 우주에서 보냈다. 다시 한 번 인간이 오랫동안 우주에서 생존할 수 있다는 사실이 증명되었다. 비좁은 제미니 선실에서 2명의 우주비행사가 2주 동안 함께 생활한다는 것은 말 그대로 '초인적인 의지력 시험'이었다. 무중력 상태로 인한 후각기능 마비는 아주 사소한 일에 불과했다.

제미니 7호에 이은 제미니 6A호의 발사로 NASA는 2개의 유인 우주선을 동시에 지구 궤도에 올려놓게 되었다. 제미니 7호와 제미니 6A호는 우주에서의 첫 랑데부를 시도하였다. 두 우주선의 비행사들은 서로 30센티미터 내로 다가섰을 때 서로 사진을 찍어 지구 궤도를 비행하는

프랭크 보어맨(Frank Borman)
1928년 3월 14일에 인디애나 주 가리에서 태어났다. 1950년 웨스트포인트 육군사관학교를 졸업하고, 1957년 캘리포니아 공대(CIT)에서 항공공학으로 석사 학위를 받았다. 1970년에는 하버드대 경영대학원 경영관리 과정을 마쳤다. 1950년 공군 장교로 시작한 그의 경력은 전투기 조종사, 작전비행 조종사 및 교관, 실험비행 조종사, 육군사관학교의 열역학 및 유체역학 조교수 등이 포함된다. 캘리포니아 주 에드워드 공군기지의 항공우주 연구소 조종사

학교에서 교관으로 근무할 때 NASA의 우주비행사로 선발되었다. 1970년 공군을 퇴역한 뒤 이스턴 항공사의 최고경영자가 되었다.

우주선의 모습을 보여 주었다. 이 성공적인 랑데부로 인해서 달로 가는 여정은 엄청난 도약을 이룰 수 있었다.

간/추/리/기

- 제미니 계획 중 총 10회에 걸친 2인승 우주비행에 성공했다.
- 에드워드 화이트의 첫 우주유영은 제미니 계획의 가장 빛나는 순간이었다.
- 제미니 계획으로 랑데부, 도킹, 장기체류 비행 같은 달 착륙에 필요한 기술을 확보했다.
- 제미니 6A호와 제미니 7호는 우주 랑데부에 최초로 성공했다.

16장 제미니호의 결함을 해결하다

제미니 6호와 7호의 이중 비행에 이어, NASA는 1970년 이전까지 인간이 달 위를 걷는 것의 필요한 지식, 경험, 기술을 쌓는 제미니 비행을 다섯 번 더 계획하였다.

제미니 8호 _ 짧은 성공 그리고 위기일발

훗날 달에 첫발을 내디딜 인간을 태운 제미니 8호가 1966년 3월 16일에 지구 궤도로 발사되었다. 제미니 8호의 발사는 타이탄 로켓에 문제가 생겨 하루 연기되었다. 선장 닐 암스트롱은 신참 조종사 데이비드 R. 스코트와 짝을 이룬 이 비행에서 우주로 첫 여행을 하였다. 이 비행의 목적은 이보다 몇 시간 전에 발사된 아제나 비행체를 추적하여 도킹하는 것이었다.

닐 암스트롱(Neil Armstrong)
인류 역사책에 맨 처음 달을 걸은 사람으로 기록된 암스트롱은 1930년 8월 5일 오하이오 주 와파코네타에서 태어났다. 퍼듀 대학에서 항공공학으로 학사학위를, USC에서 항공우주공학으로 석사 학위를 받았다. 한국전쟁에서 78회의 전투 비행임무를 수행했으며, 전쟁이 끝난 후 클리브랜드 루이스 연구소의 연구 조종사로 NASA의 전신인 NACA(미국 항공자문위원회)에 합류하였다가 나중에 캘리포니아 주 에드워드 공군 기지의 NACA 고속비행소로 전속

하였다. 시속 7,242킬로미터의 X-15기를 포함하여 많은 개척 고속 항공기의 프로젝트 조종사였으며 제트기, 로켓, 헬리콥터, 글라이더를 포함하여 200종이 넘는 모델의 항공기들을 조종했다. 1971년 NASA를 사직하고 신시내티 대학 항공공학과 교수가 되었다. 1979년 교직에서 물러나 개인 사업을 시작하였다.

지구로 긴급히 귀환한 데다 착수 장소가 목표 지점에서 멀리 떨어져 있었기 때문에 제미니 8호 우주비행사들은 착수 후 3시간이 지나서야 회수선인 USS 괌호로 안전하게 끌어 올려졌다.

첫 도킹(Docking)

제미니 8호는 4회째 궤도비행에서 도킹을 해냈다. 달 착륙에 성공하려면 도킹은 꼭 필요했다(인간을 달에 내려보낼 때 우선 아폴로 우주선은 달 궤도에 진입한다. 우주선에서 분리된 소형 착륙선이 달 표면에 착륙한다. 지구로 귀환하기 위해서 달 착륙선은 다시 달에서 이륙하여 달 궤도상의 아폴로 우주선과 랑데부하고 도킹하여야 한다). 도킹에 성공한 후에 암스트롱과 스코트는 환희에 차 있었다. 하지만 30분도 채 지나지 않아 우주선 제어 장치에 문제가 생겨 비행뿐만 아니라 우주비행사들의 생명까지도 위협을 받았다.

두 비행체가 연결되었는데도 제미니의 추력기(자세제어용 작은 로켓)가 계속해서 '작동'하여 제미니 캡슐과 아제나가 마구 요동치며 돌기 시작했다. 문제는 곧 심각해졌고 우주비행사들은 초당 한 바퀴 꼴로 우주 공간 속을 뒹굴고 있었다. 회전 속도가 더 빨라졌다면 두 비행체는 부서졌을 것이고, 두 비행사도 요동치는 선실 안에서 의식을 잃었을 것이다.

걱정스런 순간들

우주비행사들은 자세제어용 추력기의 장애에 있다는 것을 쉽게 알아차릴 수 없었다. 아제나에 문제가 있다고 생각한 그들은 수동으로 제미니 우주선을 아제나의 도킹 고리에서 분리시켰다. 그런데 문제는 제미니 우주선에 있었기 때문에 이 조치는 무게가 가벼워진 제미니의 회전 속도를 더욱 빠르게 했을 뿐이다. 암스트롱은 회전을 멈출 방법을 찾느라 애썼다. 제미니 우주선에서 여전히 제대로 작동하고 있는 유일한 제어 장치는 앞머리 부분에 있는 재돌입용 제어 시스템뿐이었다.

본능적인 행동으로 암스트롱은 재돌입 시스템을 이용하여 공중제비를 멈추게 하고 우주선을 안정시켰다. NASA의 규칙에는 재돌입 제어 시스템을 이용하는 것은 비행의 즉각적인 종료를 의미한다고 되어 있었다. 연료 공급 및 트러스터(추력기) 시스템이 지구로 귀환하는 데 꼭 필요했기 때문이었다. 두 우주비행사는 곧바로 궤도 이탈을 준비하였다. 착수는 2차 회수 장소인, 일본 오키나와 근처의 태평양에서 이루어졌다. 이 긴급 귀환으로 스코트의 우주유영 계획은 취소되었다.

데이빗 스코트(David Scott) 1932년 6월 6일 텍사스 주 샌 안토니오에서 태어났다. 1954년 육군사관학교를 633명의 동기생 중 5등으로 졸업했고 1962년 MIT에서 항공학과 우주비행학으로 석사 학위를 받았다. NASA의 비행사로서 스코트는 제미니 8호와 아폴로 9호를 타고 비행했고 아폴로 15호의 선장이었다. 1975년 3월 대령으로 공군에서 예편했으며 5,600시간의 비행시간을 기록했다.

제미니 8호는 궤도를 겨우 일곱 바퀴 돌았고, 태평양 상에 착수하기 전까지 10시간 41분 26초 동안 우주 공간에 있었다.

제미니 9호 _ 비극적인 개조

제미니 9호는 다시 아제나 표적 위성과 랑데부하고 도킹한다는 비행 계획을 가지고 1966년 5월에 쏘아 올릴 예정이었다. 그러나 또다시 계획대로 전개되지 않자 NASA는 이 비행을 상황에 맞추어 수정하는 융통성을 발휘했다.

다시 한 번 아틀라스-아제나의 기능 상실로 아제나 표적 위성이 궤도에 진입하지 못했다. 그래서 제미니 9호는 발사일을 6월로 정해 제미니 9A호가 되었다. 6월 1일 아제나를 대신해서 재고품인 '표적용 도킹 어댑터(ATDA)'가 아틀라스 로켓에 의해 궤도로 발사되었다. 같은 날 제미니 9A호를 궤도에 올려 보낼 예정이었지만 컴퓨터 유도 시스템의 문제로 이틀이 지연되었다.

제미니 9A호 비행의 또 다른 비극적인 이유를 꼽자면 원래의 승무원들이 탑승하지 못한 점이다. 원래의 승무원들인 엘리엇 M. 시와 찰스 바세트는 1966년 2월 28일 NASA T-38 제트 연습기 추락 사고로 사망했다. 그래서 예비 승무원들이 원래 승무원들의 자리를 물려받았다. 새 승무원은 선장 토머스 P. 스태퍼드와 조종사 유진 A. 서넌이었다. 제미니 9A호는 마침내 1966년 6월 3일, 아침 8시 39분에 우주로 발사되었다.

내부 여압(internal pressurization)은 우주복 내에 넣은 산소의 압력이다. 공기를 너무 많이 넣은 자전거 타이어를 생각해 보라. 과도한 내부 여압 때문에 타이어는 딱딱해져 구부러지지 않는다. 서넌이 착용한 우주복의 압력은 0.272기압 정도였지만 우주복을 풍선처럼 부풀려 놓기에 충분했다.

성난 악어

이 비행은 3회째 궤도 비행 중 실행할 예정이었던 랑데부와 도킹이 부분적으로만 성공하였다. 제미니 9호가 도킹용 표적 어댑터 곁에 다가갔을 때 보호덮개는 여전히 도킹 원뿔을 부분적으로 덮고 있었다. 발사 후에 완벽하게 분리되지 못한 채 반쪽만 입을 쩍 벌린 보호덮개는 스태퍼드에게 '성난 악어'를 연상시켰다. 이제 변화된 상황을 맞아 승무원들은 즉흥적으로 달을 궤도 비행하고 달에 착륙하는 데 필요한 추력기 점화의 예행연습을 포함하여 일련의 랑데부 조작을 실습하였다. 제미니 9A호 비행의 또 다른 특징은 서넌의 우주유영이었는데, 그 우주유영에서 서넌은 목숨을 잃을 뻔했다.

유진 A. 서넌(Eugene A. Cernan) 1934년 3월 14일 일리노이 주 시카고에서 태어났다. 퍼듀 대학에서 전기 공학으로 학사 학위를 캘리포니아 주 몬테레이의 해군 대학원에서 항공 공학으로 석사 학위를 받았다. 퍼듀 대학에서 해군 ROTC 과정을 마치고 임관되어 비행 훈련을 받았다. 그리고 캘리포니아 해군 항공대 미라마르(Miramar)의 26공격전대와 113공격전대로 배치되었다. 1963년 NASA에 의해 우주조종사 14명의 일원으로 선발되었다. 그는 제미니 9호, 아폴로 10호, 아폴로 17호 등 세 번 비행을 하였다. 서넌은 우주 공간을 유영한 두 번째 미국인이었고, 달에 두 번 비행한 세 사람(다른 두 사람은 러벨과 영) 중 한 명이며, 아폴로 17호의 선장으로 달에 발자국을 남긴 마지막 사람이었다.

우주유영 블루스

NASA가 서넌의 우주유영에서 배운 한 가지 고통스런 교훈은 우주복을 입고 작업할 때 원래 예상하고 연습했던 것보다 더 많은 에너지가 소모된다는 점이었다. 서넌의 선외 활동은 2시간 7분 지속되었는데, 우주복 안이 과열되고 있었고 차광용 창이 증기로 완전히 뿌옇게 덮였기 때문에 작업이 급히 중단되었다. 여기서 치명적인 문제는 서넌의 모든 움직임이 우주복의 내부 여압에 불리하게 작용했다는 사실에서 비롯된 것으로 판명되었다.

서넌의 우주복은 잘 구부러지지 않았다. 또한 몸을 약간만 움직여도 저절로 작업 장소에서 벗어나 버렸다. 뉴턴의 제3법칙(작용 반작용의 법칙)에 따른 것이었다. 우주선으로 돌아왔을 때쯤 서넌의 심장 박동은 분당 180회까지 치솟았다. 탈진 상태에다 앞을 잘 볼 수 없었던 서넌은 자리에 앉아 애를 써서 위쪽의 해치를 닫았다. 토머스 스태퍼드는 탯줄을 잘라 서넌을 궤도상에 떠돌게 놔두고 해치를 닫아야 하는 끔찍한 상황이 머리에 스쳐 갔다. 서넌의 시련은 NASA의 선외 활동 계획에 각성제 구실을 했다. 제미니 9A호는 3일 동안 우주에 머물며 지구 궤도를 45바퀴 돌았다. 승무원들은 목표 지점 1.6킬로미터 이내로 재돌입과 착수를 완벽하게 해냈다.

1976년 7월 1일, 해군 대령 서넌은 20년 이상 근무한 해군에서 예편하고 자신의 회사를 차려 사업을 시작했다.

마이클 콜린즈(Michael Collins) 마이클 콜린즈 준장(공군 예비역)은 1930년 이탈리아 로마에서 태어나 1952년 웨스트포인트 육군사관학교를 졸업했다. 졸업 후에 콜린즈는 공군을 선택해 캘리포니아 주 에드워드 공군기지의 공군 비행시험 센터에서 시험비행 조종사로 복무했다. 약 5,000시간의 비행을 기록한 후 1963년 NASA의 세 번째 우주비행사 그룹의 일원이 되었다. 그리고 제미니 7호의 예비 승무원으로 일한 후 제미니 10호의 조종사로 임명되었다. 제미니 10호 미션에서 콜린즈의 임무 수행은 역대 최고였다. 콜린즈와 영은 비행 계획서 상의 거의 모든 목표를 달성했고 나중에 제미니 8호의 아제나를 따라가 랑데부하기도 했다. 그의 뛰어난 임무 수행 기록은 인간을 처음으로 달에 착륙시킨 비행인 아폴로 11호의 사령선 조종사로 선발되는 밑거름이 되었다. 콜린즈는 우주 체류 총 266시간을 기록했으며, 그 중 1시간 27분은 제미니 10호 우주유영 시간이었다. 1970년 1월 NASA를 떠나 나중에 워싱턴 스미스소니언 국립 항공우주 박물관 관장으로 일했다. 1974년 자신의 아폴로 11호 경험을 진술한 『불을 짊어지고』를 집필하여 호평을 받았다.

제미니 10호 _ 이중 랑데부

존 W. 영과 마이클 콜린즈를 태운 제미니 10호가 1966년 7월 18일 오후 5시 20분에 궤도로 쏘아 올려졌다. 이번에는 모든 일이 순조로워 우주선은 아제나 상단과 성공적으로 랑데부하고 도킹하였다. 제미니 10호 승무원들은 4회째 지구 선회 비행에서 이 위업을 달성했다.

제미니 10호 비행에서는 승무원들이 아제나 로켓의 엔진을 이용하여 지구 764킬로미터 상공의 궤도까지 올라가는 새 기록을 세웠다. 하지만 이 기록은 그다지 오래 가지 않았다. 겨우 두 달 뒤에 제미니 11호 승무원들이 이 기록을 깨트렸기 때문이다.

이 비행에서 콜린즈는 1시간 29분 동안 선외 활동을 했는데, 그것은 서넌이 제미니 9호 밖에서 발생했던 문제들을 해결하는 데 큰 도움이 되었다. 승무원들은 우주 공간에 2일 22시간 46분 39초 동안 머물며 지구를 43바퀴 궤도 비행하였다. 비록 제한된 예비연료 때문에 2차 실험들이 일부 취소되긴 했지만 1차 목표들은 모두 달성되었다.

제미니 10호는 USS 과달카날호로부터 4.2킬로미터 떨어진 해상에

제미니 11호 비행은 9월 9일과 10일, 두 번 연기되었다. 한 번은 타이탄 로켓의 1단에서 발생한 연료의 누출 때문이고, 또 한 번은 자동 조종장치의 문제점 때문이었다.

제미니 11호 우주선은 새로운 고도 기록을 향해 지구로부터 멀리멀리 올라갔고, 피트 콘라드는 이렇게 표현했다. "올라가고 있다. 정말 올라가고 있다! 굉장하다! 믿을 수 없을 정도이다. 왼쪽 창으로 인도가 보인다. 눈앞에 보르네오가 있고 오스트레일리아가 오른쪽 창으로 보인다. 세계는 둥글다!"

착수하였고, 그래서 제미니 계획에서 1차 회수선의 시야 내에 착륙한 두 번째 우주선이 되었다.

제미니 11호 _ 첫 탯줄 비행

아폴로 비행에 필요한 것들의 마지막 실습이 다가오면서, 우주비행사 피트 콘라드와 리처드 F. 고든 2세를 태운 제미니 11호가 1966년 9월 12일 궤도로 올라갔다. 이 우주선은 같은 날 먼저 발사된 제미니-아제나 표적 위성을 바싹 뒤쫓았다.

새로운 고도 기록 1,380킬로미터

아제나 로켓과 연결한 후에 아제나 로켓을 이용하여 제미니 11호의 승무원들은 두 달 전에 제미니 10호가 세운 기록을 깨고 새로운 유인 고도 기록을 달성하였다. 승무원들은 아찔할 만큼의 높은 높이인 1,380킬로미터까지 날아올랐다.

제미니 캡슐은 계속해서 아제나 표적 비행체를 대상으로 일했다. 두 비행체 사이를 30미터 길이의 탯줄(우주선 밖에서 작업하는 우주비행사에게 생명유지 산소, 전기 등을 공급하는 선 : 옮긴이 주)로 연결하고 우주비행사 고든은 선외 활동을 하였다.

로켓 로데오

이 비행의 가장 기념할 만한 순간은 고든의 선외 활동 시간에 찾아왔다. 아제나 표적 위성을 제미니 우주선과 탯줄로 연결하기 전에 고든은 아제나의 원통형 동체 위에 걸터앉았다. 마치 말을 탄 것처럼. 콘라드는 고든이 하고 있는 일을 보더니 이렇게 외쳤다.

"거길 올라타니 카우보이 같은걸!"

제미니 11호 우주선은 지구를 44회 궤도 비행하며 3일에서 42분 못 미치는 시간 동안 우주에서 머물렀다. 이 비행에서는 9월 15일, 완전 자동화한 재돌입 시스템이 완벽하게 작동하는지를 시험하였다.

제미니 11호는 목표 지점을 4.8킬로미터 벗어난 곳에 정확하게 착수하였다. 콘라드와 고든은 착수 후 24분 만에 회수선 USS 괌호에 승선할 수 있었다.

장엄한 피날레 _ 제미니 12호의 5시간 우주유영

마지막 제미니 비행인 제미니 12호가 선장 제임스 A. 러벨과 조종사 에드윈 E. 버즈 올드린을 태우고 1966년 11월 11일 오후에 발사되었다. 제미니 시리즈의 이 마지막 비행에서 두 승무원들은 1차 목표들을 모두 완수하였다. 그래서 NASA는 아폴로 계획을 시작할 준비를 마치게 되었다.

제미니 12호 우주선은 3회째 선회 비행에서 아제나 표적 위성과 랑데부하고 도킹하였다. 올드린의 선외 활동이 이 비행의 가장 중요한 일이었다. 유진 서넌의 경험을 토대로 배운 올드린은 우주선 밖에서 다섯 시간 반 동안 작업할 수 있었다.

올드린이 우주선 밖에서 아주 효율적으로 작업할 수 있었던 한 가지 이유는 우주복을 입은 채 수중에서 작업하는 선외 비행 훈련을 받았기 때문이었다. 그는 수중 환경이 우주 공간의 무중력 상태와 아주 비슷하다는 점을 알게 되었다. 그의 성공으로 수중 선외 비행 훈련은 미래의 모든 우주유영자들에게 필수 훈련이 되었다.

제미니 12호 캡슐은 지구를 59바퀴 궤도 비행하고 착수 목표 지점

러벨과 올드린은 자신들의 임무를 멋지게 해내 모두 아폴로 비행으로 보상받았다. 물론 올드린은 달 위를 걸은 두 번째 인간이 되었고, 러벨은 아폴로 8호를 타고 최초의 달 궤도를 비행했고 불운의 아폴로 13호 비행을 지휘했다.

NASA 예산은 1966년 59억 달러로 최고조에 달해 GNP의 1퍼센트에 육박했다. 이 해에 NASA 직원은 3만 6,169명이었고 NASA의 협력업체들은 41만 1,000명의 노동력을 보유했다. 100만 명 이상의 미국인들이 우주계획에서 수입을 얻어 생계를 꾸려 가는 것으로 추산되었다.

버즈 올드린(Buzz Aldrin)
공군 대령으로 예편한 버즈 올드린 박사는 1930년 뉴저지주 몬트클레어에서 태어났다. 올드린은 육군사관학교에 입학하여 1951년 3등으로 졸업했다. 공군 조종사로서 한국에서 66회의 전투 비행임무를 수행했고, 미그-15기 두 대를 격추시켰다. 이어서 MIT에서 박사 학위를 받았는데, 「유인 궤도 랑데부를 위한 유도」란 제목의 박사논문은 그의 미래 경력에 큰 도움이 되었다.

의 4.8킬로미터 안쪽에 귀환하였다. 이것은 달을 향한 경쟁에서 미국이 소련을 크게 앞지르게 된 제미니 계획에 어울리는 피날레였다.

올드린은 1963년 10월 3기 우주비행사 그룹의 일원으로 선발되었다. 그의 첫 우주로의 여행은 제미니 계획의 마지막 비행인 1969년 제미니 12호 승선으로 이루어졌다. 올드린은 아폴로 11호 달 착륙선 조종사로서 자신의 두 번째 우주비행으로 유명해졌다. 그리고 그는 1969년 7월 20일 두 번째로 달 위를 걸은 인간이 되었다.

올드린은 약 290시간의 우주 체류와 약 8시간의 선외 활동을 기록한 후 1971년 7월에 NASA를 그만두었다. 그는 논픽션 두 권을 썼는데, 자서전인 『지구로의 귀환*Return to Earth*』과 아폴로 계획에 관한 이야기 『지구에서 온 인간*Men from Earth*』이다. 또 공상과학소설도 출간하였다.

현재 전 세계를 돌아다니며 강연을 하고 있는 올드린은 여전히 선도적인 우주 옹호자이며, 2001년 6월 의회에서 초기 단계의 우주관광 산업을 지지하는 증언을 하였다.

신체적 변화

제미니 계획의 주된 목적 중 하나는 우주 공간에서 얼마나 오래 체류해야 우주비행사의 건강에 이상이 있는지 알아보는 것이었다. NASA가 배운 것은 우주 공간에서 장기 체류하는 동안 일어나는 신체 변화들이 달 비행을 위협할 만큼 심각하지 않다는 점이었다.

의사들은 우주에서 돌아온 우주비행사에게서 뼈 밀도에 약간의 손실이 있음을 발견하였다. 제미니 우주비행사들 또한 칼슘과 질소 단백질의 손실도 있었지만 극소량이었다.

무중력 상태에서의 장기 체류로 적혈구가 5~20퍼센트 감소하였고 심장이 약간 약해졌다. 이러한 상태도 모두 우주비행사가 지구로 귀환한 후에 신속하게 회복되었다. 나중에 우리는 우주에서의 훈련과 영양식의 공급으로 이런 영향을 더욱더 최소화할 수 있다는 사실을 알게 되었다. 일부 신체적 기능은 우주 공간에서의 장기 체류에 전혀 영향을 받지 않았다. 혈압, 생리작용, 근육 상태는 변하지 않았다.

제미니 계획의 총예산은 11억 5,000만 달러였다. 그 누구도 이 계획이 쉬울 것이라고 생각하지 않았지만 NASA는 케네디의 목표를 달성할 가능성을 조심스럽게 낙관했다. 미국의 다음 목표는 아폴로…… 그리고 달이었다!

간/추/리/기

- 닐 암스트롱은 첫 우주비행에서 우주 공간에서의 긴급 상황에 능숙하게 대처 했다.
- 유진 서넌의 우주유영은 거의 치명적인 탈진을 가져오는 작업부하 때문에 급히 중단되었다.
- 버즈 올드린은 무중력 환경을 수중에서 모의 훈련함으로써 선외 활동에 성공하였다.
- 우주 공간에서 2주간의 체류(달 비행의 장기 여정)는 인체의 생리나 근육 상태에 거의 영향을 주지 않는다는 결론을 내렸다.

태양계 탐사

달을 향한 유인 비행을 위해 머큐리 계획과 제미니 계획을 진행하고 있던 동안에 무인 비행의 우주계획도 활발히 진행되었다. 1960년대 로봇 위성들은 아폴로 엔지니어들을 위한 달 자료를 모았을 뿐 아니라 첨단 사진 장비를 인간이 갈 수 없는 곳까지 가져가서, 사람들이 여태껏 상상할 수 없었던 광경들을 보여 주었다.

매리너 _ 지구와 가까운 이웃 행성 탐사 계획

9장 '익스플로러와 파이어니어'에서 1960년대에 태양과 행성간 공간을 탐사하며 태양풍, 우주선(cosmos rays), 태양 자기장을 측정했던 파이어니어 계획에 관해 이야기하였다. 하지만 파이어니어만이 달을 넘어 태양계를 향해서 행성들과 태양을 탐사하는 유일한 계획은 아니었다. 우리와 가장 가까운 이웃 행성들을 탐사하기 위한 매리너 계획이 있었다.

우주선을 태양계로 향하게 하는 매리너 우주선 시리즈 중 첫 주자는 태양에서 두 번째 떨어진 행성, 금성을 목표로 한 매리너 2호였다. 202킬로그램 무게의 매리너 2호 우주선은 1962년 12월 14일 금성을 지나 날아갔다. 이 비행에서 가장 중요한 발견은 금성 표면의 온도가 예상치보다 거의 두 배나 높은 427도였다는 점이었다. 매리너 2호의 근접 통과(플라이바이)가 있기 전까지 공상과학 소설가들은 금성을 비가 많이 오고 무덥고 영원히 구름으로 덮인 행성으로 묘사해 왔다. 하지만 금성 표면은 몹시 뜨거운 곳이라는 새로운 사실이 밝혀졌다.

플라이바이(flyby, 근접 통과)란 우주 탐사선이 행성의 인력에 의해 끌려 들어갈 정도로 가깝지는 않지만 사진을 촬영하고 과학적인 정보를 수집하기에는 충분할 만큼 행성에 접근하여 비행하는 것을 말한다.

카날리(canali)는 수로, 도랑을 뜻하는 이탈리아어이다. 이 말은 또한 수송 목적으로 건설한 인공 물길이란 의미의 운하로 번역할 수 있다. 생명체가 없는 세계에 운하가 있을 리 없다. 하지만 일부 과학자들과 공상과학 소설가들은 그런 가능성에 사로잡혀 있었다.

붉은 행성의 정찰

천문학 초창기에도 관측자들의 시선은 흔히 화성의 붉은 빛에 끌리곤 했다. 1877년 이탈리아의 천문학자 죠반니 비르기뇨 시아파렐리는 화성 표면의 십자형으로 교차한 어두운 선들을 망원경을 통해 관찰하여 우리의 열정을 자극했다. 그는 이 선들을 카날리(canali)라고 불렀다.

우리는 이 선들이 운하가 아니라 단지 저분해능의 망원경이 일으킨 광학적 환영이라고 알고 있다. 하지만 화성에 생명체가 존재할 가능성은 우주의 수많은 신비 가운데 첫째가는 의문으로 남았다. 지구상의 누구 못지않게 화성에 관해 호기심이 많았던 NASA는 금성을 향해 매리너 2호를 발사한 지 몇 주 만에 쌍둥이 우주선인 매리너 3호와 4호를 발사했다. 두 우주선의 목적지는 붉은 행성, 화성이었다.

매리너 3호와 4호

매리너 3호는 아틀라스-아제나 D 로켓 위에 실려 1964년 11월 5일

매리너 탐사선들을 발사하는 데 사용된 아틀라스-아제나 로켓은 다목적 2단 액체 추진제 로켓으로, 무인 우주선을 지구 궤도에 올려놓는 데 이용되었다. 아틀라스-아제나 로켓의 높이는 30미터였다. 이 로켓은 이륙 시 170톤의 추력을 내도록 개발되었다. 2단 로켓으로 사용된 아제나 로켓은 제미니 계획에서 랑데부나 도킹 연습용 표적으로 사용되었다.

에 발사되었다. 그러나 우주발사체 앞머리 부분의 유선형 덮개가 분리되지 않아서 이 발사는 실패했다(앞머리 유선형 덮개는 로켓의 제일 앞부분에 있으며 발사 시 공기로부터 우주선을 보호하는 덮개를 말한다).

'늘 예비품을 확보해 둔다'는 NASA 철학의 산물인 매리너 4호가 3주 후인 1964년 11월 28일에 발사되었다. 이번의 아틀라스-아제나 로켓은 원활하게 작동하였고, 매리너 4호는 여덟 달 후에 화성의 근접 사진을 찍은 최초의 우주선이 되었다.

매리너 4호 탐사선은 태양빛를 이용하여 우주선에 필요한 전기를 얻도록 설계된 특수 태양 전지판들을 탑재하였다. 이 탐사선은 전지판들이 늘 태양을 향하도록 조정하면서 비행하였다.

아틀라스-아제나 로켓을 사용한 계획들
- 화성과 금성행 초기 매리너 탐사선
- 레인저의 달 사진 촬영 미션
- 궤도상의 천문대
- 초기 응용기술 인공위성
- 제미니 계획에서 랑데부 표적 비행체
- 다섯 번 달 궤도에 가서 유인 달 착륙의 준비 단계로 달 표면의 대부분을 지도로 작성했던 루너오비터

화성 사진

매리너 4호는 228일 동안 날아가서 화성에 도달했다. 1964년 7월 15일 화성 표면에서 9,978킬로미터 떨어진 지점을 통과했는데, 그곳을 지나면서 화성 표면의 1퍼센트에 관한 단서를 제공하는 TV용 사진 22장을 찍었다. 매리너 4호는 운하망 대신에 움푹 패인 물 없는 바다, 붉은 모래와 크레이터들이 있는 광대한 황무지를 찍은 사진들을 전송했다. 화성은 황량한 달 표면만큼이나 불모의 땅으로 보였다. 하지만 매리너 4호 임무는 화성을 지나가는 것으로 끝나지 않았다. 거대한 궤도로 태양 주위를 빙 돌아서 1967년에 다시 지구 근처를 지났던 것이다. 한 번의 기회도 절대 그냥 흘려보내지 않는 NASA의 기술자들은 이 탐사선을 이용하여 훗날의 행성간의 비행에서 필요한 기술들을 시험했다. 매리너 4호는 1967년 12월 20일 가동을 멈추었다.

금성행 매리너 5호

매리너 5호는 아틀라스-아제나 D 로켓 위에 실려 1967년 6월 14일에 발사되었다. 팔각형 모양의 이 탐사선은 태양 주위 궤도로 나아갔고, 그 궤도의 일부에서 금성을 근접 비행하였다. 매리너 5호는 몇 가지 실험을 수행하였다. 구름층을 밝히기 위해 금성의 대기에 전파 충격을 가했고 반사하는 자외선의 밝기를 조사했다. 태양 입자들의 표본을 채취했고 금성 표면의 자기장 변동을 측정했다.

매리너 5호는 1967년 10월 19일 금성에 약 4,000킬로미터 이내로 가장 가까이 접근하여, 그해 11월부터 조사를 계속하였다. 이로써 금성 표면의 지옥 같은 상태가 확인되었다. 압력은 지구 압의 90배, 온도는 오븐 온도보다 537도나 뜨거웠다.

화성행 쌍둥이 탐사선, 매리너 6호와 7호

매리너 6호가 아틀라스-센토어 로켓 위에 실려 1969년 2월 24일에 발사되었다. 자매 관계 미션인 매리너 7호가 3일 후에 동일한 로켓에 의해 화성으로 보내졌다. 3.3미터 길이의 항로를 변경할 때 두 탐사선은 표면 사진을 찍을 화성으로 앞서거니 뒤서거니 나아갔다. 두 탐사선은 화성 표면에서 반사하는 적외선과 자외선의 양을 측정하고 화성 대기의 화학적 조성을 조사할 장비들을 탑재하였다. 또 텔레비전 카메라가 두 대씩 실려 있었다.

매리너 6호는 1969년 7월 31일에, 매리너 7호는 8월 4일에 화성까지 날아갔다. 매리너 6호는 75장의 사진을, 매리너 7호는 126장의 사진을 찍어서 지구로 전송했다. 화성의 극관얼음(polar ice cap, 화성의 양극에서 얼음으로 덮여 하얗게 빛나는 부분)을 찍은 사진들이었다. 또 화

팔각형 모양의 매리너 9호는 유리섬유, 알루미늄, 마그네슘으로 만들어졌다. 이 우주선은 지구를 궤도 비행하는 동안 800와트, 화성 궤도 비행 중 500와트의 자체 동력을 생산하는 태양 전지판들을 갖추었다.

매리너 10호는 1975년 3월 24일 연료가 바닥난 후 작동을 멈추었다. 이 탐사선은 2010년까지 또 다른 우주선이 찾아가지 않을 수성에 아주 힘겹게 당도하였다.

성의 작은 두 위성 중 하나인 포보스를 찍은 사진들도 있었다. 이 추가된 사진들은 화성이 춥고 황량하고 생명체 없는 세계라는 매리너 4호의 결론을 확증시켜 주었다. 두 비행에 소요된 총 비용은 1억 4,800만 달러였다.

다른 행성을 궤도 비행한 첫 인공물체, 매리너 9호

1971년 5월에 있은 새로운 화성 탐사 시도에서, 상단 로켓인 센토어 로켓의 고장으로 매리너 8호가 바다로 떨어졌다(재미있는 점은 NASA가 매리너 8호의 이름을 해양 탐사선으로 고쳐 부르자고 제안했다는 것이다). 우리의 행운은 그해 5월 30일 매리너 9호를 성공적으로 발사했을 때 찾아왔다. 이번에는 모든 일이 제대로 진행되어 매리너 9호는 다른 행성 주위의 궤도에 진입한 최초의 인공물체가 되었다. 1971년 11월 13일, 매리너 9호는 화성 궤도에 진입하여 화성 표면의 사진을 찍기 시작했고, 적외선, 자외선 장비로 화성의 대기를 분석했다.

매리너 9호가 도착할 때쯤 화성의 기상 상태는 매우 나빴고, 엄청난 먼지 폭풍으로 인해 표면의 대부분이 보이지 않았다. 소련의 두 착륙선은 이 먼지 폭풍 속을 뚫고 내려가다가 파괴되었다. 매리너 9호는 날씨가 맑아질 때까지 기다리기로 했다. 먼지 폭풍이 몰아치는 동안 매리너 9호는 놀라운 발견을 했다. 먼지 구름이 수 마일 높이로 뒤덮였지만 매리너 9호는 그 구름 위로 솟아오른 한 산을 관측했다. 화산으로 판명된 그 산은 그 때부터 올림포스 산이라고 명명되었다. 이 산은 화성에서 가장 높은 산이자 태양계에서 알려진 가장 큰 화산으로 29킬로미터 높이로 솟아 있고 바닥 폭이 600킬로미터나 되어 애리조나 주 면적과 맞먹는다.

폭풍이 잠잠해지기까지 두어 달이 걸렸다. 지구로 전송된 사진들은 기대치를 훨씬 뛰어넘었다. 매리너 9호는 화성 표면의 100퍼센트를 지도로 작성했고, 화성의 두 달인 포보스와 디모스의 선명한 사진을 찍었다. 매리너 9호는 349일 동안 지도 작성을 계속하였고 소멸될 때까지 7,329장의 영상을 지구로 전송했다.

최초 기록의 산실 매리너 10호, 태양을 향해 가다

아틀라스-센토어 로켓 위에 실려 1973년 11월 3일에 발사된 매리너 10호는 '최초' 기록의 목표들을 세울 운명이었다. 매리너 10호가 최초로 세운 기록들을 살펴보자.

- 다른 두 행성까지 비행한 우주선
- 한 행성의 인력을 이용해 다른 행성에 도달한 비행
- 오늘날까지 수성의 근접 사진을 촬영한 유일한 비행

매리너 10호는 1974년 2월 5일 금성까지 비행했고, 다시 1974년 3월 29일, 1974년 9월 21일, 1975년 3월 16일에 수성을 세 번 통과했다.

매리너 10호가 사진을 찍어 보내 줄 때까지(금성에 관한 사진을 4,000장 이상 찍었다) 과학자들은 금성의 정확한 모양이 어떤지조차 몰랐다가 거의 원형임을 알게 되었다. 이 사진들은 또한 금성을 뒤덮은 뜨거운 구름층들의 전체적인 움직임을 보여 주었다.

매리너 10호는 수성에 754킬로미터 이내로 접근하여 태양과 가장 가까운 이 행성의 근접 사진들을 찍었다. 이 사진들은 수성도 달처럼 심하게 패여 있음을 보여 주었다. 매리너 10호는 또한 커다란 금속성 핵뿐 아니라 주로 헬륨으로 구성된 대기의 가장 미약한 성분도 찾아냈다.

수성을 근접 통과한 후에 매리너 10호는 태양 궤도에서 수성까지 두 번 더 접근했다. 두 번째 접근 비행에서 수성의 남극뿐 아니라 다시 양지쪽 사진도 찍었다. 세 번째 접근 비행에서 수성의 자기장을 측정하였고 수성의 입자들에 관한 자료를 수집하였다.

레인저 _ 달에서의 생중계

레인저(Ranger) 계획은 제트추진 연구소에서 담당했다. 이 아이디어는 텔레비전 카메라를 탑재한 탐사선을 달에 발사하는 것이었다. 우주선은 달 표면의 사진들을 찍어 지구로 전송하고 달에 충돌하게 되어 있었다. 끝나지 않을 것 같은 실패를 거듭한 끝에 레인저는 마침내 계획했던 일을 해냈다.

1961년에 발사된 첫 번째 레인저 1호와 2호 비행은 아제나 제2단 로켓이 점화되지 않아 지구 궤도를 벗어나는 데 실패하였다. 1962년 1월에 달을 향했던 레인저 3호는 지구 궤도를 벗어났지만 우주선의 주 유도 장치가 고장 나서 표적을 놓쳤다. 탐사선이 3만 2,000킬로미터쯤에서 달을 놓쳤을 때, NASA의 기술자들은 원격 조종을 통해 레인저 호에 탑재한 엔진을 점화시켜 중간 궤도 수정에 성공했다. 하지만 달 표면과 충돌할 만큼 접근하지 못한 상태에서 탑재한 컴퓨터가 작동을 멈추어 사진을 찍거나 전송할 수 없었다. 레인저 4호는 아틀라스-아제나 로켓이 달로 가는 항로에 올려놓아 처음에는 성공할 것으로 기대되었다. 하지만 결국 이 탐사선도 기대에 어긋났다. 탑재한 타이머가 고장나서 태양 전지판들과 무선 안테나를 펼치지 못했던 것이다. 동력이 고갈되고 통신 두절 상태로 레이저 4호는 달의 뒷면과 충돌하여 NASA

의 계획을 무산시켰다. 레인저 5호는 1962년 10월에 발사되었는데 탑재 장비에서 누전을 일으켜서 달을 지나쳐 태양 궤도로 가 버렸다. 레인저 5호의 실패에 따라 우주선은 재설계되었다. 1964년 1월에 발사된 레인저 6호는 기존보다 단순하지만 신뢰할 수 있는 우주선이었다. 레인저 6호는 완벽하게 발사되어 중간 궤도 수정을 완벽하게 실행했고 예정한 대로 달의 고요의 바다에 충돌하였다. 단지 한 가지 문제가 있었다면, TV카메라들이 작동하지 않아 단 한 장의 영상도 전송하지 못하고 달 표면과 충돌해 버린 것이다.

그러다가 레인저 7호 비행에서 마침내 성공하였다. 1964년 7월에 발사된 레인저 7호는 달의 '구름의 바다(Nubium sector)'에 충돌하는 순간까지 달 사진 4,316장을 찍어 지구로 전송하는 데 성공했다. 1965년 초에 레인저의 발사가 두 번 더 있었고 모두 성공했다. 마지막 레인저호는 미국 텔레비전 방송사들에게 직접 사진들을 전송하여 「달에서의 생중계」란 타이틀로 TV에 방영하기도 했다. 레인저의 기나긴 일련의 실패를 통해 우주선 엔지니어들은 소중한 경험을 얻었고, 우리는 처음으로 달 표면을 세밀히 관찰할 수 있었다.

루너오비터의 역사
- 루너오비터 1호 : 1966년 8월 10일 발사, 1966년 8월 18~29일 달 사진 촬영.
- 루너오비터 2호 : 1966년 11월 6일 발사, 1966년 11월 18~25일 달 사진 촬영
- 루너오비터 3호 : 1967년 2월 5일 발사, 1967년 2월 15~23일 달 사진 촬영
- 루너오비터 4호 : 1967년 4월 4일 발사, 1967년 5월 11~26일 달 사진 촬영
- 루너오비터 5호 : 1967년 8월 1일 발사, 1967년 8월 6~18일 달 사진 촬영

루너오비터와 서베이어

1966년과 1967년 동안 루너오비터(Lunar Orbiter)로 알려진 우주선 다섯 대가 사진 정찰을 위해 달로 보내졌다. 이 계획의 첫째 목적은 다가올 아폴로 비행을 위해 안전하고 흥미로운 착륙 장소를 선정하는 것이다. 다섯 대의 우주선은 모두 계획한 대로 비행하여 달 표면의 99퍼센트의 사진 촬영에 성공했다.

루너오비터들은 이중렌즈 카메라, 필름 현상기, 필름 취급 장치, 판

제트추진 연구소에서 바이킹 궤도선들을 제작했다. 한편 NASA의 랭글리 연구센터에서 바이킹 착륙선들을 담당했고 전 계획을 감독했다.

캘리포니아 대학의 세포 및 신경생물학과 부교수 조세프 밀러 박사는 1976년 바이킹 착륙선이 수집한 정보를 해석해 보니, 오래전에는 화성에 생명체가 존재했을 것이라는 결론이 나온다고 주장한다. 그러나 대부분의 과학자들은 착륙선이 자료를 만들어 전송한 과정이 생물학적이기보다는 화학적이었다고 결론지으며 밀러 박사의 연구 결과에 동의하지 않았다. 하지만 이 생물학 결과에 관한 논의는 여전히 활발하며, 바이킹 궤도선이 찍은 이미지들은 아직도 최신 세대의 화성 탐사선들의 착륙 장소를 선정하는 데 이용되고 있다. NASA는 훌륭한 자료를 절대 버리지 않는다. 사실 25년 전 수집한 이 정보는 여전히 훌륭한 과학적 토론 주제로 다가온다.

독 스캐너로 구성된 영상 시스템을 갖추었다. 코로나 지구 궤도 비행 정찰위성들처럼, 루너오비터들은 이미지들을 담은 필름을 선상에서 현상 처리하였다. 그리고 필름을 스캔하고 이미지들을 지구로 팩스 전송하였다.

1966년과 1968년 사이에 진행된 서베이어(Surveyor) 계획에서 미국 최초로 우주선이 달에 착륙하였다. 서베이어 계획의 주된 목적은 달에 연착륙하여 표면의 근접 이미지들을 찍고, 지형이 유인 착륙에 안전한지 확인하는 것이었다. 각 서베이어호마다 텔레비전 카메라를 탑재했다. 그에 더해 서베이어 3호와 7호는 도랑을 파고 달의 토양을 시험할 작은 삽을 가져갔다. 또한 몇몇 서베이어호는 달 토양에 존재하는 화학 원소들을 측정하는 능력을 갖추었다. 서베이어는 7호까지 있었는데, 다섯 대는 훌륭하게 임무를 수행했다. 서베이어 2호는 달과 충돌하였고, 서베이어 4호는 달에 착륙하기 2분 30초 전에 무선 교신이 두절되었다. 다른 서베이어 호들은 모두 달에 연착륙하여 황량한 달 환경을 자세히 살펴보았다. 수천 장의 이미지와 수천 건의 과학적 자료가 지구로 전송되어, NASA는 아폴로 착륙선이 안전하게 달에 착륙하고 다시 지구로 돌아올 수 있다고 결론 내리게 되었다.

바이킹 _ 화성 표면 탐사

아폴로 달 착륙에 성공하고 몇 년 후, 미국은 화성 표면에 로봇 탐사선을 착륙시키려는 목표를 세웠다. 매리너 화성 탐사선의 계승자는 바이킹이었다. 10억 달러에 약간 못 미치는 비용으로 NASA는 로봇 우주선 두 대를 화성에 착륙시켰고, 또 다른 두 대를 화성 주위의 궤도에 진입시켰다. 두 번의 이 쌍둥이 비행을 통해 화성 표면의 놀랄 만큼 선명

바이킹 2호에서 본 화성의 바위투성이 풍경

한 지도가 작성되었고 또 다른 세계의 생명체 탐사가 시작되었다.

화성으로 보내진 우주선의 무게는 4톤 남짓이었다. 바이킹 1호가 1975년 8월 20일 케네디 우주센터에서 발사되었다. 바이킹 2호는 3주 후에 발사되었다. 화성 궤도에서 안전한 착륙 장소를 정찰한 후에 바이킹 1호는 1975년 7월 20일에 크리세 평원이라 불리는 지역에 착륙하였고 바이킹 2호도 화성의 다른 쪽 면인 유토피아 평원에 착륙했다. 화성의 황량하고 붉은 풍경의 사진을 전송하였지만 바이킹 2호 착륙선의 가장 중요한 목표는 화성에서 생명체의 증거를 찾는 것이었다. 탑재한 기기들의 애타는 탐색과 생물학적 실험에도 불구하고 화성에 생명체가 존재한다는 증거는 없다고 밝혀졌다.

보이저(Voyager)

쌍둥이 우주선인 NASA의 보이저 1호와 보이저 2호가 1977년 여름 두 달 간격으로 플로리다 주 케이프 커내버럴에서 발사되었다. 원래 계획대로 두 보이저 탐사선은 목성과 토성, 토성의 고리, 두 행성의 큰 위성들에 관한 근접 조사를 실행하였다.

두 행성 비행의 목적을 달성하기 위해 우주선은 5년 이상을 지탱하도록 제작되었다. 하지만 모든 목적들을 성공적으로 달성하고 나자, 캘리포니아 패서디나의 제트추진 연구소의 보이저 미션 담당 과학자들과 엔지니어들에게 태양계 가장 바깥의 두 거대한 행성인 천왕성과 해왕성의 추가적인 플라이바이가 실현 가능한 매력적인 일로 다가왔다. 태양계를 가로질러 날아가는 동안 두 보이저호는 원격조종 재프로그래밍을 이용해 지구를 떠났을 때 가졌던 것보다 더 큰 능력을 부여받았다. 그래서 보이저호들의 두 행성 임무는 네 행성 임무가 되었다. 두 보이저호의 수명은 5년에서 12년 이상으로 연장되었다.

보이저호 비행은 최소한의 추진제와 여행 시간으로 네 행성 여행을 가능케 하는, 1970년대 말과 1980년대 외행성들의 드문 기하학적 배열을 이용하도록 계획되었다. 175년마다 일어나는 목성, 토성, 천왕성, 해왕성의 이런 배열은 우주선이 대형 추진 장치들을 탑재할 필요 없이 한 행성에서 다음 행성으로 방향을 전환하는 특별한 비행경로를 갖게 해 준다. 각 행성의 플라이바이는 우주선의 비행 경로를 돌리고 다음 목적지에 도달하기에 충분한 속도로 증가시킨다. 이런 '중력의 도움' 기법은 1973~74년의 NASA의 매리너 10호 금성-수성 미션에서 처음으로 시도되었다. 이 기법을 사용하여 해왕성으로의 비행시간이 30년에서 12년으로 줄었다.

최종적으로 보이저 1호와 2호는 우리 태양계의 거대한 외행성 전부와 위성 48개, 그리고 행성들이 가진 독특한 고리들과 자기장을 탐사했다. 두 보이저호의 비행이 목성과 토성 플라이바이만으로 끝났더라도 천문학 교과서들을 다시 써야 할 정도의 자료들을 제공했을 것이다. 그런데 기존의 여정을 배가하여 두 보이저호는 행성 천문학에 대변혁을 일으킨 정보를 여러 해에 걸쳐 지구에 보내왔다. 이 정보는 우리 태양계 행성들의 기원과 진화에 관해 새로운 사실들을 제기하여 핵심 의문들을 푸는 데 기여했다.

간/추/리/기

- 매리너 4호는 처음으로 화성의 근접 사진을 찍었다.
- 매리너 비행에서 화성과 금성 간의 초기 정찰을 수행했다.
- 매리너 10호는 수성을 방문하여 사진을 찍은 유일한 우주선이다.
- 레인저 7호는 달에 충돌하기 직전에 근접 텔레비전 영상을 처음으로 생중계 전송하였다.
- 바이킹 착륙선들은 화성에 연착륙하여 수천 장의 사진과 수천 건의 기상 자료를 전송하였지만, 생명체의 징후를 발견하지는 못했다.

4부

달 산책

이제 12명의 미국인이 달 위를 걷고 또 다른 12명의 미국인이 달을 선회했던 아폴로 이야기를 할 차례다.

앞으로 수천 년이 지나도 이 업적은 20세기의 가장 잊지 못할 사건이 되리라 믿는다. 그럼에도 불구하고 아폴로 계획은 나쁜 출발을 피할 수 없었다. 세 명의 우주비행사를 숨지게 한 아폴로 1호 화재의 비극을 시작으로, 아폴로 계획이 비극을 딛고 일어서서 케네디 대통령이 8년 전에 설정한 최종시한을 지켜 낸 과정을 설명할 것이다.

인간을 달나라로 비행시키기 위해 NASA가 개발한 하드웨어를 훑어본 후에 각 아폴로 미션을 하나하나 살펴본다. 이어서 아폴로 11호에 타고 인류 최초로 달나라에 착륙한 닐 암스트롱, 버즈 올드린, 마이클 콜린즈에 관해 알아보기로 하자.

18장

초기 아폴로 미션

레인저, 서베이어, 루너오비터 같은 탐사선들은 인간의 안전한 착륙 장소를 찾기 위해 달을 정찰했다. 제미니 승무원들은 달 표면에 착륙하고 이륙하는 데 필요한 기술들을 연습했다. 이 단계까지는 케네디 대통령이 소련에 도전해 세운 달 착륙 계획인 아폴로를 위한 준비였다. 이제 NASA는 달에 갔다가 돌아올 방법을 선택해야 했다.

선택

미국이 우주 공간에 인간을 올려놓았다가 살아서 돌아오게 하려고 애쓰고 있는 때에, 벌써 과학자들과 엔지니어들은 인간을 달에 보냈다가 돌아오게 하는 최상의 방법을 놓고 논란을 벌였다. 세 가지 의견이 전개되었다. 그것은 직접 비상, 지구 궤도 랑데부, 달 궤도 랑데부의 방법이었다.

1. 직접 비상

케네디의 최종시한에 맞추기 위해 NASA는 처음에는, 지구에서 달로 곧장 우주선을 발사하여 착륙한 뒤 달을 출발하여 지구로 귀환하는 계획을 세웠다.

직접 비상이라 불렸던 이 방법은 두 가지의 중대한 결점을 안고 있었다. 그것은 지금까지 개발된 그 어떤 것보다 더 큰 로켓이 필요한 점과 우주비행사들은 지구로 귀환하기 위해 충분히 큰 로켓을 타고 달에 착륙해야 하는 점이다.

큰 아틀라스 로켓을 조종하여 발사대로 내려앉는다고 상상해 보라. 불안에 떨 엔지니어들이 많을 것이다.

2. 지구 궤도 랑데부

한 가지 대안은 두 비행체, 즉 유인 우주선과 연료를 가득 채운 로켓을 지구 궤도로 발사하는 것이다. 유인 우주선이 지구 궤도에 진입하여, 먼저 별도로 발사되어 지구 궤도에서 기다리고 있는 달 로켓과 랑데부하고 도킹한다. 그런 다음 이 두 로켓을 이용해 달에 갔다가 돌아오는 것이다. 이 방법을 지구 궤도 랑데부라 했는데, 달 탐험에 상당한 영향력을 가진 베르너 폰 브라운도 이 방법을 지지하였다.

3. 달 궤도 랑데부

하지만 1962년 존 후볼트(John Houbolt)란 이름의 NASA 엔지니어가 시간과 돈을 절약해 줄 수 있는 소설 같은 방식을 제안했다. 그는 우주선을 달 궤도에 보낸 다음 소형 착륙선을 우주선에서 분리시켜 달 표면에 착륙시키고자 했다. 그리고 착륙선은 달을 이륙한 후에 달 궤도상에서 모선과 다시 도킹하고 모선을 타고 지구로 돌아온다는 계획이었다. 이 방법을 달 궤도 랑데부라 불렀다.

1962년 중반까지 온갖 찬반 양론을 거친 후에 폰 브라운마저 달 궤도 랑데부쪽으로 기울었다. 결국 분리할 수 있는 착륙선을 가지고 달 궤도에 접근한다는 방식이 대세가 되었다. 착륙선만 달에 하강하는 게 핵심이다. 달의 약한 중력 때문에 '달 착륙선'은 달에 착륙했다가 달 궤도로 다시 돌아오는 데 많은 연료가 필요 없었고, 그래서 아주 작게 만들 수 있었다. 이것은 아폴로 우주선을 폰 브라운 팀에 의해 이미 개발된 새턴V형 로켓만으로 달을 향해 발사할 수 있다는 의미였다. 달 궤도 랑데부 방식은 케네디의 목표를 충족시키는 열쇠가 되었다.

아폴로 1호 _ 34번 발사대의 참사

1967년 1월 초 NASA는 제미니 계획을 성공적으로 끝내고 아폴로 계획으로 이동할 준비를 했다. 첫 단계는 '모선(mother ship)'인 아폴로 사령선과 기계선의 테스트였다. 1967년 1월 27일, AS-204의 준비로 첫 유인 아폴로 비행(미국 최초의 3인승 우주선 비행) 발사팀들은 이륙 바로 전에 시작해서 비행하는 몇 시간 동안 수행할 모의 카운트다운을 계획하였다.

머큐리 계획과 제미니 계획의 베테랑 버질 I. 거스 그리솜, 미국 최초의 우주유영자 에드워드 H. 화이트 2세, 신참 로저 B. 채피로 이루어진 우주비행사들이 케이프에서의 이 테스트에 참여했고, 케네디 우주센터와 휴스턴의 관제사들이 그들의 역량을 시험했다.

이 총연습 동안 우주비행사들은 우주복을 착용하고 새턴IB 로켓 위의 아폴로 캡슐 안에 있었다. 로켓의 탱크에 연료는 없었지만, 가능한 한 궤도 비행 상황에 가깝게 맞추었고 우주비행사들은 순수 산소로 호

로저 B. 채피(Roger B. Chaffee)
해군 소령 로저 B. 채피는 1935년 미시건 주 그랜드 래피즈에서 태어났다. 1957년 퍼듀 대학에서 항공공학으로 학사 학위를 받았고, 같은 해 해군에 입대해 플로리다 주 잭슨빌에 있는 해군 항공기지의 62사진 비행대대에서 안전장교와 품질통제 장교로 일했다. 1963년 1월 오하이오 주 라이트 패터슨 공군기지의 공군 기술 연구소에 들어가 신뢰성 공학 석사과정을 밟았다. 제트기 2,000시간을 포함하여 2,300시간이 넘는 비행시간을 기록했으며 1963년 NASA에 의해 3기 우주비행사 그룹의 일원으로 선발되었다. 채피는 모든 우주비행사가 거치는 훈련 프로그램에 아폴로 계획을 위한 자세 및 병진 제어 시스템, 계기사용 시스템, 통신 시스템 등이 추가된 과정을 이수했다. 1966년 3월 21일, AS-204로 명명된 첫 아폴로 비행에 선발되었다.

아폴로 1호의 승무원. 왼쪽에서 오른쪽으로 버질 I. 거스 그리솜, 에드워드 H. 화이트 2세, 로저 B. 채피. 이들은 1967년 2월 27일 아폴로 사령선의 테스트 중에 일어난 화재 사고로 목숨을 잃었다.

흡하고 있었다. 오후 1시 세 우주비행사는 캡슐 안으로 들어갔다.

악취

세 승무원이 안으로 들어가고 해치들을 단단히 닫자 곧 한 가지 문제가 발생했다. 거스 그리솜은 상한 버터우유에서 나는 듯한 악취를 맡았다. 그리솜의 공기공급 장치에서 악취 표본을 소량 채취하고 약간의 토론이 있은 후에 이 테스트는 계속하도록 결정되었다.

다음에 캡슐 안으로 유입되는 산소의 수치가 높다는 경보가 울렸다. 이 경보는 거의 주의를 기울이기도 전에 사라졌다. 다시 한 번 토론이 있었고 테스트는 계속되었다. 캡슐 안은 우주 공간에 올라갔을 때처럼 순수 산소로 채워져 있었는데, 산소의 압력은 외부의 해면기압보다 0.13기압 높은 상태였다. 순수한 산소 대기는 인화 물질로 알려졌지만, 연료 없는 로켓 위에서 실시하는 이번 테스트는 상대적으로 안전하다고 생각되었다. 기술자들은 순수 산소가 선실 내부의 고압과 결합할

지도 모른다는 위험을 간과했던 것이다.

화이트 룸(white room)은 우주선 옆에 설치한 공중탑(Gantry)에 붙은 작은 격실로, 우주비행사들이 우주선에 들어가는 승강구 구실을 한다.

통신 문제

예기치 않은 문제들이 더 생겼다. 우주선과 관제소 간의 통신 시스템이 작동하지 않았다. 나중에 발사대에서도 통신 문제가 발생했다. 계기가 약간 깜박거리고 난 후에 발사 관제소는 세 우주비행사의 음성을 들을 수 있었고, 그래서 테스트는 계속되었다. 그러나 통신 문제로 모의 카운트다운은 50분간 지연되었다.

통신 불량은 우주비행에서 흔한 일이었다. 그래서 초기 비행의 관제사들은 우주비행사들의 전송 내용이 종종 이해하기 어렵다는 점을 알고 있었다. 우주비행사들이 약 240킬로미터 떨어진 궤도상에 있든 화이트 룸의 요원들과 1.8미터 떨어져 있든 그 점은 마찬가지였다. 통신 시스템을 조정하기 위한 지연이 오후 5시 40분에서 6시 31분까지 지속되었다.

"조종실에 불이 났다!"

그때 지상의 계기들이 우주선 안의 산소 수치가 높아졌음을 나타냈다. 그 수치를 읽은 지 4초 후에 비극의 끔찍한 첫 징조가 뒤따랐다. 우주비행사 한 사람이 말했다. "불이 났나? 타는 냄새가 나는데."

그리고 그 소리를 들은 지 2초 만에 더 다급한 소리를 들었다. "조종실에 불이 났어!"

텔레비전 모니터를 통해 우주선 내부를 보고 있던 엔지니어들과 기술자들은 활활 타오르는 선명한 불길과 시야를 가리는 짙은 연기를 공포에 질린 채 지켜보았다.

일단 해치가 닫힌 우주선에서 신속하게 밖으로 나오거나 안으로 들어갈 방법은 없었다. 긴급 해치 개방을 90초 만에 하도록 설정되어 있었지만, 실제로 시운전에서 그 시간 내에 해치 개방이 된 적은 한 번도 없었다. 안에 있는 톱니바퀴형 빗장들이 탈출을 막았다. 첫 번째 빗장이 채피의 의자 뒤에 있었다. 그리솜이 채피의 의자 머리받이를 젖혀 주자 화이트는 연기에 취한 채 첫 번째 빗장을 한바퀴 돌렸다.

구조 지연

우주선 밖 화이트 룸의 구조요원들이 안으로 들어가려고 애쓰고 있는 동안, 우주선은 내부의 뜨거운 열기로 파열되었고, 화이트 룸도 열기와 연기로 가득 찼다. 첫 경보가 울리고 5분 30초가 지나 구조팀은 가까스로 달아오른 해치를 열었다. 소방관들이 도착했고 뒤이어 3분 후 의료진이 달려왔지만 세 우주비행사가 사망했다는 공식 발표 말고는 할 일이 없었다.

아폴로 1호 우주비행사 세 명 모두 화재로 중화상을 입었던 것이 사실이지만, 그것만이 죽음을 가져온 요인은 아니었다. 그들은 화재보다는 불타는 캡슐 안을 가득 채운 유독가스를 흡입하여 숨졌다. 사인은 질식이었다.

아폴로 1호 승무원들의 사망사고는 NASA를 밑바닥까지 뒤흔들어 놓았다. 거의 20년이 지난 1986년에 챌린저호 폭발사고가 났을 때 NASA는 다시 아주 암울한 날들을 맞게 되었다. 이제 케네디의 최종시한을 지키는 것은 어려워 보였다.

사고 조사

이 비극적 사고 발생 후, NASA 랭글리 연구소 소장인 플로이드 L.

톰슨 박사의 지휘 아래 7인 위원회가 화재 사고에 대한 포괄적인 조사를 진행하였다. 7인 위원회는 1967년 4월에 발표한 보고서에서, 시험하는 동안 우주선 내부 공기에 인화 성분이 있음을 지적하고, 주 설계의 변경과 공학적 개량의 특별 권고안을 내놓았다. 시험 계획, 시험 훈련 규칙, 제조 과정 및 절차, 품질 통제 등이 모두 개선되었다. 사령선, 기계선, 달 착륙선의 안전성도 보다 향상되었다.

우주비행사로서 자신이 처해 있던 위험에 관해 거스 그리솜은 이렇게 말했다. "우리가 죽는다 하더라도 그 사실을 받아들이기 바랍니다. 우리는 위험한 일에 종사하고 있습니다. 그래서 우리에게 어떤 일이 일어나더라도 그 때문에 이 계획이 지연되지 않기를 바랍니다. 우주 정복은 목숨을 걸어 볼 만한 일입니다."

사고조사 위원회는 가압된 산소 대기, 사령선 내부에 있던 가연물의 양과 위치, 신속히 탈출할 수 있는 비상구가 없었기 때문에 화재 당시의 상황들이 '지극히 위험했다'고 지적했다.

아폴로 1호에 신속히 열리는 탈출 해치를 갖추지 않았던 이유가 거스 그리솜이 그것의 설치를 반대하였기 때문이었다는 것은 정말 아이러니였다. 탈출 해치가 갑자기 날아가 버려 머큐리 캡슐이 침몰했던 사실을 그리솜은 상기했던 것이다(11장 '유리 가가린, 앨런 셰퍼드, 머큐리 계획' 참조). 그리솜은 그런 일이 재발하지 않기를 바랐다. 그래서 아폴로 우주선을 설계하면서 해치에 폭발 볼트를 설치하지 않았고, 결과적으로 그 이유가 자신과 동료 승무원들의 목숨을 앗아 가게 만들었다.

이 아폴로 비행은 원래 AS(아폴로-새턴)-204로 알려졌다가 비극적인 사건이 있은 후에 아폴로 1호로 이름을 바꾸었다.

보고서에서는 또한 구조요원들이 긴급 상황에 대처하기 위해 현장 가까이에 있어야 한다고 지적했다. 소방요원과 구조요원은 화재가 발생했을 때 우주선 밖의 '화이트 룸'에 있지 않았다. 사고조사 위원회는 화재가 발생하여 구조요원들이 캡슐의 해치들을 전부 제거했을 때까지 5분이 경과했다는 사실을 발견했다. 화재 발생 후 첫 소방요원들은 8, 9분이 지나서야 도착했고, 첫 의료요원들은 12분이 지나서야 도착했다. 비록 해치를 열어도 승무원들의 목숨을 구할 방법은 없다는 데 모두가 동의했지만 말이다. NASA는 늘 우주비행사들을 순수한 산소가 100퍼센트 채워진 환경(이 환경에서 생명유지 장치의 무게가 가벼워진다)에서 비행을 시켜 왔지만 이제 이런 비행은 바뀌게 되었다. 엔지니어들은 복잡하고 느린 해치 개방 장치를 비행사들이 10초 안에 열고 탈출할 수 있게 새로 설계한 장치로 바꾸었다.

폰 브라운의 새턴 V형 로켓의 전신인 새턴IB 로켓은, 달에 가지 않지만 지구궤도에 머무는 유인 아폴로 비행에 주로 사용되었다. 새턴IB 로켓은 1968년 10월 11일 첫 유인 아폴로 비행을 하는 아폴로 7호를 발사시켰다. 새턴IB 로켓은 아폴로 계획에 이어 1973년에 인간을 스카이랩(Skylab) 우주정거장에 보내는 데 세 차례 사용되었다. 그리고 1975년 아폴로-소유스 시험 계획에서 미국 승무원들을 우주로 올려 보내는 데 사용되었다. 아폴로 비행에 사용했던 새턴IB 로켓의 길이는 68미터였다. 제1단 로켓은 구레드스톤 로켓에서 떼어 낸 연료 탱크들을 사용하여 이륙 시 추력 72.5톤을 냈다.

아폴로 7호 _ 미국 최초의 3인승 우주선

아폴로 2호나 3호로 붙여진 비행은 없었다. 아폴로 4호, 5호, 6호는 새턴V형 로켓을 시험하기 위한 무인 비행이었다. 그래서 첫 유인 아폴로 비행이 된 것은 아폴로 7호였다. 아폴로 7호는 케이프 커내버럴의 제 34발사대(아폴로 1호의 화재 현장)에서 발사된 유일한 아폴로 우주선이었다. 새턴IB 로켓에 실려 발사된 아폴로 7호의 비행은 1968년 10월에 진행되었다. 나머지 아폴로 달 비행에는 모두 새턴V형 로켓을 이용했다. 그러나 스카이랩 비행(23장 '스카이랩과 우주 데탕트' 참조)에서 아폴로 우주선들은 다시 새턴IB 로켓에 실려 발사되었다.

승무원은 머큐리 계획과 제미니 계획의 베테랑인 선장 월리 쉬라, 사령선 조종사 돈 F. 아이셀, 달 착륙선 조종사 월터 커닝엄이었다(이 비행에서는 달 착륙선을 가져가지 않았다).

돈 F. 아이셀(Donn F. Eisele) 1930년 7월 23일 오하이오 주 콜럼버스에서 태어났다. 미국 해군사관학교를 졸업한 후 공군을 택해 캘리포니아 주 에드워드 공군기지의 공군 항공우주 연구 조종사 학교를 졸업했다. 뉴멕시코 주 커트랜드 공군기지의 공군 특수무기 사령부에서 프로젝트 엔지니어와 시험비행 조종사로 일했고, 1963년 10월 NASA에 의해 3기 우주비행사 그룹의 일원으로 선발되었다. 1972

비극이 가져온 변화들

아폴로 1호 화재 사고 후 20개월이 흐르면서, 이 비극 때문에 우주선에 많은 구조를 변경하였다. 이륙 직전과 초기 비행 동안의 화재 발생 위험을 줄이기 위해, 사령선 선실의 대기는 질소 40퍼센트, 산소 60퍼센트로 구성되었다. 우주비행사들이 우주에 도달한 후 선실의 대기에 순수 산소를 점차적으로 증가시켰다.

또한 처음으로 소화기가 우주선의 비상용 장비에 포함되었다. 다른 새로운 탑재 장비로는 응급 산소마스크, 우주비행사들이 텔레비전 영상을 생중계로 지구에 전송할 수 있는 TV카메라가 있었다.

년 7월 아이셀 대령은 공군에서 퇴역하고 우주계획에서 물러나 태국의 미국 평화봉사단 단장이 되었다. 태국에서 돌아온 후에는 개인 사업을 시작하였다.

첫 TV생중계

NASA의 홍보 부서는 아폴로 7호의 비행 동안 약간 지나친 일을 벌였는데, 그 결과 우주 공간에서 최초의 반란이 일어났다. 아폴로 7호의 비행 계획은 달 착륙선과 관련된 것을 빼고 달 착륙에 필요한 모든 단계를 연습하는 것이었다.

월터 커닝엄(Walter Cunningham) 1924년 3월 16일 아이오와주 크레스턴에서 태어났다. UCLA대학에서 물리학으로 학사 학위와 석사 학위를 받은 후 1951년 해군에 입대해 1952년에 비행 훈련을 시작했다. 1953년 해병 비행대대에 합류하여 1956년 8월까지 현역으로 근무했다. NASA에 합류하기에 앞서 랜드사에서 과학자로 일했고, 랜드사에 있는 동안 비밀 방위 연구와 지구 자기장 문제에 관한 일을 했다. 1963년 10월 NASA에 의해 3기 우주비행사 그룹의 일원으로 선발되었다. 커닝엄은 1971년에 NASA를 그만두고 개인 사업을 시작했다.

그에 덧붙여 이 비행은 우주 공간에서의 첫 텔레비전 생중계를 특징으로 했다. NASA는 가능한 한 아폴로 7호 비행의 많은 것을 사람들에게 보여 주기를 원했다.

선장 월리 쉬라는 TV 중계로 인해 승무원들의 임무 수행이 필요 이상으로 많은 지장을 받았기 때문에 '수행'의 압박감을 느꼈다. 비행 과정에서 받는 승무원들의 압박감에 민감해진 쉬라는 어느 순간 넌더리를 내며 카메라를 켜 놓는 것을 거부해 버렸다.

아폴로 7호 비행의 가장 중요한 임무는 기계선의 추진 장치 엔진을 시험하는 것이었다. 달 궤도에서 돌아오는 데 필수적인 이 대형 엔진은 켜졌다 꺼졌다 하면서 장시간 연소와 단시간 연소를 하게 되어 있었다. 이 엔진이 우주선을 달 궤도에 진입시키고 탈출시키는, 그리고 우주선의 궤도를 달로 향하도록 수정시키는 동력을 공급했다.

우주에서 10일 이상을 보낸 후 아폴로 7호는 1968년 10월 지구로 귀환했다. 그리고 대서양에 착수하여 USS 에섹스호에 의해 회수되었다. 다시 한 번, 쉬라는 비행관제소와 불편한 관계였음에도 완벽하고 공학적인 비행을 보여 주었다.

아폴로 8호 승무원들이 지구 궤도를 벗어나 달로 향하는 항로에 들어섰을 때, 그들은 일찍이 그 어떤 인간보다 더 빠르게 이동하고 있었다. 우주선은 시속 3만 8,987킬로미터까지 가속되었다.

아폴로 8호 _ 달에서 맞이한 크리스마스

NASA는 아폴로 8호 비행에서 달 착륙선의 유인 지구 궤도 비행시험을 할 예정이었다. 하지만 달 착륙선의 개발이 예정보다 많이 늦어졌다. 그래서 아폴로 7호 미션을 단순히 반복하는 것을 원하지 않았던 NASA는 아주 야심찬 계획을 실행하기로 하였다.

존드(Zond)라는 이름의 무인 우주선을 달 주위로 보내 시험 중이던 소련은 아폴로의 위업을 훔쳐 갈 유인 달 궤도 비행을 준비하고 있었다. 러시아인들이 1968년 늦가을 어느 때에 그 준비를 끝낼 것으로 추측되고 있었다. 이러한 기습에 맞서 NASA는 머뭇거릴 이유가 없다고 결정했다. 달 착륙선의 완성을 기다리지 않고, NASA 관리자들은 아폴로 8호를 새턴V에 실어 달 궤도로 보내라고 지시했다. 지구 궤도를 떠나 달로 가는 첫 유인 비행이었다.

아폴로 8호 비행의 주요 목표는 사령선과 기계선을 달 궤도에서 시험하는 것이었다. 아폴로 8호는 1968년 12월 21일 케네디 우주센터에서 새턴V 로켓에 실려 이륙했다. 달 착륙을 시도하지 않을 것이기 때문에 진짜 달 착륙선은 싣지 않았다. 그렇지만 새턴V 로켓의 제3단 위에 같은 무게의 짐을 실어 진짜 착륙선의 무게가 되도록 하였다. 이로써 새턴V형 로켓이 처음으로 유인 비행에 사용되었다.

제일 위에 아폴로 우주선을 실은 새턴V형 로켓의 높이는 무려 110미터에 달해, 8년 전 앨런 셰퍼드를 우주 공간에 쏘아 올린 레드스톤 로켓보다 네 배나 높았다. 새턴V형 로켓의 제1단 엔진은 이륙 시 3,402톤의 힘을 발휘했다(새턴V형 로켓에 관한 자세한 내용은 19장 '아폴로 하드웨어' 참조).

발사는 케네디 우주센터의 39A 발사대에서 이루어졌다. 이곳은 아폴로 10호(근처의 39B 발사대에서 발사)를 제외한 NASA의 모든 유인 달 비행이 시작된 장소였다. 두 발사대는 함께 '달 항구(moonport)'로 불렸다.

우주선을 지구 궤도에서 밀어내어 달 항로에 올려놓기 위해 하는, 우주선 로켓엔진의 점화를 달 이동궤도 진입(trans-lunar injection)이라고 한다.

지구 궤도를 떠난 최초의 인간들

아폴로 8호 승무원은 선장 프랭크 보어맨 대령, 사령선 조종사 제임스 A. 러벨 2세 대위, 달 착륙선 조종사 윌리엄 A. 앤더스 소령으로 구성되었다.

아폴로 8호 우주선이 처음으로 달 궤도에 진입해 달의 반대편에 있었던 20분 동안 지구와의 교신은 두절되었다. 다음과 같은 단순한 이유에서였다. 전파는 직선으로 이동하는데 우주선이 달 뒤로 돌아가자 달 자체가 전파를 차단했기 때문이다.

보어맨과 러벨은 이전에 제미니 7호를 함께 타고 14일 동안 우주 공간에 머물렀다. 앤더스는 신참 우주비행사였다. 세 우주비행사는 비행 시작 2시간 50분 만에 새턴V의 제3단 로켓을 재점화하여 지구 궤도를 벗어나 달로 향했다. 이 달로 가기 위한 로켓엔진 분사는 승무원들이 이제는 깊은 우주 공간으로 나아가고 있다는 것을 의미했다.

달 궤도

이륙 후 69시간이 좀 안 돼 아폴로 8호는 기계선의 로켓 엔진을 점화시켜 속도를 줄여서 천천히 달 궤도로 진입했다. 승무원들은 달의 반대쪽을 본 최초의 인간이 되었다(지구에서는 달의 뒤편을 볼 수 없다 : 옮긴이 주).

한편 지구에서는 비행관제소뿐만 아니라 수백만 명의 사람들이 TV를 지켜보면서 아폴로 8호가 달 뒤쪽에서 나타나기를 가슴 졸이며 기다렸다. 러벨이 마침내 "말하라, 휴스턴" 하고 교신을 보내왔을 때 휴스턴 관제사들은 크게 환호했다.

그때 러벨은 자신이 보고 있는 세계를 이렇게 묘사했다.

"달은 색이 없이 본래 회색이다. 마치 구운 석고처럼 보이며, 수많은 발자국이 새겨진 지저분한 모래사장처럼 보이기도 한다."

그 발자국들은 달 표면에 파인 자국을 내고 있는 수천 개의 크레이터(crater)였다.

우주비행사들은 처음에는 타원 궤도(달의 적도상에서 12도 기울어진 312킬로미터와 111킬로미터)로 두 바퀴 비행했다가 다시 달 표면 약 96킬로미터 상공에서 거의 완벽한 원 궤도를 그리며 비행했다. 승무원들은 사진을 찍고 지구의 지질학자들에게 눈 아래 펼쳐진 광경을 설명하느라 바빴다.

아득한 곳에서의 기도

이 비행의 가장 기념할 만한 순간은 크리스마스 이브에 찾아왔다. 전 세계의 시청자들이 우주선 창밖이 보이는 TV생중계 화면을 지켜보는 가운데 우주비행사들은 성서를 돌아가며 읽었다.

달 궤도의 아폴로 8호에서 본 지구. 앤더스가 먼저 시작했다. "지구의 모든 분들에게, 아폴로 8호의 승무원들이 보내고 싶은 메시지가 있습니다. 태초에 하느님이 하늘과 땅을 창조하셨으니……."

성서를 돌아가며 읽고 난 후 보어맨이 마무리를 했다. "아폴로 8호 승무원들로부터, 좋은 밤을 보내시길 빌면서 마칩니다. 메리 크리스마스. 하느님의 축복이 여러분 모두에게, 지구의 여러분 모두에게 함께 하기를."

나는 이 믿을 수 없는 순간을 똑똑히 기억하고 있다. 13살의 소년이었던 나는 TV화면에 펼쳐지는 황량한 달 표면에 매료되어 바라보았다. 새롭게 드러난 창조의 단면을 처음 보며 승무원들이 전하는 아름다운

성서 이야기는 완벽한 반주였다. 이에 어울리게 우주비행사들이 찍어 보낸, 달 수평선 위로 떠오르는 푸른 지구의 사진은 20세기의 가장 유명한 이미지가 되었다.

궤도를 여덟 바퀴 선회한 후에 아폴로 우주선은 다시 기계선 엔진을 점화시켜 달 궤도를 벗어나 지구로 돌아왔다. 우주비행사들은 약 20시간 동안 달 궤도 주위에 있었다.

아폴로 8호는 대기권을 시속 4만 233킬로미터로 재돌입한 후 회수선 USS 요크타운호 근처의 태평양 해상에 착수하였다. 아폴로 8호 미션은 NASA가 일찍이 시도했던 그 어떤 비행보다 완벽했다. 달 착륙 목표는 감질나게 조금씩 다가오고 있었다. 그리고 러시아와의 달 착륙 경쟁도 아직 끝난 것이 아니었다.

간/추/리/기

- 세 우주 비행사 거스 그리솜, 에드워드 화이트 2세, 로저 B. 채피는 아폴로 1호 우주선을 시험하는 동안 발생한 화재로 발사대에서 숨졌다.
- 아폴로 계획은 아폴로 1호의 비극으로 1년 반이나 지연되었다.
- 아폴로 7호는 미국 최초의 3인승 우주선이란 특징을 가졌으며, 재설계한 이 우주선은 달에 갈 준비가 되었음을 입증하였다.
- 아폴로 8호는 지구 궤도를 떠나 달 궤도로 간 최초의 유인 우주선이었다.

19장

아폴로 하드웨어

인간을 아폴로 8호에 태워 최초로 달에 보낸 로켓은 20세기 공학의 최대 걸작품이었다. 케네디 대통령이 정한 목표의 달성 여부 — 달을 향한 경쟁의 결말 — 는 베르너 폰 브라운의 거대한 새턴V 로켓에 달려 있었다. 왜 이 로켓이 필요했을까? 세 사람을 달에 보내는 일은 두 사람을 지구 궤도에 올려놓는 일보다 훨씬 많은 힘을 필요로 했다. 그리고 새로운 달 착륙선을 포함한 아폴로 우주선은 머큐리나 제미니보다 더 크고 무거웠다. 이런 요인들 때문에 NASA는 그 어떤 군사용 대륙간 탄도미사일보다 더 큰 로켓이 필요했다. 그래서 새턴V 로켓이 등장한 것이다.

이 장에서는 아폴로 우주비행사들이 달에 가는 데 사용했던 로켓과 우주선, 그리고 우리의 이웃 달나라를 방문하는 첫 유인 비행에 관해 알아볼 것이다.

새턴V형 로켓

새턴V형 로켓을 조립하는 발사체 조립 빌딩은 높이 160미터, 폭 156미터, 길이 205미터의 거대한 구조물이었다. 이 건물은 케이프 커내버럴에 허리케인(미국의 태풍)에도 견딜 수 있도록 강화 강철 벽으로 세워졌다. 완전한 형태의 새턴V형 로켓은 발사체 조립 빌딩의 맘모스 조립장 안을 꽉 채울 수 있었다. 새턴V는 길이 12미터에 높이 3미터의 레일 8개를 가진 3,000톤의 무한궤도 수송차 위에 실려 39번 발사대로 운반되었다. 이 수송차는 야구장만한 바닥에 소중한 화물을 싣고 시속 1.6킬로미터로 천천히 움직였다.

새턴(Saturn)V형 로켓(줄여서 '새턴V'라고 함)은 육군 탄도미사일 연구소의 폰 브라운 팀이 1950년대 말부터 연구하기 시작한 대형로켓 시리즈의 최종 작품이었다. 애초에 무거운 군사 위성들을 쏘아 올리는 용도로 개발된 새턴 시리즈는 육군 탄도미사일 연구소의 폰 브라운 팀이 앨라배마의 마샬 우주비행 센터의 핵심 개발과제가 되면서 NASA가 인계받았다. 새턴 로켓들은 초기 우주 경쟁에서 소련의 강력한 로켓들에 맞선 NASA의 로켓이었다.

이 로켓의 연구개발은 베르너 폰 브라운이 추력 3,402톤을 낼 수 있는 엔진 로켓 제작의 연구를 지시했던 1957년 4월에 시작되었다.

처음에 폰 브라운은 이 새로운 로켓의 이름을 슈퍼 주피터라 불렀지만 나중에 새턴으로 바뀌었다. 그때부터 새턴I형과 새턴IB형 같은 몇

새턴V형 로켓, 이 로켓을 옆으로 눕혀 놓으면 축구장보다 더 길다.

가지 새턴 모델들이 나왔고, 새턴V형은 일찍이 건조된 로켓 중에서 가장 크고 강력한 로켓이었다.

산화제(oxidizer)는 엔진의 연소실에서 급속한 연소를 하기 위해 로켓 연료와 혼합된다. 새턴V형 로켓은 액체산소를 산화제로 사용했다. 액체산소가 기체상태의 산소보다 고밀도였고, 그래서 탱크 안에 더 많이 채울 수 있기 때문이었다.

새턴V형의 로켓 3단 전부가 액체산소를 산화제로 사용했다. 제1단은 케로신(등유)으로 산소를 연소시킨 반면 위쪽 2, 3단의 연료는 액체수소였다. 새턴V형은 이륙할 때 3,515톤의 추력을 만들어 냈다.

새턴V형의 첫 비행

폰 브라운 휘하의 마샬팀은 처음에 새턴V형의 3단을 각각 시험한 후 전부 갖추어 테스트하는 방식으로 진행할 계획이었다. 이것은 레드스톤, 주피터, 초기의 새턴 로켓들을 발사하면서 경험을 쌓아 왔던 방식이었다. 하지만 치열한 달 경쟁의 와중에서 이런 접근을 시도할 시간이 없었다. NASA의 국장 조지 무엘러는 새턴V형을 "3단을 전부 갖추어 발사하라"고 지시했다. 이 도박은 크게 성공을 거두었다. 첫 새턴V형은 1967년 11월 우주 공간으로 발사되어 화려한 데뷔를 하였다. CBS TV의 월터 크롱카이트는 이 발사 장면을 생중계하면서 흥분된 목소리로 '건물 전체'가 흔들리고 있다고 전했다. 이륙의 굉음이 크롱카이트 뒤쪽의 전망창 유리를 산산조각 내 버렸다. 로켓의 눈부신 화염은 241킬로미터나 떨어진 먼 곳에서도 볼 수 있었다.

새턴V의 첫 비행은 모든 단계가 완벽하게 진행되었다. 하지만 첫 비행의 결과가 낳은 초기의 낙관주의는 그다지 오래가지 못했다. 두 번째의 새턴V 시험 발사가 다섯 달 후에 있었는데, 이번에는 제2단 로켓의 엔진 하나가 4분 30초 만에 멈췄고, 곧이어 두 번째 엔진마저 멈춰 버렸다. 나중에 궤도에서 제3단 로켓은 재점화되지 않았다.

NASA의 과학자들은 처음에는 문제점이 무엇인지 알 수 없었다. 우주공간에서 작동하지 않던 로켓 엔진들이 지상시험에서는 잘 작동하고 있었다. 이내 이것의 문제점이 밝혀졌다.

비행 시에 진동으로 고장을 일으켰던 연료 공급선들이 지상에서 시험하는 동안 얼음으로 피복되어 제 기능을 하는 걸 깨닫게 되었다. 원래의 물결형 연료 공급선을 스테인리스 강철 파이프로 교체하여 진동으로 파괴되는 문제는 해결되었다. 예산과 스케줄로 인해 새턴V의 3차 무인 비행은 실시하지 않았다. 다음 번 로켓 발사에서 세 명의 우주비행사들을 직접 탑승시킬 계획이었다.

새턴V의 높이는 110미터로 축구장보다 길었다. 연료를 가득 채운 이 로켓의 무게는 해군 구축함의 무게와 맞먹는 2,722톤이었다. 직경 10미터의 제1단 로켓에는 높이 5.7미터의 F-1 엔진 다섯 개를 부착하였다. 각 F-1 엔진의 이륙 추력은 680톤으로, 총 이륙 추력은 3,402톤이 넘었다.

새턴V형 로켓의 구성

달로 여행하는 아폴로 우주선을 상부에 실은 새턴V형 로켓의 큰 부분을 하나하나 살펴보자. 발사대에 토템 기둥처럼 서 있을 때 이 로켓은 아래서부터 다음과 같은 여섯 부분으로 나눌 수 있다.

- **제1단** : 거대한 제1단 로켓(S-IC)은 2분 30초 동안 가장 밀도 높은 대기층을 뚫고 새턴V형 로켓을 쏘아 올린다. 이때 F-1 엔진 다섯 개가 2,000톤의 케로신과 액체산소를 꿀꺽 삼켜 버린다. 제1단 로켓이 분리될 때쯤 제2단 로켓이 큰 소리를 내며 움직이기 시작했고, 새턴V는 지구 상공 66킬로미터까지 올라간다.
- **제2단** : 제1단 로켓이 탱크 연료를 고갈시킨 후 제2단 로켓(S-II)이 6분 30초 동안 연소한다. 다섯 기의 엔진이 연료를 다 소모하여 제3단 로켓에 임무를 넘기기 전까지 우주선을 궤도 속도 가까이 끌어올린다. S-II는 초당 1톤 가까이 연료를 연소시킨다.
- **제3단/달 착륙선** : 제3단 로켓인 S-IVB는 하나뿐인 엔진을 2분 30

초 동안 연소시켜 우주선을 지구 주변의 대기 궤도(parking orbit)에 올려놓는다. 나중에 S-IVB는 6분 동안 연소하여 우주선을 지구 궤도 밖으로 밀어내 달로 향하는 길에 올려놓는다. 달 착륙선은 제3단 로켓 S-IVB의 꼭대기 안에 실려 있다. 제3단 로켓이 달로 이동하기 위해 3단 로켓엔진을 작동시켜 연료를 비우면, 사령선이 180도 회전하여 달 착륙선과 도킹하고 달 착륙선을 제3단 로켓의 위에서 끌어낸다.

- **제4단/기계선** : 사령선 아래 부분에 부착된 기계선은 승무원의 호흡용 산소, 자세조종용 추력기, 전력생산용 연료전지, 그리고 달 궤도에 진입하고 벗어나는 데 필요한 로켓 엔진과 추진제를 싣고 있다.
- **제5단/사령선** : 사령선은 원뿔 모양의 우주캡슐로 세 명의 우주비행사가 달 여행을 하는 동안 생활하는 곳이다. 사령선은 지구로 돌아오는 유일한 부분이다.
- **제6단/발사 탈출탑** : 이 비상탈출 로켓은 전신인 머큐리처럼, 로켓이 작동하지 않는 경우에 사령선을 로켓에서 떼어 놓는다. 발사 탈출탑은 제2단 로켓이 점화한 후에 사령선에서 분리되어 떨어진다.

달 착륙선과의 도킹

앞서 설명한 대로 달 착륙선(LM)은 새턴V의 제3단 로켓 꼭대기 안에 실려 있었다. 제3단 로켓은 우주선과 제3단 로켓을 지구 궤도에 안전하게 올려놓고 이륙 후 12분쯤에 가동을 정지한다.

하지만 제3단 로켓에게는 아직 할 일이 한 가지 더 남아 있다. 대부분의 로켓들처럼 제3단 로켓도 궤도에 진입한 후에 분리되어 지구로 떨어지는 것이 아니라, 다시 한 번 점화되어 우주선을 지구 궤도 밖으로 밀어내서 달로 비행하도록 해 준다.

세 우주비행사가 달로 향하는 길에 들어서면, 사령기계선이 마침내 제3단 로켓에서 분리된다. 달 착륙선을 감싼 보호덮개가 달 착륙선의 꼭대기를 노출시키며 떨어져 나간다. 이때 승무원들은 추력기를 이용하여 사령기계선을 180도 회전시켜 달 착륙선과 도킹할 수 있게 한다. 원뿔 모양의 아폴로 캡슐의 끝 부분에는 달 착륙선의 도킹 소켓 안에 꼭 들어맞는 탐사침이 달려 있다.

사령기계선(보통 줄여서 CSM이라 한다)은 S-IVB 제3단 로켓을 뒤로 하고 달 착륙선의 앞부분과 도킹한다. 이제 아폴로 우주선은 새턴V의 제3단 로켓과 작별한다. 제3단 로켓은 태양계로 보내지든지, 월진파를 통해 달의 내부 구조를 파악하기 위해 일부러 달과 충돌시키든지 한다.

아폴로 우주선

우리가 보았던 대로 아폴로 우주선은 사령선, 기계선, 달 착륙선으로 구성되어 있다. 기계선이 동력, 산소, 로켓 추력을 공급하는 반면 사령선은 승무원들이 생활하는 곳이다. 모든 재돌입 시스템은 물론 승무원의 음식과 장비가 사령선 안에 저장되어 있다.

사령선은 또한 안락한 온도를 유지하고 공기를 정화하고 재순환시키며 선실 속의 공기압력을 높여 주는 생명유지 장치를 갖추고 있다. 우주비행사들이 중요한 비행 단계 동안을 제외하고 우주복을 벗고 있기 때문에 일정한 공기압력을 유지시켜 주는 것이 중요하다.

텔레비전과 라디오가 우주비행사들을 지상관제소와 연결했다. 초기 유인 우주비행에서처럼, 우주비행사들의 생명에 관련된 각종 신호는 몸에 부착된 작은 의료용 센서들을 이용하여 지구에서 관찰할 수 있었다.

러셀 L. 러스티 슈바이카트(Russell L. Rusty Schweickart)는 1935년 10월 25일 뉴저지 주 넵튠에서 태어났다. MIT에서 항공학과 우주비행학으로 학사 학위와 석사 학위를 받았고, 1956년에서 1963년까지 미 공군과 주(州) 공군에서 조종사로 근무했다. MIT의 천문학 연구소에서 연구 과학자였고, 1963년 10월 우주비행사 14명의 일원으로 NASA에 들어갔다. 그는 1979년 7월 NASA를 그만두고 공익사업을 시작하였다.

패스를 하는 것처럼

달로 로켓을 발사하는 것은 미식축구에서 쿼터백이 필드를 달리고 있는 리시버에게 패스를 하는 것과 아주 비슷하다. 쿼터백은 리시버가 있는 곳을 겨냥하여 던지지 않고, 볼이 도착했을 때 리시버가 가 있을 곳으로 던진다.

똑같은 방식으로 아폴로 우주선은 달을 '앞질러' 우주선과 달을 공간과 시간에 일치시켜야 했다. 아폴로 미션의 비행 경로는 지상의 컴퓨터에서 그리지만 승무원들 또한 독립적으로 항로를 컴퓨터로 계산하는 능력을 갖추었다. 우주선이 달로 가는 도중 이따금 항로를 약간씩 변경할 필요가 있었는데, 그럴 때 추력기나 기계선의 대형 엔진을 이용했다.

미션 관제소와 우주선의 컴퓨터들은 계속해서 달, 지구, 우주선의 위치, 항로, 속도를 계산하고 조정했다. 중간 궤도 수정이 필요할 때면 컴퓨터들은 로켓 분사의 시간과 크기를 계산했다. 그러면 우주조종사들은 우주선을 목표지점으로 움직이도록 로켓을 작동시켰다.

아폴로 9호 _ 최초의 유인 달 착륙선 시험비행

아폴로 9호의 승무원은 제미니 4호의 베테랑인 제임스 A. 맥디빗 선장, 이전에 제미니 8호에 승선했던 데이빗 R. 스코트 사령선 조종사, 러셀 L. 슈바이카트가 달 착륙선 조종사로 구성되었다. 아폴로 8호처럼 달에 가지는 않았지만, 아폴로 9호는 인간을 달에 착륙시키는 목표 달성에 중요한 단계였다. 아폴로 9호는 우주비행사들이 달 착륙선을 포함하여 달 착륙에 필요한 모든 기계장비를 싣고 처음으로 비행한 첫 아폴로 미션이었다.

'날카로운 눈'으로 아폴로 9호 우주비행사들은 과학자들이 오랫동안 생각해 왔던 뭔가를 확인했다. 바로 우주에서 보는 것이 더 선명하다는 점이다. 우주 공간에서는 대기에 의한 왜곡이 없기 때문에 인간의 눈은 지구에서는 볼 수 없는 먼 거리의 사물까지 볼 수 있다. 예를 들어 아폴로 9호 우주비행사들은 1,609킬로미터나 떨어진 우주선에서 페가수스 별자리를 보았다.

아폴로 9호는 모든 장비를 궤도상으로 가져갔을 뿐 아니라 그것들이 모두 제대로 작동하는지 점검하고 확인하였다. 승무원들과 지상팀은 달 착륙에 필요한 랑데부와 도킹 과정의 전부를 모의 실험하였다. 사령기계선이 달 착륙선과 도킹하자 우주비행사들은 사령선에서 달 착륙선으로 이동했다가 다시 돌아왔다(사령선 앞부분의 작은 터널을 통해). 사령기계선과 달 착륙선의 랑데부와 도킹은 6시간 이내에 이루어졌다.

아폴로 9호 미션에서 또 하나의 하이라이트는 우주비행사 슈바이카트의 37분간에 걸친 선외 활동이었다. 새로운 '달 우주복(달 표면에서의 임무를 위한 아폴로 우주복)'을 착용한 슈바이카트는 달 착륙선의 포치 밖으로 천천히 발을 내딛었다. 나중에 두 우주선이 분리되어 스코트가 사령선에 홀로 남아 있는 동안 맥디빗과 슈바이카트는 궤도상에서 달 착륙선을 자유롭게 움직여 보았다. 두 우주비행사는 스코트와의 랑데부를 성공시켜야 했는데, 달 착륙 용도로만 제작된 가냘픈 달 착륙선이 홀로 대기권을 뚫고 내려올 수 없었기 때문이다. 엔진 점화에 성공하고 맥디빗과 슈바이카트는 달 착륙선을 스코트의 사령선과 재결합시켰다.

아폴로 미션은 1969년 3월 3일에 시작하여 10일 동안 지속되었다. 사령선은 3월 13일 대서양상에 착수하여 USS 과달커널호에 의해 회수되었다.

아폴로 10호 _ 15킬로미터 아래까지 내려가다

아폴로 계획은 착착 진행되었다. 아폴로 10호가 1969년 5월 18일 발사되었는데, NASA가 일곱 달 안에 실시한 네 번째 유인 비행이었다. 이번 비행의 임무는 다시 한 번 달 궤도상에서 달 착륙선을 테스트하는 것이었다. 아폴로 10호는 케네디 우주센터 39B 발사대에서 발사된 유일한 아폴로 우주선이었다.

비행 계획서(flight plan)는 비행과정 중에 실행할 사건과 과제에 관한 상세한 일정 계획서로 비행의 목표들을 성공적으로 달성하기 위해 작성된다. 두꺼운 비행 계획서(보통 1인치 두께)는 승무원들이 매일 하는 일을 분 단위로 관리한다. 비행에서 안내지도 역할을 하는 셈이다. 우주정거장에서 하루의 비행 계획서는, 전날 밤 미션 관제소에서 개정하여 승무원들이 잠자기 직전에 각자의 휴대용 컴퓨터에 전송한다.

아폴로 10호 승무원은 제미니 6호의 조종사였고 제미니 9호의 선장이었던 토머스 P. 스태퍼드 선장, 제미니 9호의 조종사였던 유진 서넌 달 착륙선 조종사, 거스 그리솜과 함께 탑승한 제미니 3호에 샌드위치를 가져갔고 제미니 10호를 지휘했던 존 W. 영 사령선 조종사로 구성되었다.

세 사람 중에서 영과 서넌은 나중에 달 위를 걷게 되었다. 영은 아폴로 16호의 선장이었고, 아폴로 17호의 선장인 서넌은 20세기에 달 위를 걸은 마지막 사람이 되었다.

다가올 달 착륙의 모의실험

아폴로 10호 비행 계획서의 모든 계획은 최초로 달에 착륙할 계획인 아폴로 11호의 계획들을 사전 연습하는 것을 의미했다. 두 비행의 유일한 차이는 아폴로 10호가 실제로 달 착륙을 시도하지 않았다는 점이다. 사실, NASA의 일부 관계자들은 스태퍼드가 개인의 영광을 위해 아폴로 10호로 기습적인 상륙을 감행할까 봐 우려했다. 스태퍼드는 그런 곡예비행을 시도할 수 있을 만큼 많은 훈련을 받았지만, 나중에 엔지니어들은 아폴로 10호 달 착륙선이 안전한 연착륙을 하기에는 너무 무거웠다고 평가했다.

아폴로 10호 우주선은 S-IVB 로켓이 다시 점화할 때 지구 궤도를 한 바퀴 반 돌았다. 그렇게 우주선은 지구 중력을 벗어나 달을 향하기에 충분할 만큼 속도를 올렸다. 달까지 3일간 여행한 후에 아폴로 10호는 이전에 아폴로 8호가 했던 대로 똑같이 따라했다. 타원 궤도상에서 달을 두 바퀴 선회한 다음 로켓을 다시 점화하여 달 표면 97킬로미터 상공에서 고도를 유지하며 궤도를 선회했다. 이제 승무원들은 착륙 총연습에 집중할 수 있었다.

착륙 예정 장소 정찰

비행 닷새째 되는 날, 스태퍼드와 서넌은 달 착륙선으로 이동한 다음 사령기계선에서 분리되었다. 그리고 달 착륙선을 조종하여 달의 14킬로미터 상공까지 내려갔다. 우주비행사들은 아폴로 11호의 예정 착륙 장소의 상공을 두 번 통과했고, 그곳이 평탄하여 아폴로 11호가 착륙하기에 적당해 보인다고 보고하였다.

이런 정찰 임무를 마치고 달 착륙선은 착륙단(또는 하강단)을 투하하고 사령선과 랑데부하고 도킹하여 존 W. 영과 다시 만났다. 승무원들은 달 착륙선의 상승단을 버리고 달 궤도를 떠날 준비를 하였다.

생방송 컬러텔레비전 영상은 6시간에 걸쳐 지구로 전송되어, 우리에게 달에서 보는 지구의 장엄한 모습뿐 아니라 달 표면의 최고의 그림을 보여 주었다.

순조로운 귀환

3월 24일 기계선 추진 장치를 다시 점화하여 아폴로 10호를 달 궤도 밖으로 벗어나 고향으로 가는 항로에 올려놓았다. 아폴로 10호는 1969년 5월 26일 이른 오후에 회수선에서 6.4킬로미터 이내의 거의 정확한 목표 지점에 낙하산을 펼치고 착수하였다.

NASA의 달 주변 맴돌기가 마침내 끝났다. 다음은 가장 단순하며 가장 중요한 목표, 즉 케네디 대통령이 정확히 8년 전에 계획한, 인간을 달에 착륙시켰다가 지구로 안전하게 귀환시키는 목표를 달성할 차례였다.

간/추/리/기

- 새턴V형 로켓은 당시까지(그리고 지금까지 궤도에 쏘아 올리는 중량 면에서) 제작된 가장 강력한 로켓이었다.
- 사령선과 달 착륙선은 지구를 떠난 직후에 도킹하여 함께 달을 향해 여행했다.
- 아폴로 9호와 10호는 달 착륙 시도의 경험을 얻기 위하여 달 착륙 미션의 모든 단계를 연습하였다.
- 아폴로 10호는 달에 착륙하는 것만 제외하고 모든 것을 시험하였다. 스태퍼드와 서넌은 달 상공 14킬로미터 이내까지 접근하였다.

첫 발걸음, 그리고 영원히 남을 발자국

NASA의 가장 위대한 순간이 다가오고 있었다. 앨런 셰퍼드의 15분 우주비행에서 존 글렌의 첫 지구 궤도 비행 그리고 크리스마스의 달 궤도 비행까지, 모든 것은 이것을 위한 전주곡에 지나지 않았다. 이것은 바로 '인간의 달 착륙'이었다.

이 종착점 가까이에서 소련의 달 탐사 계획은 여전히 무대 뒤에 숨어 있었다. 러시아인들은 유인 비행으로 달을 선회하는 아폴로 8호 달 궤도 비행을 방해하지 않기로 결정하였다. 하지만 그들은 여전히 아폴로의 계획보다 앞서 나가기를 원했다. 1969년 2월, 소련은 N-1 달로켓의 첫 시험 비행에서 참담하게 실패했다. 소련의 마지막 비장의 카드는 아폴로 11호에 앞서 달에 착륙하여 약간의 토양을 채취하여 지구로 돌아옴으로써 미국을 앞지를 '루너'라는 이름의 달 탐사 계획이었다. 아폴로 11호를 발사하기 며칠 전에 루너 15호는 달을 향해 날아갔다.

아폴로 우주계획의 이름은 그리스 신 아폴로에서 지어졌다. 오하이오 주 루이스 비행 추진 연구소의 아베 실버스타인 박사의 아이디어였다. 그는 훗날 이렇게 말했다. "전차를 타고 태양을 도는 아폴로 신의 이미지가 이 계획의 웅대한 스케일과 최고로 잘 어울린다고 생각했습니다."

아폴로 11호, 역사적인 항해의 시작

승무원은 제미니 8호의 선장이었던 닐 암스트롱, 사령선 조종사는 제미니 10호의 선장이었던 마이클 콜린즈, 그리고 달 착륙선 조종사는 제미니 12호의 조종사였던 에드윈 버즈 올드린이었다.

올드린은 이렇게 회상한다.

"발사일 아침 이른 식사를 하면서 NASA의 국장 토머스 페인 박사가 우리 자신의 안전 문제가 모든 일에 우선해야 한다면서 일이 잘못되는 듯 싶으면 비행을 중단하라고 말했다. 그는 다시 예기치 않았던 놀라운 말을 꺼냈다. 중단하더라도 다음 달 착륙 비행에 우리 모두를 배정할 것이라고 말했다. 국장의 말에 우리는 크게 안도했다."

닐 암스트롱, 달 위를 걸은 최초의 인간

달리 말해 아폴로 11호 우주비행사들은 이번 비행이 달 위를 걸을 유일한 기회가 될까 봐 목숨을 건 모험을 감행하는 짓은 하지 않아도 되었다.

"잘못될 수 있는 일이 너무 많다"

콜린즈는 새턴V형 로켓 위에 앉아 생각했던 것을 이렇게 기억한다.

"예전에 비행했던 경험이 있어서인지 로켓 위에서 기다리는 이 순간이 전혀 새롭지 않다. 이번에도 긴장하고 있지만, 이 긴장은 상황의 낯설음보다는 우리가 수행할 엄청난 일을 생각하는 데서 주로 나온다. 우리가 계획된 대로 이번 비행 임무를 해낼 수 있을지 자신하지는 못하겠다.

적어도 몸만은 온전하게 돌아올 수 있을 거라는 생각은 든다. 성공적인 달 착륙과 귀환에 큰 부담을 갖지 않겠다. 잘못될 수 있는 일이 참으로 많을 것이다."

아폴로 11호는 1969년 7월 16일 동부 표준시로 오전 9시 32분에 케네디 우주센터에서 발사되었다. 직접 이 발사를 지켜보았던 사람들은 새턴V의 굉음에 귀가 멍했지만, 사령선 안의 올드린에 따르면 '약간 큰 소음만 들렸다'고 하였다. 1분이 채 안 돼 그들은 음속을 앞질러 여행하고 있었다.

에드윈 버즈 올드린, 두 번째로 달에 발을 디딘 인간

달 착륙선 독수리호의 착륙 다리 전면에 기념판이 붙어 있었다. 닉슨 대통령과 승무원들이 서명한 기념판에는 지구 지도 밑에 다음과 같은 말을 새겼다.
"행성 지구로부터 온 인간이 여기 달에 첫 발을 내딛다. 기원 1969년 7월 우리는 모든 인류를 대표하여 평화롭게 찾아왔다."

그들이 달 탐험을 하고 지구로 돌아오기 전에 이미 달의 운명과 우주에 관한 인류의 인식은 영원히 바뀔 터였다.

이륙 후 11분 만에 그들은 지구 궤도에 도달했다. 그리고 이륙 3시간 만에 지구 궤도를 떠나고 있었고, 컬럼비아호로 알려진 사령선(CSM)이 새턴V 로켓과 분리되었다.

사령선은 다시 우주공간에서 180도 회전하여 독수리호로 알려진 달 착륙선과 도킹하여 새턴V의 제3단 로켓 위 격실에서 달 착륙선을 끌어냈다. 그런 모양과 배열로 우주선은 달을 향해 고속으로 나아갔다. 달까지 가는 시간은 3일이 소요되었다.

착륙 전의 긴박한 순간들

달까지 접근한 우주비행사들은 기계선의 로켓 엔진을 점화하여 우

아폴로 11호의 세 번째 승무원, 마이클 콜린즈

주선을 달 주변의 궤도에 진입시켰다. 우주선이 달 궤도를 돌고 있을 때 암스트롱과 올드린은 독수리호로 기어 들어갔다.

"달에서 느긋하게 쉬다 오라구." 콜린즈가 작별인사를 건넸다.

"알았어, 마이클." 올드린이 씩 웃으며 대답하였다.

콜린즈가 독수리호를 떼어 놓는 스위치를 누르자 독수리호는 모선에서 분리되었다. 암스트롱은 독수리호를 조종하여 모선에서 떠나 천천히 멀어져 갔다.

"독수리호가 날개를 갖게 되었다."

암스트롱이 기쁜 목소리로 말했다.

독수리호는 로켓을 분사하며 달을 향해 하강하였고, 아직 달 표면과는 10킬로미터 떨어져 있었다. 이때 독수리호의 컴퓨터가 과부하 상태라는 경고등을 깜박였다.

독수리호 컴퓨터는 센서로부터 흘러 들어오는 과도한 정보에 힘들어하고 있었다. 이런 유형의 과부하는 컴퓨터를 망가뜨릴 수도 있었다. 모의실험에서는 이러한 일들이 비행 중단의 원인이 되곤 했다. 독수리호가 하강하는 동안 긴장된 순간이 흘렀고, 비행 관제소에서는 이 상황을 분석하였다. 잠시 후 한 민첩한 관제사가 이 문제는 무시해 버릴 수 있다고 결론지었다. "경보를 무시하고 계속 비행하라!"라는 말이 승무원들에게 전해졌다. 컴퓨터는 계속해서 불평하고 있었지만 착륙할 때까지 자기의 임무를 다했다.

고요의 바다는 인간의 첫 달 착륙 장소로 선정된 곳이었다. 그곳은 달의 대부분 지역처럼 운석 크레이터가 많았지만 평평하고 부드러웠기 때문에 선택되었다. 착륙 약 2분 전, 독수리호가 착륙 목표 지점을 지나쳐 버려 닐 암스트롱 선장은 자동제어를 수동으로 바꿔야 했다. 자동유도 장치가 그들을 큰 바위로 둘러싸인, 날카로운 모서리의 직경 182미터 되는 크레이터의 속으로 몰아가고 있었던 것이다. 암스트롱은 결국 이 크레이터에서 서쪽으로 396미터 떨어진 지점에 독수리호를 착륙시키기로 했다.

"독수리호는 착륙하였다"

암스트롱이 독수리호를 달 표면을 향해 하강시키자, 분사가스가 달을 뒤덮은 미세한 입자 토양에 먼지를 일으켰고, 그 먼지 폭풍은 암스트롱의 시야를 가렸다.

나중에 암스트롱은 이렇게 말했다. "불어오는 먼지가 점점 짙어졌다. 빠르게 움직이는 땅 안개 속으로 착륙하는 것 같았다."

암스트롱과 올드린이 달에서 성조기를 게양하고 있다.

아폴로 11호는 대형 성조기 두 개, 50개 주와 워싱톤 D.C.의 깃발, 유엔 회원국들의 국기 등을 달에 가져갔다가 가지고 돌아왔다. 우주비행사들에게는 단지 약간의 개인적 기념물만 허용되었다. 월석은 기념품이 아니었다!

달을 향한 경쟁이 끝났다.

착륙선이 마지막 몇 피트까지 하강하자 올드린의 귀에 이런 말이 들렸다. "오른쪽으로 약간 이동, 접촉등 표시, 오케이, 엔진 정지."

비행 관제소는 긴장하여 무선으로 연락했다. "지상 관제소에서 말한다. 독수리호." 오랜 침묵 끝에 암스트롱은 감정에 벅차오른 목소리로 응답했다. "휴스턴, 여기는 고요의 기지, 독수리호는 달에 착륙했다." 착륙 시간은 1969년 7월 20일 동부 표준시로 오후 4시 17분 40초였다.

휴스턴에서 응답했다. "닐, 고요의 바다. 지상 관제소에서 말한다. 우리는 다시 숨을 쉬기 시작했다. 대단히 고맙다."

암스트롱은 보이는 경치를 묘사했다

착륙선 창밖은 비교적 평평한 평원인데 지름이 1.5미터에서 15미터쯤 되는 크레이터들이 꽤 많이 여기 저기 널려 있고, 높이 6~9미터쯤 되어 보이는 봉우리들이 있다. 그리고 우리 앞 수백 미터쯤에 크기가 60센티미터쯤 되는 뾰족하게 모난 바위들이 보인다. 그리고 시야 저편에 언덕이 하나 있다.

LM은 우주선의 달에 착륙하는 부분인 달 착륙선(lunar module)을 줄인 말이다.

"작은 한 걸음이지만……"

비행 계획서에는 원래 착륙 후에 곧바로 수면 시간을 갖게 되어 있었다. 하지만 달 산책을 앞두고 잠을 잘 수 있는 사람이 어디 있겠는가. 몇 시간이 지나서 암스트롱과 올드린은 달 착륙선에서 나와 달 표면을 탐사할 준비를 했다. 이미 알고 있겠지만 암스트롱이 먼저 내려갔다(올드린은 몇 달 전에 제미니 계획의 선외 활동 전통에 따라 달 착륙선 조종사가 먼저 밖에 나가야 된다고 주장했다. 그러나 이 비행의 선장인 암스트롱이 그의 제안을 퇴짜 놓았다). 암스트롱은 아홉 계단 사다리를 내려가며 계속해서 감상을 말했다.

암스트롱은 사다리 밑에까지 내려와서 말했다. "사다리 끝까지 내려왔다. 가까이서 보니 표면은 가루처럼 아주 고운 것 같다. 달 착륙선에서 막 발을 떼려는 참이다."

암스트롱이 이런 말을 하는 동안 전 지구인이 달 착륙선 외부에 탑재한 카메라를 통해 이를 지켜보았다. 몇 초 후 암스트롱이 달 위에 발을 내딛으면서, 인류에게 너무나 유명해진 그의 감상을 처음으로 들려주었다.

"이것은 인간에게는 작은 한 걸음이지만 인류에게는 커다란

올드린이 '고운 가루로 된' 달 표면을 걷고 있다.

올드린이 표현한 '웅대한 황무지'

도약이다."

암스트롱은 나중에, 자신이 흥분하여 생각했던 말이 약간 바뀌었다고 했다. 원래 예정된 말은 "이것은 한 인간에게 작은 한 발걸음이지만……"이었다고 주장했다. 하지만 아무도 신경 쓰지 않았고 그의 흥분을 이해했다. 그 어떤 인간도 다시는 달을 예전과 똑같이 바라볼 수 없게 된 것이다.

달에 첫발을 내딛은 시간은 1969년 7월 20일 동부 표준시로 오후 10시 56분 15초였다. 한두 번 숨을 고른 후에 암스트롱은 계속해서 달에 대한 관찰을 지구인과 나누었다. "표면은 고운 가루로 되어 있다. 발끝으로 가볍게 먼지를 일으킬 수 있다."

암스트롱과 합류한 올드린은 주변을 '웅대한 황무지'라고 묘사하여 짧지만 한층 시적인 표현을 남겼다.

두 우주비행사는 고운 가루 입자에서 폭 0.9미터의 현무암 바위까지 다양한 종류의 암석 조각들이 널려 있는 착륙 장소에서 '흙'을 발견했다. 달 표면에 나와 있는 동안 두 사람은 월진계(달의 진동을 측정), 레이저 반사경(지구와 달과의 거리 측정), 태양풍 채집기를 설치했다.

지구로 가져온 최초의 월석 표본은 현무암과 어두운 색의 화성암이었다. 이 돌들은 37억 년 전쯤에 달 표면으로 분출한 용암이었다.

역사적인 전화 통화

달에 있는 동안 두 우주비행사는 리처드 닉슨 대통령으로부터 전화를 받았다. "닐과 에드윈. 나는 지금 백악관 집무실에서 전화하고 있습니다. 이건 분명히 가장 역사적인 전화 통화가 될 겁니다. 여러분이 해낸 일 때문에 천국도 인간 세상의 일부가 되었군요. 고요의 바다에서 여러분이 전해 준 말은 지구에 평화와 화해를 가져오는 노력을 기울이도록 우리를 고무시켜 주었습니다……."

암스트롱은 이렇게 대답했다. "미국뿐만 아니라 모든 자유세계 국가의 관심과 호기심, 미래의 비전을 가진 사람들을 대표하여 우리가 여기 오게 된 것은 크나큰 영광이자 특권입니다."

우주 비행사 암스트롱과 올드린은 달 표면을 2시간 31분 동안 걸어 다녔다. 이 시간 동안 그들은 지구로 가져올 월석 31킬로그램을 채집하였다.

달에서의 이륙

이제 집으로 향할 시간이었다. 독수리호는 하강단과 상승단 두 부분으로 제작되었다. 연료와 엔진이 있는 하강단은 우주비행사들을 안전하게 표면에 내려놓았다. 별도의 엔진을 가진 상승단은 하강단 밑을 발

NASA 과학자들은 머리를 긁어 대며 루너 15호의 행동을 모니터했다. 이 소련 탐사선은 아폴로 11호보다 먼저 달 궤도에 진입하였고, NASA는 아폴로의 비행 예정 궤도를 비워 달라고 소련에게 요청하였다. 루너 15호는 달에 곧바로 착륙하지 않고, 독수리호가 착륙하여 암스트롱과 올드린이 달 산책을 하는 동안 계속해서 달을 선회하였다. 뒤에 루너 15호는 착륙 엔진을 점화하여 위난의 바다(Sea of Crises)를 향해 하강하였다. 그리고 시속 160킬로미터 속도로 달 표면과 충돌해버렸다. 달을 향한 미·소 경쟁은 끝났다.

아폴로 11호 승무원들이 설치한 달의 진동을 측정하고, 지구와 달과의 거리를 재고, 태양풍을 채집하는 장치

사대처럼 이용하여 솟아올랐다.

올드린은 나중에 달에서의 이륙에 관해 이렇게 썼다.

"달 착륙선의 상승단이 분리되면서 눈부신 입자들을 홍수처럼 방출했다. 상승단 엔진에서 쏟아내는 것이었다. 구경할 시간은 없었다. 나는 컴퓨터에 집중하고 있었고 닐은 고도계를 들여다보고 있었다."

그래서 달 착륙선 하반부는 우주비행사들이 떠난 후에 달에 남았다(오늘날 달에는 하강단 여섯 기가 달 탐사의 기념물로서 남아 있다). 달에서의 이륙은 7월 21일 동부 표준시로 오후 1시 54분 1초에 있었다. 두 우주비행사는 달에서 21시간 38분 21초를 보낸 것이다.

귀환

달 궤도에서의 랑데부와 도킹은 순조롭게 이루어졌다. 달 착륙선은 사령선과 도킹했다. 두 우주비행사는 달 표본들을 가지고 사령선으로 돌아와 콜린즈와 기쁘게 재회하였다.

콜린즈는 동료 비행사들을 다시 만나던 순간을 이렇게 회상한다.

"먼저 들어온 사람은 만면에 미소를 띤 올드린이었다. 나는 그의 머리를 잡고 마치 부모가 방황하다 돌아온 아들을 맞는 것처럼 앞이마에 키스를 해 줄 참이었다. 그런데 당황한 나머지 그의 손만 잡아 주었고 다음에 닐의 손을 잡아 주었다. 우리는 신이 나서 성공에 관해 떠들며 활짝 웃었다. 그리고 평소와 같이 일로 되돌아갔다."

달 착륙선은 그 때 분리되었다. 세 사람은 기계선 엔진을 이용하여 쓸모 없어진 달 착륙선을 달 궤도에 남겨 두고 궤도에서 벗어났다. 지구 대기권으로 재돌입하기 전에 사령선이 기계선과 분리되었다.

사령선은 시속 4만 233킬로미터로 지구 대기권으로 돌입하였다. 낙하산 세 개를 펼치고 아래로 내려온 후 아폴로 11호는 동부 표준시로 오후 12시 50분 35초에 태평양 해상에 착수하였다. 아폴로 11호의 비행은 이륙에서 착수까지 195시간 18분 35초가 걸렸다. 회수선은 USS 호네트(Hornet)호였다. 세 우주비행사는 다른 우주비행사들과 달리 생소한 귀향치레를 하게 되었다.

달 병원균 공포

과학자들은 인간에게 자연 치유력이 없는 바이러스나 박테리아가 달에 있을까 봐 두려워했다. 혹시라도 감염되었을지 모르는 전염병의 전파를 막기 위해 아폴로 11호 우주비행사들은 달에서 귀환한 후 3주 동안 격리되어, 병원균이 없다는 진단 결과가 나올 때까지 창을 사이에 두고 가족과 전화로 이야기를 나누어야 했다.

존슨 우주센터의 이와 똑같은 격리 시설은 우주왕복선 비행사들이 발사 전과 후에 의학적 브리핑을 받는 장소이다. 실제로 오늘날에도 한

회의실에서 아폴로 11호 승무원들을 방문객들과 분리시킨 커다란 유리창 그림을 볼 수 있다.

인류가 또 하나의 세계를 첫 방문한 지 벌써 40년이 넘는 세월이 흘렀다. 지난 40여 년을 뒤돌아보면 아폴로 11호의 업적은 훨씬 더 인상적인 일로 다가온다. 1960년대의 항공우주 기술과 오늘날의 PC와는 비교할 수도 없는 원시적인 컴퓨터를 이용하여, 미국이 세 사람을 달에 보냈다가 다시 지구로 살아 돌아오게 했던 것이다. 이 모든 것은 러시아와의 경쟁이라는 엄청난 압박 아래서 이루어졌다.

미국 최초의 비행 감독관인 크리스 크래프트는 미국이 달 착륙을 시도하겠다는 케네디 대통령의 연설을 처음 들었을 때 깜짝 놀랐다. "우리에겐 셰퍼드를 고작 저궤도에 올려놓은 경험밖에 없었지요. 인간을 달에 보내다니 대통령이 정신이 나간 걸까?"

1961년 5월 케네디는 미국의 15분간 우주비행 경험을 가지고 오늘날의 위험 회피의 정치 풍토에서는 거짓말 같은, 달에 가겠다는 대담한 결정을 내렸다. 인류의 관점 자체를 바꾼 이 위대한 결단은 우리를 우주의 종족으로 만들었고, 우리의 미래를 달보다 훨씬 먼 곳까지 향하게 하였다. 1969년 7월과 20세기는 문명사의 전환점으로 기억될 것이다. 인류가 그들의 운명을 고향 행성인 지구와 분리시킨 해로 말이다.

우리는 정말 달에 갔을까?

아폴로 계획 전체가 하나의 엄청난 사기라고 믿는 회의주의자들이 소수 있다. 이 혼란은 「음모 이론 : 우리는 정말 달에 갔을까?」란 이름의 TV 프로그램으로 시작된 것이다. 이 프로그램은 미국이 예산상의 이유로 영화촬영장에 달 세트를 설치하여 달 착륙을 흉내 냈다는 이론을 내놓았다.

이 음모 이론에 따르면 NASA가 달 착륙을 날조하면서 여러 가지 실수를 저질러 진실이 드러났다고 한다. 가장 큰 실수가 달에서 찍었다는 사진과 필름에 단 한 개의 별도 보이지 않는다는 점이라고 주장한다. 여기에 단순하지만 진짜 설명이 있다. 아주 밝은 물체와 아주 흐릿한 물체를 동시에 찍는 것은 불가능하다는 사실이다.

카메라로 달 표면과 그 위를 걷는 사람을 촬영하면서, 별이 찍힐 만큼 빛을 받아들이기에는 조리개가 너무 작았다(해가 떴을 때 육안으로도 우주 공간의 별들을 볼 수는 없다. 눈의 동공이 작아지기 때문이다).

의심을 받는 또 다른 점은 달 표면에 성조기를 처음으로 게양하는 장면을 찍은 비디오에서 비롯된다. 깃발이 마치 미풍을 받아 파문을 일으키는 듯 보인다. 하지만 달에서는 바람이 불지 않는다. 중력이 약하기 때문에 달에서 작용한 힘에 반작용하는 힘이 지구와 얼마나 큰 차이를 보이는지 사람들은 깨닫지 못한다. 우주비행사들이 깃대를 묻기 위해 땅에 대고 앞뒤로 흔들자 깃발이 펴졌다. 그리고 물결치기 시작했다. 중력이 약하고 물결치는 것을 멈출 대기가 없었기 때문에 깃발은 지구에서보다 훨씬 오랫동안 펄럭였다.

아폴로 계획이 진짜였음을 옹호하기 위해 NASA는 1969년 미국에는 우주비행사들이 전송하는 라디오 방송을 추적할 만한 적대 세력이 없었다고 지적하며 그 방송은 달 쪽에서 전송되고 있었다고 확인해 줬다. 더 나아가, 여러 번의 비행을 통해 월석을 반톤 정도 가져왔으며 전 세계에서 그 표본들을 연구해 왔다고 지적한다. 가져온 모든 월석은 지구 암석과 화학적으로 식별할 수 있고, 따라서 우리가 달 표면을 방문했다는 확고한 증거가 된다.

NASA는 월석에 어떤 해로운 유기체나 물질의 징후가 없는지 분석하고 있는 중이었다. 그래서 아폴로 12호 승무원들도 귀환한 후 21일 동안 격리공간에서 머물러야 했다.

아폴로 12호, 달을 청소하다

아폴로 11호 이후에 NASA가 다시 한 일은 무엇이었을까? 물론 아폴로 12호 비행을 통해 첫 번째 달 착륙이 사기가 아니었음을 증명하는 일이었다. 선장 찰스 콘라드 2세, 사령선 조종사 리처드 F. 고든, 달 착륙선 조종사 앨런 L. 빈으로 구성된 승무원들은 1969년 11월 14일 오전 11시 22분에 지구를 출발했다. 아폴로 12호 비행의 목표는 궤도를 따라 항행하여 달에 착륙했다가 지구로 돌아오는 것 외에 1967년 4월 달에 착륙했던 무인 서베이어 3호의 부분들을 회수하는 것이었다.

벼락

아폴로 12호 비행은 새턴V 로켓이 벼락을 맞으면서(이륙 직후 한 번도 아닌 두 번씩이나) 흥분되고 위험한 출발로 시작되었다. 이륙 후 32초와 52초에 벼락을 맞아 사령선에서 잇달아 경보가 울렸고, 전력공급과 원격지시 장치가 일시적으로 차단되었다. 튼튼한 새턴V는 그에 흔들리지 않고 하늘을 향해 우르릉거리며 올라갔다. 지상 관제소의 재빠른 대응과 지구궤도에서의 철저한 점검으로 아폴로 12호 비행은 중단 없이 제 궤도를 되찾았다.

달 청소

정밀한 항법과 유도로 우주비행사들은 서베이어호의 착륙 장소를 발견하고 그 옆에 착륙하였다. 그리고 버려진 서베이어를 살펴보기 위해 발걸음을 떼었다.

콘라드와 빈은 11월 19일 달에 착륙하여 31시간 30분 동안 달 표면에 머물렀다. 달 표면을 8시간에 걸쳐 걸어다니면서 두 우주비행사는 대략 34킬로그램의 월석을 채집했다.

우주비행사들은 서베이어의 TV카메라와 일부 부분들을 떼어서 지구로 가져왔다. 달의 쓰레기를 청소하는 첫 직무였다. 과학자들은 서베이어 TV카메라 내부의 지구 박테리아가 달의 혹독한 환경에서 살아남지 못했다는 점을 발견했다.

아폴로 12호 우주비행사들은 1969년 11월 20일 달을 떠나 11월 24일 지구로 돌아와 태평양 해상에 착수하였고, 그곳에서 USS 호네트호에 의해 회수되었다.

이제 NASA는 달로 가는 두 비행을 연달아 성공적으로 운영했고 자신감이 넘쳤다. 그렇지만 다음 비행인 아폴로 13호는 달 여행이 정말로 얼마나 위험한지 우리에게 상기시켜 주었다. 아폴로 13호는 비유적으로, 그리고 문자 그대로 모든 사람들에게 지구를 다시 생각해 보게 만들었다.

앨런 빈(Alan Bean)
1932년 텍사스 주 휠러에서 태어났다. 고등학교 시절인 17세 때 해군 부대에 입소해 해군 훈련을 시작했으며 나중에 오스틴의 텍사스 대학에서 해군 ROTC로 선발되었다. 졸업하면서 항공공학으로 학사 학위를 받았고 해군 소위로 임관되었다. 빈은 1956년 비행 훈련을 마치고 해군 비행사 기장을 받았다. 플로리다 주 잭스빌의 34 제트 공격전대에서 4년 근무한 후 메릴랜드 주 파투센트강의 해군 시험비행 조종사 학교에 선발되었고 1963년 우주비행사로 선발되었다. 아폴로 12호 비행의 달 착륙선 조종사가 되기 전에 제미니 10호와 아폴로 9호의 예비 비행승무원으로 일했다. 1973년, 빈은 미국 최초의 우주정거장으로 가는 두 번째 비행인 스카이랩 3호의 선장으로 우주로 복귀했다. 조종사와 우주비행사로 일하면서도 미술에 대한 관심이 대단했던 빈은 시험비행 조종사 시절 묘사와 수채화 야간 강좌에 등록하여 공식적인 미술 공부를 시작했다. NASA 시절 자유시간에 미술 공부를 계속하여 독특한 스타일의 환상적인 리얼리즘을 개발했다. 1981년 그림과 대중 강연에 전념하기 위해 NASA를 그만두었다. 성공한 미술가로서 빈은 또 다른 세상에 대한 인류의 첫 탐사 기록을 미래 세대에 알리기 위한 그림을 그리고 있다.

간/추/리/기

- 닐 암스트롱, 마이클 콜린즈, 에드윈 올드린을 승무원으로 한 아폴로 11호 비행의 목적은 달에 착륙시키는 것이었다.
- NASA는 케네디 대통령의 달 착륙 목표를 1970년대 이전에 달성시켰다.
- 아폴로 11호의 선장 닐 암스트롱은 달 위를 걸은 최초의 인간이 되었다.
- 에드윈 올드린은 몇 분 후에 달 표면에서 암스트롱과 합류했다.
- 아폴로 12호는 이륙 직후에 벼락을 두 번이나 맞고도 살아남았다.
- 아폴로 12호 우주비행사들은 달에 도착해 있던 서베이어 3호(무인착륙선) 곁에 정확하게 착륙하였다.

휴스턴, 문제를 해결하다

NASA는 생각하지도 못할 성취의 스릴이든 인명 손실의 비극이든 인간 드라마를 같이 해 왔다. 하지만 NASA는 아폴로 13호 비행 동안 겪었던 그 기나긴 서스펜스와 긴장을 그 이전과 이후에 한 번도 경험하지 못했다.

아폴로 13호 _ 용기와 창의성

기술적으로 아폴로 13호는 실패였다. 이 비행은 달에 두 사람을 착륙시킬 예정이었지만 그렇게 하지 못했다. 하지만 그것을 실패라 부르는 것은 인간의 용기와 창의성에 대한 모욕일 것이다.

말썽을 일으키리라고 생각할 만한 일은 없었다. 1970년 4월 11일 오후 2시 12분 케네디 센터에서의 이륙은 아주 순조롭게 진행되었다. 달에 가는 사람은 선장 제임스 A. 러벨 2세, 사령선 조종사 존 L. 스위거트 2세, 달 착륙선 조종사 프레드 W. 헤이스 2세였다.

실제로 아폴로 13호 비행의 첫 56시간 동안은 모든 것이 순조로웠고, 사령선은 달 착륙선을 부착하고 운명이 이 비행을 시기할 때까지 달을 향해 순조롭게 나아갔다.

"휴스턴, 문제가 발생했다"

비행관제소에서는 우주비행사들에게 기계선에 들어가 연료전지(발전기)를 조작하는 스위치들을 포함해서 일부 일상 점검항목들을 살펴보게 했다. 몇 초 후 우주비행사들은 커다란 굉음을 들었다. 문제가 무엇인지 당장 확인하지 못했지만, 그 소리가 좋게 들리지는 않았다.

폭발의 실황 설명

아폴로 13호 우주비행사들은 커다란 굉음을 들었을 때 일상 점검을 하던 중이었다. 아래의 교신 내용들은 폭발로부터 5분 후까지 아폴로 13호와 미션 관제소 간에 오간 대화이다. 왼쪽의 숫자는 이륙 후의 시간, 분, 초를 언급한 것이다. 우주선 원격지시장치에 나타나는 중요 사건들과 승무원들과 비행관제소 간의 교신 내용을 포함하고 있다.

55:55:20 스위거트 : "휴스턴, 문제가 발생했다."

55:55:28 관제소 : "여기는 휴스턴, 다시 한 번 말해 보라."

55:55:35 러벨 : "휴스턴, 문제가 발생했다. 주동력 B 전압 하강"

55:55:42 관제소 : "러벨, 주동력 B 전압 하강"

55:55:49 2번 산소 탱크의 온도를 나타내는 수치가 떨어진다.

55:56:10 헤이스 : "오케이. 휴스턴, 전압은 괜찮아 보인다. 그런데

존 스위거트(Jack Swigert)
존 L. 스위거트 2세는 1931년 8월 30일 콜로라도 주 덴버에서 태어났다. 1953년 콜로라도 대학에서 기계공학으로 학사 학위를, 1965년 렌슬레이어 공대에서 항공우주과학으로 석사 학위를, 1967년에 하트퍼드 대학에서 경영학 석사 학위를 받았다. NASA에 합류하기 전 북아메리카 항공에서 기술 시험비행 조종사로, 또 1957년에서 1964년까지 프레트와 휘트니에서 기술 시험비행 조종사로 일했다. 1953년에서 1956년까지 공군에서 복무하면서, 네바다 주 넬리스 공군기지의 조종사 훈련 프로그램을 이수하고 일본과 한국에 전투기 조종사로 배치되었다. 공군에서 현역을 마친 후 1957년 9월에서 1960년 3월까지 매사추세츠 주공군 전투기 조종사로, 1960년 4월에서 1965년 10월까지 코네티컷 주 공군의 일원으로 일했다. 722시간의 비행을 기록한 스위거트는 1966년 4월 NASA에 의해 우주비행사 19명의 일원으로 선발되었었고, 아폴로 7호 비행의 우주비행사 지원 승무원으로 일했다. 아폴로 13호 이후에 NASA를 사직하고 1977년 4월 정치에 입문했다. 1982년 11월 스위거트는 뉴멕시코 주에서 미국 하원으로 선출되었지만, 안타깝게도 의원 선서를 하기도 전인 1982년 12월 28일 암으로 사망했다.

존 스위거트는 아폴로 13호의 예비 승무원에 배정되었다가, 원래 승무원이었던 사령선 조종사 토머스 K. 매팅리를 대신하여 탑승했다. 이 교체 사실은 매팅리가 홍역에 감염됨에 따라 발사 72시간을 앞두고 발표되었다. 이 갑작스런 승무원 교체로 스위거트는 며칠 후 생사의 갈림길에 섰던 것이다. 아이러니컬하게도 매팅리는 홍역을 앓지 않았다.

전압 하강(undervolt)이란 연료전지로부터의 출력이 떨어져 전기를 예상보다 적게 공급받고 있다는 의미이다.

바버 폴(barber pole)은 계기판의 지침을 판독한 수치로, 예를 들어 '개방'과 '폐쇄'의 중간 눈금이 있는데, 이 녹음 대화에서는 반응 제어 장치 헬륨 탱크의 밸브 위치가 지침상으로 '개방'이나 '폐쇄' 위치에서 벗어나 있는 것을 바버 폴이라고 한다. 이것은 보통 밸브가 기능을 상실하여 밸브 위치를 정할 수 없는 상태를 의미한다.

탱크 쪽에서 경보와 관련된 꽤 큰 굉음을 들었다. 주동력 B에서 이전에 전기 스파크가 일어났던 것으로 기억한다."

55:56:30 관제소 : "러벨, 헤이스"

55:56:38 2번 산소 탱크의 연료량을 나타내는 수치가 최저 눈금으로 떨어진다.

55:57:04 헤이스 : "아까의 진동으로 2번 산소 탱크의 센서가 고장 난 것이 틀림없다. 산소 연료량이 20에서 60퍼센트 사이를 요동치고 있었다. 이제 최고 눈금을 나타내고 있다."

55:57:39 직류 주동력 B의 전압 하강으로 주 경보가 울렸다. 경보는 6초 만에 꺼졌다.

55:57:40 직류 주동력 B의 전압 수치가 26.25볼트 아래로 떨어지고 계속해서 급격하게 떨어진다.

55:57:44 러벨 : "기계선의 반응 제어 장치 1번 헬륨 탱크를 바라보고 있다. 밸브 B가 바버 폴, D 바버 폴, 2번 헬륨 탱크에서 D 바버 폴. 보조 추진제에서 A 바버 폴, C 바버 폴. 교류 주동력이 2초 후에 정지한다."

55:57:45 3번 연료전지가 작동하지 않는다.

55:57:59 연료전지 전류가 감소하기 시작한다.

55:58:02 교류 동력 2의 수치가 떨어지며 주 경보가 울렸다.

55:58:06 직류 주동력의 전압 하강으로 주 경보가 울렸다.

55:58:07 직류 주동력 A가 26.25볼트 이하로 내려갔다가 몇 초 후 25.5볼트로 떨어진다.

55:58:07 헤이스 : "교류 동력 2가 제로를 나타내고 있다."

55:58:25 헤이스 : "이제 주동력 A도 전압 하강. 약 25.5를 나타내고

있다. 주동력 B는 제로를 나타내고 있다."

56:00:06 2번 연료전지로의 수소 과다 유입으로 주 경보가 울렸다.

아폴로 13호 우주비행사들은 응급 조치에 필요한 준비물을 이렇게 마련했다. 비행계획서의 표지에서 보드지를, 저장 봉지에서 비닐을 찾아냈다. 그럼 도관용 테이프는? 오늘날 우주선에서도 여전히 도관용 테이프를 수백 미터 길이의 큰 롤로 서너 개씩이나 가지고 비행한다. 도관용 테이프가 없으면 집을 떠나지 말라!

손상 회로

2번 산소 탱크의 손상된 회로가 절연 배선에서 화재를 일으켰고 산소 탱크의 격렬한 폭발로 이어졌다. 그 소리가 승무원들에게 '펑' 하고 들렸던 것이다. 이 폭발로 1번 산소 탱크도 손상되어 연료전지로의 산소 공급이 모두 중단되었다. 연료전지의 기능 상실과 일련의 전기적 고장은 분명히 우주선이 전기를 생산할 능력을 상실했다는 의미였다. 이 폭발로 우주선 밖의 전지판들이 날아가 버렸는데, 그 전지판들은 또 우주선의 주 안테나를 쳐서 떨어져 나가게 했다. 사령선에 남은 유일한 동력과 산소는 재돌입용 탱크와 배터리에 저장된 소량뿐이었다.

우주선이 고장난 회로들과 씨름하면서 누출되는 산소의 힘을 받아 조종 불능 상태로 표류하고 있었는데, 우주비행사들은 이 재앙의 원인을 전혀 몰랐다. 우주공간으로 빠르게 새어 나가던 산소는 탱크가 비자 유출을 멈추었다. 그래서 일시적으로 자세 교란이 있은 후에 우주선은 다시 추력기 시스템으로 제어권 내로 돌아왔다. 달로 가는 항로의 변화는 비교적 적었다. 교신과 유도를 위태롭게 한 것은 우주선의 자세 교란이었다.

승무원들이 알고 있는 한 가지 사실은 자신들이 심각한 곤경에 처해 있다는 점이었다. 그들은 고향에서 수십 만 킬로미터 떨어져 있었고 매초마다 더 멀어지고 있었다. 그렇게 그들은 동력도 산소도 없는 사령선에 있었다. 휴스턴에서, NASA의 최고 인재들은 해결책을 찾느라 부산하게 움직였다.

승무원들은 궤도상보다 약간 멀리 달 뒤를 빙 돌아서 지구로 향했다. 그렇게 이전과 이후의 그 어떤 우주비행사들보다 지구에서 멀리까지 갔다. 아폴로 13호의 승무원들은 인류의 고향인 지구에서 가장 멀리 여행한 기록을 보유하고 있다.

문제 해결하기

관제사들은 사령선의 동력을 차단하고 승무원들을 달 착륙선으로 이동시킨다는 계획을 생각해 냈다. 달 착륙선에는 자체 배터리가 있기 때문에 시스템들이 아직 작동하고 있었다.

우주비행사들은 달 착륙선 — 동력과 산소, 엔진 — 을 그들의 구명선으로 이용했다. 두 사람을 2, 3일 동안만 지원하도록 설계된 착륙선의 장비들을 이용해 세 사람을 지구로 어떻게 귀환시킬 수 있을지 의심스러웠다. 이제 싸움은 우주선을 지구로 향하도록 조정하는 것과 승무원들이 지구로 재돌입을 위해 사령선으로 들어갈 때까지 살아남게 할 방법을 찾는 것이었다.

달 착륙선 내부에 충분한 산소가 있었지만 2인용 우주선 안에 세 사람이 있게 되면서 이산화탄소가 위험수위까지 증가하였다. 사령선에는 커다란 여과기(이산화탄소 제거기)가 있었지만 고장 나 있었다. 그래서 승무원들은 달 착륙선의 여과기에 적응해야 했다. 비행관제소와 우주비행사들은 함께, 사령선의 공기 여과기를 착륙선의 여과기 호스에 끼워 맞출 수 있는 대용품을 찾아냈다. 그리고 승무원들은 보드지, 비닐, 도관용 테이프를 이용하여 서로 다른 두 여과기를 연결했다.

비행관제소에서 서둘러 머리를 짜내 고친 여과기는 제 기능을 다했다. 여과기가 화학적으로 이산화탄소를 제거하면서 생명을 위협하는 위기에서 벗어났다.

여과기 문제를 해결하고 나자, 달 착륙선의 산소 공급량은 재돌입 때까지 겨우 맞출 수 있을 것 같았다. 동력을 아껴야 했는데, 그러자면 우주선 안의 기온이 위험할 정도로 낮게 떨어진다. 하지만 그렇게 해야 간신히 살아남을 수 있었다. 이제 어떻게 고향으로 돌아갈까? 비행관제소에서 한 가지 방법을 내놓았다. 달의 뒷면을 빙 돌아서 달의 중력을 이용하여 아폴로 13호를 지구 방향으로 돌려놓는 것이었다.

달의 중력을 이용하지 않고서 스스로 지구를 향해 돌아설 동력이 아폴로 13호에는 없었다. 휴스턴은 승무원들에게 두 기의 주 엔진을 점화시켜 귀환 항로에 들어서라고 지시하였다. 좀 더 복잡한 문제로 인해 우주비행사들은 육안으로 항행할 수가 없었다. 별들을 보는 시야가 기계선에 뚫린 구멍 밖에 걸려 있는 파편에 의해 방해받았던 것이다.

프레드 W. 헤이스 2세
(Fred W. Haise Jr.)
1933년 11월 미시시피 주 빌록시에서 태어났다. 1959년에 오클라호마 대학에서 항공우주 공학으로 학사 학위를 받았고, 1970년에 웨스턴 미시건 대학에서 명예박사 학위를 받았으며, 1964년에 공군 항공우주 연구조종사 학교를 졸업했다.

헤이스는 플로리다 주 펜사 콜라 해군 항공기지에서 해군 항공장교 후보생으로 기장을 받았다. 비행 훈련을 마치고 텍사스 주 킹스빌 해군 항공기지의 해군 고급 훈련부대에서 전술 및 전천후비행 조종교관으로 근무했다. 1954년에서 1956년까지 해병대 전투기 조종사였고, 1957년에서 1959년까지 오클라호마 대학 학생이면서 오클라호마 주 공군의 전투요격기 조종사였다.

학업을 마친 후 헤이스는 우주비행사로 선발되기 전까지 3년 동안 NASA에서 일했다. 이 기간 동안 오하이오 주 클리브랜드에 있는 NASA 루이스 우주센터의 민간인 연구 조종사로 일했다. 헤이스는 8,700시간의 비행을 기록했다. 1963년부터 1966년까지 에드워드 공군기지의 NASA 비행 연구본부에서 민간인 연구 조종사였으며, 1966년 4월 NASA에 의해 우주비행사 19명의 일원으로 선발되었다. 힘겨운 아폴로 13호 모험 이후에 우주왕복선 엔터프라이즈호의 첫 낙하산 투하시험을 지휘했다. 1979년 6월 29일 NASA를 사직하고 그루먼 항공우주사에 우주계획 담당 부회장으로 입사했다. 헤이스는 현재 플로리다 티투스빌에 있는 그루먼 기술 서비스사의 회장도 역임했다.

빨리 날씬해지는 방법

탈수도 문제였다. 세 우주비행사 모두 체중이 감소했다. 세 사람은 매일 170그램의 물로 연명해야 했다. 그 양은 정상적인 섭취량의 20퍼센트였는데, 부족분은 과일 주스로 어느 정도 보충했다. 그리고 핫도그로 끼니를 때웠다.

실제로 승무원들은 체중 감소 면에서 기록을 세웠다. 세 사람은 합계 14킬로그램의 몸무게가 줄었는데, 러벨은 6킬로그램 넘게 줄었다. 게다가 세 승무원은 다른 아폴로 승무원들보다 몸집이 50퍼센트나 더 컸다.

잠을 자는 것은 추위 때문에 불가능했다. 전력 장치를 껐을 때 기온은 3도까지 곤두박질쳤다. 추위로 인해 우주선 내부 표면에 물방울이 맺혔고, 그래서 춥고 축축했다. 나중에 우주비행사들은 우주선 내부에

투하된 이후의 기계선. 우주비행사들은 폭발로 날아가 버린 한쪽에 뚫린 커다란 구멍을 처음으로 보았다.

마치 비가 내리는 것 같았다고 말했다. 귀환 도중에 신장 감염으로 고열 증세를 보였던 헤이스가 제일 고통스웠을 텐데 동료들은 그가 불평을 전혀 하지 않았다고 말했다.

제임스 러벨이 쓴 아폴로 13호의 시련에 관한 책은 「아폴로 13」이라는 영화로 개작되어 크나큰 갈채를 받았다. 론 하워드가 감독한 이 영화에서 톰 행크스가 러벨 역을 맡았다.

급조한 수단과 임시변통의 해결책들이 믿을 수 없을 만큼 제대로 기능했다. 지구 대기권에 재돌입하기 전에 우주비행사들은 사령선 안으로 기어 들어갔다. 구명선 구실을 했던 달 착륙선 앤터러스(Antares)호와 아폴로 캡슐 아래에 부착된 고장 난 기계선은 재돌입 개시 전에 분리하였다.

우주비행사들은 그들로부터 멀어져 가는 앤터러스호를 지켜보면서 착잡한 기분을 느꼈다. 그 착륙선은 그들을 달에 데려다주지는 못했더라도 지구로 살아 돌아오는 데 큰 도움을 주었던 것이다. 그들은 분리된 기계선을 보고 깜짝 놀랐다. 폭발한 쪽에 길이 6.4미터, 폭 1.8미터의 커다란 구멍이 나 있고, 절연체와 전선들이 전지판들이 달려 있던 곳 주변에 너덜너덜하게 걸려 있었다.

지구의 전 세계인이 텔레비전을 통해 가슴 졸이며 지켜보는 가운데 아폴로 13호 캡슐은 다행히 정상적으로 지구에 재돌입하였다.

닉슨, 성공을 선언하다

그날 밤에 베트남에서 군대를 철수하겠다고 연설할 예정이었던 리처드 닉슨 대통령은 연설 일정을 취소하고 아폴로 13호의 착수 현장으로 날아갔다. 그는 USS 이오시마호에 승선해 바다에서 올라오는 승무원들을 맞이했다. 피로, 탈수, 신장 감염으로 쇠약해진 아폴로 13호 승무원들은 놀랍게도 안전하게 지구로 돌아왔다.

전 세계로 중계되는 텔레비전 연설에서 닉슨은 아폴로 13호가 성공한 미션이라고 공식적으로 선언했다. 아폴로 13호의 착수를 지켜본 전 세계의 TV 시청자 수는 역사상 가장 많은 인원으로 추산되었다.

간/추/리/기

- 아폴로 13호는 1970년 4월에 세 번째로 달에 착륙할 예정이었다.
- 달에 가는 도중에 기계선에서의 폭발로 아폴로 13호 우주선은 엉망이 되었다.
- NASA의 비행관제소는 우주비행사들을 안전하게 귀환시킬 계획을 재빨리 즉석에서 만들었다.
- 승무원들의 인내와 비행관제소의 창의성은 아폴로 13호를 NASA의 '성공적인 실패'로 바꾸었다.

월면차, 골프 클럽, 그리고 특별한 월석

아폴로 13호가 위기일발의 귀환을 하자 일부 사람들은 우주계획을 약간 늦추거나 심지어는 달에 가는 계획을 모두 중단하라고 NASA에 요구했다. 그러나 그런 일은 일어나지 않았다. 대신 NASA는 '진보한 달 미션'이라고 하는 훨씬 더 야심적인 계획을 세워 달 탐사를 진행했다.

아폴로 14호 _ 달 위에서의 티타임

아폴로 14호가 아폴로 13호 발사 1년 만에 달로 향했다. 아폴로 시스템을 철저히 재검토하고 저온 저장 탱크들을 재설계한 후였다. 아폴로 14호 미션은 미국 최초의 우주인 앨런 셰퍼드의 우주로의 복귀를 특징으로 했다. 귀 질환으로 오랫동안 지상에서 근무했던 셰퍼드는 건강이 호전되면서 다시 한 번 비행 임무를 맡았다.

셰퍼드의 첫 우주비행 시간이 15분간이었던 반면, 이번 비행시간은

스튜어트 로사(Stuart Roosa)
스튜어트 앨런 로사는 1933년 8월 16일 콜로라도 주 두란고에서 태어났다. 콜로라도 대학에서 항공공학으로 학사 학위를 받고 1953년에서 1976년까지 공군에서 복무했다. 항공우주 연구소 조종사 학교를 졸업하고, 1965년 9월에서 1966년 5월까지 캘리포니아 주 에드워드 공군 기지에서 시험비행 조종사로 일하다가 1966년 4월 NASA에 의해 우주비행사 19명의 일원으로 선발되었다. 아폴로 14호의 승무원에 이어 아폴로 16호와 17호 비행의 예비 사령선 조종사로 일했고, 1976년 은퇴할 때까지 우주왕복선 계획에 참여했다. 민간 부문에서 기업 임원으로 성공했던 로사는 췌장 질병으로 1994년 12월 12일 사망했다.

꽤 길었다. 그리고 아폴로 14호 비행에는 셰퍼드의 오랜 기다림을 가치 있게 해 줄 특전, 즉 달에서의 산책이 포함되었다.

셰퍼드는 신참 우주비행사들인 스튜어트 로사, 에드거 미첼과 함께 비행했다. 셰퍼드와 미첼이 달 표면에서 보냈던 33시간 동안, 로사는 사령선 키티호크호에 타고 달 궤도에 남아 달의 지질을 관측하고 촬영하였다.

아폴로 14호는 일련의 업적과 첫 기록을 달성했다. 예를 들어 그 때까지 아폴로 14호는…….

- 가장 무거운 화물을 달 궤도에 두었다.
- 가장 무거운 화물 (45킬로그램 이상의 월석)을 달 표면에서 가지고 돌아왔다.
- 가장 긴 시간을 달에서 보냈다.
- 가장 긴 시간을 달 위에서 걸었다.
- 처음으로 달에서 컬러TV를 이용했다.

에드거 미첼(Edgar Mitchell)
에드거 딘 미첼은 1930년 9월 17일 텍사스 주 헤리퍼드에서 태어났지만 그의 주 거주지는 뉴멕시코 주 아르테시아였다. 1952년 카네기 공대에서 산업관리학으로 학사학위를, 1961년 미 해군 대학원에서 항공공학 석사 학위를, 1964년 MIT에서 항공학, 우주비행학 박사 학위를 받았다. 1952년 해군에 입대하여 1953년 5월 로즈 아일랜드

세퍼드와 미첼은 아폴로 13호의 착륙 예정지였던 프라마우로에 착륙했다. 밖으로 나온 두 사람은 바퀴가 달린 작은 손수레에 장비, 실험 도구, 암석 표본들을 실어 끌고 다녔다. 그들은 달 크레이터로 들어가 가장 광범위하게 지질을 조사했다.

그런데 이 비행을 늘 기억하게 해 준 한 가지 단순한 사실이 있다. 앨런 셰퍼드가 세븐 아이언으로 골프공을 쳐 보이며 달에서 골프를 친 최초의 인간이 되었다는 점이다.

미첼은 공군 항공우주 연구조종사 학교를 수석으로 졸업한 후에 우주선 센터에 들어갔다. 1966년 우주비행사로 선발되었고, 아폴로 9호의 우

주비행사 지원 승무원, 아폴로 10호의 예비 달 착륙선 조종사로 근무했다. 아폴로 14호를 타고 달에 다녀온 후 아폴로 16호의 예비 달 착륙선 조종사로 임명되었다. 미첼은 NASA를 은퇴한 후 유타 주 프로보와 플로리다 주 웨스트 팜비치에 있는 기상예보 시스템 회사의 대표이사가 되었다.

뉴포트에서 간부 후보생 학교 과정을 이수한 후에 해군 소위로 임관되었다. 1954년 7월에 비행 훈련을 마치고 오키나와에 배치된 초계비행 대대에 파견되었다. 1957년에서 1958년까지 USS 본혼리처드호와 USS 티콘더로거호에 탑승 배치된 중형 공격전대에서 근무하면서 A3항공기를 조종했다. 그리고 1959년까지 항공개발 제5대대의 연구 프로젝트 조종사로 일했다.

아폴로 15호 _ 행복한 방랑자들

아폴로 15호는 예정대로 1971년 7월 26일 동부 표준시로 오전 9시 34분에 케네디 우주센터를 떠났다. 아폴로 15호 비행의 가장 중요한 목표는 달에서 지질학적으로 호기심을 끄는 지역인, 해들리 릴리(Hadley Rille)라 불리는 협곡을 포함한 해들리 아펜니노(Hadley-Apennine) 지역을 조사하고 표본을 채취하는 것이었다.

아폴로 15호의 사령선에는 또한 우주비행사들이 달 표면의 지구물리학적, 사진학적 연구를 수행할 수 있는 새로운 장비를 탑재했다.

승무원은 제미니 8호와 아폴로 9호의 베테랑 데이빗 R. 스코트 선장, 알프레드 워든 사령선 조종사, 제임스 B. 어윈 달 착륙선 조종사로 구성되었다. 워든과 어윈은 모두 첫 우주비행이었다.

애석하게도 러시아는 우주계획에서 그해 여름에 비극을 경험했다. 새로운 살류트 1호 우주정거장에 탑승하여 23일 동안을 우주에서 보낸 소유스 11호의 승무원들은 1971년 7월 16일 지구로 재돌입하는 동안 사망하였다. 우주선 밸브의 결함으로 선실을 여압하지 못했기 때문이다. 세 승무원은 우주복을 입지 않고 있었다.

7월 30일, 달 착륙선에 탑승한 스코트와 어윈은 하강 추진장치 엔진을 점화시켰다. '동력 하강'이라 불리는 이 하강 단계는 12분이 소요되었다. 만약 착륙에 어려움을 겪더라도 달 착륙선은 103초 동안 공중을 선회할 예비연료를 가지고 있었다. 우주비행사 스코트와 어윈은 67시간가량 달 위에 머물렀다. 달에 착륙하여 과학 장비들을 배치한 그들은 새 월면차를 타고 달 탐사의 나머지 시간인 18시간을 보냈다.

알프레드 워든(Alfred Worden)
알프레드 메릴 워든은 1932년 2월 미시건 주 잭슨에서 태어났다. 1955년 미국 육군사관학교를 졸업한 후에 1963년에 미시간 대학에서 항공우주공학과 계측공학으로 석사 학위를 받았다. 조종사 훈련을 마친 후에 1963년 랜덜프 공군기지 계기비행 조

우주비행사들은 월면차를 몰고 다니며, 해들리 릴리라 불리는 길고 좁은 계곡뿐 아니라 아펜니노 고원이라 불리는 변두리 산맥에서도 표본들을

종 교관 학교에 입학하였고, 1957년 3월에서 1961년 5월까지 메릴랜드 주 앤드루스 공군기지의 제95 요격 비행 대대에서 조종사와 병참장교로 근무했다.

워든은 1966년 4월 NASA에 의해 우주비행사 19명의 일원으로 선발되었고, 아폴로 9호 비행의 우주비행사 지원 승무원, 아폴로 12호 비행의 예비 사령선 조종사로 근무했다. 아폴로 이후에 1972년에서 1973년까지 NASA 에임스 연구소의 선임 항공우주 과학자였고, 1973년부터 1975년까지 에임스의 시스템 연구부의 책임자였다. 워든은 1975년 현역에서 은퇴한 후에 개인사업을 시작했다.

달 착륙선의 하강 추진 장치는 하강단의 주 엔진으로 착륙선을 달 표면으로 내려가게 한다. 이 하강 엔진은 우주비행사들이 달 착륙선을 공중 선회할 수 있게 추력을 변화시킬 수 있다.

아폴로 15호 우주비행사들은 8월 2일에 달을 떠나면서 월면차를 남겨 두었다. 이 월면차에 텔레비전 카메라 1대가 실렸는데, 달에서 이륙한 달 착륙선이 달 궤도에서 사령선과 다시 도킹하는 장면을 보여 준 것이 이 카메라였다. 이 카

채집하였다. 그들은 달 물질(흙과 암석) 76킬로그램을 지구로 가지고 왔다.

지구로의 귀환은 착륙 낙하산이 펼쳐지기 직전까지 무사 평온했다. 주 낙하산 세 개가 모두 처음에는 완벽하게 펼쳐지지 않았는데, 그것도 하나가 곧 접혀져 버렸다. 그래서 우주선은 나머지 두 낙하산으로 착수해야 했다. 우주선은 보통 때보다 수면에 강하게 충돌했지만, 그 충격으로 우주비행사들이 해를 입지는 않았다. 우주비행사들은 1971년 8월 7일 태평양상에서 회수선 USS 오키나와호에 안전하게 승선했다. 아폴로 15호 미션은 이륙에서 착수까지 295시간 11분 동안 지속되었다.

월면차 로버의 데뷔

아폴로 15호 비행은 뛰어난 월면차 로버(Rover)의 데뷔가 특징이다. 로버는 우주비행사들이 달 지형에서 도보로 가능한 것보다 훨씬 먼 거리를 탐사하는 데 사용하는 차량이다. 버킷(bucket) 좌석과 파워 핸들을 갖춘 로버는 무게가 206킬로그램이었고 두 개의 36볼트 배터리로 작동했는데, 배터리가 소모될 때까지 64킬로미터를 달릴 수 있었다.

산책 거리 내에서 머물기

안전상의 이유에서, NASA의 비행 규칙은 우주비행사들이 달 착륙선으로부터 9.7킬로미터 이상 벗어나 여행하지 않도록 되어 있었다. 그래야 로버가 고장났을 경우에 생명유지 배낭이 소모되기 전에 착륙선으로 걸어서 돌아올 수 있기 때문이었다.

로버는 두 우주비행사, 그들의 363킬로그램 무게(지구 중력으로)의 생명유지장치, 107킬로그램 무게의 사진 장비와 교신 장비를 싣고도 달 표본을 최대 27킬로그램까지 더 실을 수 있었다.

달 표면에 적응하기

월면차 로버는 보잉사와 제너럴모터스의 델코 전자팀에서 1년 반 동안 설계하여 제작하였다. NASA에서 아이디어를 내놓고 완성할 때까지 18개월밖에 걸리지 않았다. 그러나 월면차 로버의 개발이 쉽지만은 않았다.

로버는 달 토양의 낯선 환경과 극단적인 온도(햇빛에서 260도, 그늘에서 영하 280도), 그리고 낮은 중력에 대처할 수 있게 독특한 설계로 만들어졌다. 달의 가루투성이 토양에서 로버는 특별히 설계한 직조 강선으로 만든 바퀴들을 굴려 움직였다.

바퀴들에는 달 토양으로 파고드는 갈매기 모양의 디딤판이 달려 있었고, 각 바퀴마다 전기 추진 모터를 갖추었다. 운전자는 앞바퀴, 뒷바퀴, 또는 네 바퀴 전부의 조종을 선택할 수 있었다. 운전 핸들은 달려 있지 않았지만 사람이 운전할 수 있었다. 모든 제어(운전, 가속, 감속)는 우주비행사들의 좌석 사이에 붙어 있는 조종간으로 했다.

로버 운전술

로버를 운전하는 데 또 다른 문제점이 있었다. 달의 미약한 자기장에서 나침반이 작동하지 않았고, 크레이터들로 인해 어떤 곳이든 일직선으로 가는 것이 불가능했기 때문이다.

우주비행사들이 있을 곳과 갈 곳을 정하는 것을 돕기 위해 자이로와 주행 거리계가 작은 컴퓨터에 연결되었다. 이 컴퓨터는 여행한 거리와 방향을 측정하여 어떤 순간에서도 로버의 위치를 알아냈다. 모든 것이 GPS(위치 측정 시스템) 없이 이루어졌던 것이다!

메라는 달 착륙선이 떠난 뒤에 예정대로 오랫동안 작동하면서 8월 6일에 월식 사진을 보냈다. 불행하게도, 우주비행사들이 떠나고 40시간 후에 비행관제소에서 켠 이 카메라는 13분 만에 작동을 멈추었다.

달 착륙선에 싣기 쉽도록 하기 위해 로버는 작동할 때 크기보다 절반 이하의 크기로 포개져 있었다. 우주비행사들은 달 착륙선 하강단의 격실에서 로버를 꺼내 달 표면에 펼쳐 놓았다. 달로 가는 아폴로 비행마다 4억 달러의 비용이 들었는데, 미국에 아무리 돈이 많았다 하더라도 놀라운 금액이었다. 야외 지질학(이를테면 암석 수집)에 열광하지 않는 사람들에게 반복되는 아폴로 비행은 시들한 일이 되어 갔고, 대중의 관심도 멀어졌다. 이 점을 알아차린 의회가 존슨 대통령의 위대한 사회계획과 베트남 전쟁의 증가하는 비용에 직면해 아폴로 예산을 삭감하고 예정된 마지막 세 차례의 아폴로 비행을 취소하도록 강요했다.

월면차 로버는 분명히 인디 500(미국 최고의 카레이스 경기)에 출전하기에 적합하지 않았다. 평균 시속 8킬로미터를 냈고, 평원에서는 시속 12킬로미터로 제법 빠르게 움직

였다. 이 속도로 달릴 때는 뒷바퀴에서 먼지 꼬리를 일으킬 정도였다. 달 체류의 마지막 무렵 로버의 주행 거리계는 달에서 28킬로미터를 운행했음을 보여주었다.

찰스 듀크(Charles Duke)
찰스 모스 듀크 2세는 1935년 10월 3일 노스캐롤라이나 주 샬럿에서 태어났다. 1957년 미 해군사관학교를 졸업하고, 1964년 MIT에서 항공학 석사 학위를 받았다. 1965년 9월 항공우주 연구조종사 학교를 졸업한 후 그곳에서 교관으로 근무했다. 1966년 4월 NASA에 의해 우주조종사 19명의 일원으로 선발되었다. 아폴로 10호 우주비행사의 지원 승무원, 아폴로 11호의 교신 담당자, 아폴로 13호의 예비 달 착륙선 조종사로 근무했다. 1975년 12월 듀크는 우주계획에서 은퇴하고 개인 사업에 진출하였다.

토머스 매팅리(Thomas Mattingly)
토머스 K. 매팅리 2세는 1936년 3월 17일 일리노이 주 시카고에서 태어났다. 1958년에 오번 대학에서 항공공학으로 학사 학위를 받았고, 1958년에 해군 소위로 해군 생활을 시작하였으며, 1960년에 비행 기장을 받았다. 다시

아폴로 16호 _ 멕시코시티가 고원이라고요?

다섯 번째로 인간을 달에 착륙시키고 두 번째로 월면차를 사용하는 임무를 가진 아폴로 16호가 1972년 4월 16일 케네디 우주센터에서 발사되었다. 아폴로 16호 달 착륙선은 4월 21일 달 표면에 내려앉았다. 착륙 장소는 데카르트 크레이터 근처로, 달의 고원지대로의 첫 착륙이었다. 착륙 지점의 고도는 아폴로 11호의 닐 암스트롱이 착륙한 장소보다 2.2킬로미터나 높았다.

선장 존 W. 영과 달 착륙선 조종사 찰스 듀크가 달 표면을 탐사하는 동안 사령선 조종사 T. K. 매팅리는 달 궤도에 남아 있었다. 존 W. 영과 찰스 듀크는 세 차례에 걸쳐 밖에서 체류한 총 20시간 14분 동안, 월면차를 타고 달 표면을 27킬로미터 횡단하였고 월석을 95킬로그램 이상 수집하였다.

매팅리도 그들의 머리 위로 궤도 비행하면서 달 표면에 관한 여러 유형의 사진들을 찍었다. 세 우주비행사들은 자외선 측정 카메라를 포함한 다양한 첨단 장비를 이용하였다.

아폴로 16호 우주비행사 존 W. 영이 달 위에서 월면차 로버의 뒷부분으로 장비를 끌어내고 있다.

영과 듀크는 달에서 71시간을 보낸 후에 이륙하여 사령선의 매팅리와 다시 만났다. 그들은 지구로 안전하게 돌아와 1972년 4월 27일 태평양 상에 착수하였고, 그곳에서 회수선 USS 티콘더로거호에 승선했다. 아폴로 16호 미션의 가장 놀라운 성과는 과거의 비행 조사에서 확인된, 승무원들이 달 위에서 검사한 달 표본들이 과학자들의 짐작대로 고대의 용암 흐름이 아니었다는 점이다. 그것들은 달의 초기 역사에서 소행성과 혜성이 충돌하면서 달을 용해하고 뒤흔들어 생긴 파편 암석이었다.

아폴로 17호 _ 안녕, 달이여

대부분의 사람들에게 아폴로 17호를 기억하게 만든 두 가지 사실이 있다. 하나는 우주선이 야간에 발사되어 플로리다 하늘에 아름다운 혜성을 만들었다는 점이다. 다른 하나는 이 우주선이 달로 가는 마지막 유인 미션이었다는 점인데, 당시에는 아무도 예상하지 못했다.

1972년 12월 7일 오전 12시 33분(또는 많은 사람들이 말하는 대로 한밤중)에 발사했는데도 불구하고 이륙 광경을 직접 지켜본 사람은 50만 명으로, TV로 지켜본 사람은 수백만 명으로 추산되었다. 아폴로-새턴 V의 첫 야간 발사였다.

점화의 순간에 새턴V형 로켓 아래의 화염은 케이프를 대낮처럼 보이게 할 만큼 아주 밝았다. 구름 한 점 없는 밤이었기 때문에 53킬로미터나 떨어진 거리에서도 로켓을 볼 수 있었다.

아폴로 17호에는 아폴로 미션의 그 어떤 장비보다 더 과학적인 장비들이 탑재되었다. 탑승한 우주비행사는 제미니 9호와 아폴로 10호의 베테랑 유진 서넌 선장, 로널드 E. 에번스 사령선 조종사, 해리슨 슈미트 달 착륙선 조종사였다.

VA-35에 배치되었고, 1960년에서 1963년까지 USS 새러토거호에 탑승하여 A1H 비행기를 조종하였다. 1963년 7월에 USS 프랭클린 D. 루스벨트호 선내의 VAH-11에 근무하면서 2년 동안 A3B를 조종하였다. 1966년 4월 NASA에 의해 우주조종사 19명의 일원으로 선발되었고, 아폴로 8호와 9호 미션의 우주비행사 지원 승무원으로 일했다. 매팅리는 아폴로 우주복과 배낭(EMU)을 개발하고 실험한 대표적 우주비행사였다. 1979년 3월에서 1981년 4월까지 우주비행사실 상승, 돌입 그룹을 이끌었고, 이어서 STS-2와 STS-3, 컬럼비아호의 2차, 3차 궤도 시험비행의 예비 선장으로 일했다. 우주비행 세 번의 베테랑으로서 아폴로 16호 비행에서 선외 활동 1시간 13분을 포함하여 우주 체류 504시간을 기록했다. 매팅리는 아폴로 16호(1972년 4월 16-27일)의 사령선 조종사였고 STS-4(1982년 6월 26일에서 7월 4일까지)와 STS 51-C(1985년 1월 24-27일)의 우주왕복선 선장이었다. 1985년 NASA를 사직했다.

해리슨 슈미트(Harrison Schmitt) 1935년 7월 3일 뉴멕시코주 산타리타에서 태어났다. 1957년 캘리포니아 공대에서 이학사 학위를 받았고, 1957년과 1958년 동안 노르웨이 오슬로 대학에서 공부했

으며, 1964년 하버드 대학에서 지질학으로 박사 학위를 받았다. 1961년 하버드에서 광물매장 강좌의 학생 조교로 일했으며, 노르웨이 지질 조사국을 위해 노르웨이 서부 해안에서, 미국 지질조사국을 위해 뉴멕시코와 몬태나에서 지질학적 작업에 참여했다. 또한 두 해 여름을 알래스카 남동부에서 지질학자로 일했다. 1,600시간의 제트기 비행을 포함하여 2,100시간 이상의 비행시간을 기록했다. 슈미트 박사는 1965년 NASA에 의해 과학자-우주비행사로 선발되었고, 1974년 2월에는 선임 과학자-우주비행사 직책을 맡았다. 1975년 8월에 NASA를 그만두고 고향인 뉴멕시코 주의 상원의원에 출마하여 1976년 11월 2일에 57퍼센트의 지지를 얻어 당선되었다. 1977년 1월 워싱턴에서 6년 임기의 뉴멕시코 주 상원의원 활동을 시작하였다. 재선에 실패하고 지금은 정부·과학분야의 컨설턴트로 활동하고 있다. 슈미트 박사는 과학의 보상과 달의 상업적 활용에 관한 옹호자이다.

로널드 E. 에번스(Ronald E. Evans) 1933년 11월 10일 캔자스 주 세인트 프랜시스에서 태어났다. 1956년 캔자스 대학에서 전자공학으로 학사 학위를, 1964년 미 해군 대학원에서 항공공학으로 석사 학위를

우주로 올라간 첫 과학자

아폴로 17호 비행은 또 다른 이유에서 하나의 이정표적인 비행이었다. 훈련된 과학자가 달에 가는 첫 비행이었던 것이다. 지질학자 해리슨 슈미트가 우주로 올라간 첫 미국인 과학자였다.

달 표면 아래까지

아폴로 17호 사령선에는 달 토양의 물리적 속성을 규명할 수 있는 특별한 레이더가 있었다. 그래서 달 표면 뿐 아니라 달 아래 1.609킬로미터 깊이까지 측정할 수 있었다! 이 새로운 정보는 이전의 조사 결과와 결합되어 달의 지형 단면도가 완성되는 데 일조했다.

계곡 안으로 내려가다

우주 비행사 서넌과 슈미트는 달에서 3일간 머물며 타우루스-리트로(Taurus-Littrow) 계곡으로 알려진 지역을 탐사하였다. 월면차 로버에 탄 두 사람은 일찍이 시도된 것 중에 가장 야심적인 달 탐사 계획을 실행하였다. 실험 장비들을 배치하고, 계곡 바닥의 검은 용암을 표본 채취하고, 주변 산들의 높은 곳에 자리잡은 바위들에서 표본을 떼어 냈다. 그리고 37억 년 전에 분출한 용암 샘의 흔적인 오렌지색 토양도 발견하였다. 그들이 탐사를 끝마쳤을 때 로버의 주행 거리계는 32킬로미터를 가리켰다. 아폴로 17호는 달 물질 110킬로그램을 지구로 가져왔다.

달 폭탄

우주 비행사들은 월진계를 포함해서 달을 계속해서 관측할 장비들을 남겼다. 지질학자들은 우주비행사들이 떠난 후에 박격포탄 8개와 맞먹는 화약을 폭발시키는 활동적인 실험을 할 수 있었다. 이 화약은 인공 달 지진을 일으키기 위해 한꺼번에 폭발하였고, 그 진동이 월진계에서 측정되었다. 달 진동은 지구에서 해석되어 달의 지각 아래에 관한 상세한 정보를 제공했다.

화산 활동과 운석 충돌의 영향을 측정할 다른 실험 장비들도 남겼다. 우주비행사들은 달 표면을 떠나서 사령선으로 돌아온 후에 다시 이틀간 달 궤도에 머물며 달 주변을 지도로 작성하는 임무를 완수했다.

아폴로 17호 우주비행사들은 1972년 12월 14일 달을 떠나 12월 19일 지구로 돌아왔다. 태평양에 착수한 승무원들은 대기하던 USS 새러토거호에 승선했다. 이 마지막 달 여행의 전 과정은 약 302시간 지속되었다.

받았다. 캔자스 대학의 해군 ROTC 과정을 통해 해군 소위로 임관된 후에 1957년 6월 비행훈련을 마쳤다. 에번스 대령은 1966년 NASA에 의해 우주비행사 19명의 일원으로 선발되었다. 1976년 4월 30일 미 해군에서 퇴역하고 21년간 NASA의 우주왕복선 계획의 개발에 현역 우주비행사로 관계했다. 1977년 3월 NASA에서 은퇴하여 석탄회사의 간부가 되었다. 에번스는 1990년 4월 6일 애리조나 주 스코트데일에서 심장병으로 사망했다.

비록 새턴V형 로켓은 스카이랩을 궤도로 올려놓는 데 다시 사용될 터지만, 달로의 마지막 유인 비행을 위해 아폴로-새턴V형 로켓을 발사대로 이동하는 일은 우주계획 관계자들에 의해 엄숙한 순간으로 다루어졌다. 5,000명 이상의 구경꾼이, 발사체 조립빌딩에서 4.8킬로미터 떨어진 발사대로 천천히 이동하는 거대한 로켓을 직접 지켜보았다.

간/추/리/기

- 앨런 셰퍼드는 세븐 아이언으로 골프공을 날려 달의 미약한 중력을 생생하게 보여 주었다.
- 월면차는 달 표면을 보다 쉽고 넓게 탐사하기 위해 특별히 제작된 '달 지프'였다.
- 아폴로 16호는 데카르트 고원을 탐사하여 달의 초기 충돌 역사의 증거를 찾았다.
- 마지막 아폴로 비행에서 과학자 한 명이 시험비행 조종사로 합류해 달에 갔다.
- 월석의 수집과 연구는 달, 지구, 태양계의 초기 역사에 대한 소중한 통찰을 가져다주었다.

아폴로 17호의 과학 장비 가운데 새로운 것으로 분광계(spectrometer)도 있었다. 우주비행사들은 분광계로 달 대기의 구성 요소와 밀도의 다양한 변동을 측정할 수 있었다.

5부

달을 넘어서

5부에서는 미국인과 러시아인이 함께 유인 우주선을 사용하는 합동 궤도 비행인 아폴로-소유스 시험 계획을 살펴볼 것이다. 또 내가 좋아하는 우주비행체인, 반복 사용이 가능한 만능의 우주왕복선 이야기도 할 것이다. 우주왕복선은 운항을 시작한 지 30여 년이 지났지만 여전히 세계에서 가장 안전하고 유능한 우주선이다. 우주왕복선의 하드웨어, 초기 성공, 그리고 막을 수 있었던 비극적 실패인 챌린저호 참사에 관해 알아본다.

결론 부분에서는 계획 단계에서부터 실제의 비행에 이르기까지 우주왕복선 임무의 뒷면을 들여다보며 우리 이웃 행성들, 우리의 지구, 우주의 바깥에 대한 NASA의 첨단 연구도 다룰 것이다. 마지막으로 인류의 미래 우주비행에서 NASA는 어느 길을 선택해야 할까?

스카이랩과 우주 데탕트

아폴로 11호의 대성공 이전에도, 베트남 전쟁과 늘어나는 사회복지 프로그램에 대한 연방정부의 지출로 NASA의 예산은 쪼들렸다. 마지막 세 차례의 달 착륙이 취소되자(마샬 우주센터, 케네디 우주센터, 존슨 우주센터에서 이 비행에 사용하려던 새턴V형 로켓을 볼 수 있다) NASA는 다음 활동을 찾았다. 아폴로 계획이 끝남에 따라 NASA에 아폴로 하드웨어의 대부분이 남게 되었다. 그래서 NASA는 남은 하드웨어를 이용하여 새로운 목표, 즉 우주정거장을 세워 우주 공간에 인간을 영구히 거주시킨다는 목표를 추구하기로 결정했다.

또한 냉전의 긴장이 완화되면서, 우주개발 연구의 일부 영역에서 소련과 경쟁하는 대신 협력하는 계획들이 처음으로 시작되었다. 두 나라는 1970년대 중반에 합동 궤도 비행을 하기로 합의했다.

스카이랩 승무원
- 스카이랩 2호 : 피트 콘라드, 조 커윈, 폴 웨이츠
- 스카이랩 3호 : 앨런 빈, 잭 루스마, 오언 가리오트
- 스카이랩 4호 : 제럴드 카, 에드워드 G. 깁슨, 윌리엄 포그

스카이랩 살펴보기

궤도에 올려진 미국의 첫 우주정거장은 스카이랩 1호라 불렸는데, 길이 26미터에 가장 넓은 부분의 지름이 6.7미터였다. 비용을 절감하고 기존의 아폴로 부품을 대부분 이용하기 위해 NASA의 새 스카이랩 우주정거장은 새턴V형 로켓의 3단을 개조해서 만들었다.

NASA는 우주정거장의 목적을 장기간 우주 공간에서 일하고 살아가는 인간의 능력을 분석하는 것이라고 밝혔다. 우주비행사들은 또 지구 대기권 위에서 천문학적 실험과 지구 연구를 수행하는 임무를 부여받았다. 우주 공간은 태양, 별, 행성들을 관측하는 데 보다 폭넓은 시야를 갖게 해 준다. 지구에서의 시야는 지구 대기권의 변동하는 층들에 의해 왜곡되기 때문이다. 먼지와 안개, 난기류가 없는 대기권 위에서 우주비행사들은 지구에서 관찰하는 것보다 더욱 정확하게 천체를 관측할 수 있었다.

스카이랩 정거장은 1973년 5월 14일 마지막 비행을 하는 새턴V형 로켓에 실려 처음으로 궤도에 올려졌다. 이어서 5월, 8월, 11월에 세 명의 승무원으로 구성된 팀들이 스카이랩을 방문하였다. 우주비행사들은 아폴로 우주선 사령선를 타고 새턴IB 로켓에 의해 우주로 올라갔다.

발사 중에 입은 손상

이 최초의 우주정거장 발사에서, 스카이랩의 문제점들이 드러나기 시작했다. 우주정거장을 운석들로부터 보호하기 위해 설계한 원통형 차폐막이 상승중의 진동에 의해 찢겨지고, 후류(빠르게 이동하는 물체가 일으키는 격렬한 공기 흐름)로 인해 벗겨졌다. 그리고 우주정거장의 태양 전지판 두 개 중 하나가 달아나 버렸다.

운석 차폐물은 찢겨진 후에 완전히 떨어지지 않고 남은 조각들이 남은 태양 전지판의 주위를 둘러싸서 태양 전지판이 궤도에서 펼쳐지지 못하게 하였다. 태양 전지판 한 개는 없어지고, 다른 한 개는 접혀 있어 스카이랩의 전력이 부족했다.

운석 차폐물의 손실로 스카이랩의 내부 온도 제어 능력이 심각한 영향을 받았다. 내부의 온도는 햇빛에 있을 때 52도까지 치솟았다. 내부의 장비와 공급품이 높은 내부 온도 때문에 가스를 방출하면서 우주정거장의 내부 공기가 호흡에 적당한지 보증할 수 없었다.

스카이랩 2호의 자료
발사 일 : 1975년 5월 25일
우주 체류일 : 28일
지구 궤도 비행 횟수 : 404회
착수 : 1973년 6월 22일 태평양
회수선 : USS 티콘더로거호

스카이랩 2호

원래 예정대로라면 스카이랩을 발사한 다음 날 세 명의 승무원이 처음으로 궤도에 진입해야 했다. 하지만 스카이랩 내부 온도 문제 때문에 이 최초의 유인 발사는 열흘간 연기되었다. NASA는 손상 부위를 고치는 데 쓸 햇빛가리개와 수리 용구를 생각해 내느라 부산했다. 극단적인 온도에서의 위험을 줄이기 위해 승무원의 우주복과 작업 스케줄이 변경되었다. 승무원들과 비행관제소는 우주 공간에서 우주비행사들이 손상 부위를 살펴본 후 우주정거장을 구조할 해결책을 찾아내기로 하였다.

손상 부위를 수리하기 위한 시도

아폴로 우주선은 스카이랩과 랑데부하고 도킹할 때까지 지구 주위를 다섯 바퀴 비행했다. 도킹하기 전에 승무원들은 미세운석 차폐막이 떨어져 나갈 때 입은 우주정거장의 손상 부위를 눈으로 분석했다.

우주비행사들은 이전에 한 번도 해 보지 않은 어떤 일을 시도해 보기로 결정했다. 우주유영을 이용하여 스카이랩을 수리하는 것이다. 그들은 사령선을 감압하고 해치(아폴로 1호 화재 이후에 재설계한 것)를 열었다. 폴 웨이츠는 40분간 우주유영을 하면서 잔해를 제거하고 접힌 태양 배열 날개를 펼쳐 놓는 첫 시도를 하였다.

웨이츠는 피트 콘라드가 조종하는 사령선에서 몸을 내뻗어 조 커윈이 발을 붙잡은 상태에서 4.5미터 길이의 끝이 굽은 갈고리 막대로 잔해를 제거하는 시도를 하였다. 제대로 되지 않자 이번에는 지렛대를 사용하였다. 웨이츠가 접힌 날개를 아주 세게 밀어내는 동안, 콘라드는 그를 붙들어 두기 위해 아주 가까이 접근하여 비행해야 했다. 이 첫 번째 수리 시도는 성공하지 못했지만, 모든 사람들이 칭찬을 아끼지 않았다.

스카이랩의 태양전지판(solar array wing)은 햇빛을 모으기 위해 설계되었는데, 태양전지나 광전지를 이용하여 우주정거장에서 사용할 전력으로 전환한다.

조셉 커윈 박사(Dr. Joseph Kerwin)는 1932년 2월 19일 일리노이 주 오크파크에서 태어났다. 1953년 매사추세츠 주 우스터 홀리크로스 대학에서 철학으로 학사학위를, 1957년 일리노이 주 노스웨스턴 의과대학에서 석사학위를 받았다. 1958년 해군 의료단에 입대하여 1962년 텍사스 주 비빌에서 비행기장을 받았다. 1965년 NASA에 의해 과학자-우주비행사로 선발되었고, 우주여행을 마친 다음에 존슨 우주센터의 우주생명과학부 책임자가 되었다.

우주에서의 한 달

우주비행사들은 우주에서의 두 번째 날에 도킹하여 마침내 스카이랩에 탑승했다. 그들은 완벽하지 않은 상황, 즉 내부 온도가 48도까지 치솟은 고온과 유독가스의 위협을 견뎌야 했다. 조심스럽게 우주선으로 들어간 그들은 공기를 마시기 전에 공기의 질을 점검하였다. 승무원들의 첫 임무는 파라솔처럼 보이는 햇빛가리개를 기밀실 출입구 밖으로 펼치는 것이었다. 햇빛가리개는 온도를 적정 수준으로 떨어뜨리는 역할을 하였다.

일단 입주하고 나서 이 손님들은 스카이랩에 오랫동안 머물렀다. 승무원들은 우주에서 가장 오랜 체류 시간인 28일이란 세계 기록을 달성할 때까지 떠나지 않았다. 이 우주 체류 기록으로 1971년 러시아 우주정거장에 탑승하여 23일을 머무르고 지구로 재돌입하는 중에 숨졌던 소유스 11호의 운 나쁜 승무원들이 세운 기록은 깨졌다.

미션 14일째, 우주비행사 콘라드와 커윈은 에어록(Airlock) 모듈의 문을 열고 스카이랩 밖으로 나왔다. 이번에 우주비행사들은 잔해를 제거하고 접혀진 태양전지판을 완전히 펴서 우주정거장의 전력 생산을 회복시키는 데 성공하였다. 조 커윈은 탯줄에만 매달려 날아다니면서 태양전지판을 우주정거장 밖으로 펼쳐 태양 쪽으로 배열시켰다. 콘라드가 웃으면서 그를 잡아당겼다. 이 선외 활동은 3시간 25분 지속되었다.

이 미션 동안 우주정거장의 태양 망원경에 탑재한 카메라들의 필름을 교환하기 위해 또 한 번의 우주유영이 있었다.

떠날 시간이 되었을 때 커윈과 콘라드는 스카이랩을 처음보다 훨씬 더 좋은 상태로 남겨두고 아폴로 사령선으로 다시 돌아갔다. 그리고 다음 승무원들이 거주할 스카이랩을 뒤로 하고 귀환했다.

오언 가리오트(Owen Garriott) 1930년 11월 22일 오클라호마 주 에니드에서 태어났다. 1953년 오클라호마 대학에서 전기공학으로 학사 학위를, 1957년과 1960년에 스탠포드 대학에서 전기공학으로 각각 석사 학위와 박사 학위를 받았다. 1961년에서 1965년까지 스탠포드 대학 전기공학과에서 부교수로 전자공학, 전자기 이론, 전리권 물리학을 가르쳤다. 가리오트 박사는 1965년 NASA에 의해 과학자-우주비행사로 선발되어 애리조나 주 윌리엄스 공군기지에서 53주의 비행훈련 과정을 이수했다. 스카이랩 3호 우주비행과 우주왕복선 STS-9에 승선한 비행임무 전문가였다. 1986년 NASA를 사임하고 개인 사업을 시작하였다.

스카이랩 3호 _ 59일 동안의 도킹

스카이랩 2호 승무원들은 우주 체류 기록을 그다지 오래 보유하지 못했다. 실제로 그들의 기록은 NASA의 다음번 스카이랩 3호 승무원들에 의해 깨졌다. 선장 앨런 빈, 조종사 잭 루스마, 과학자 조종사 오언 가리오트를 태운 아폴로 우주선이 1973년 7월 28일 발사되었다.

스카이랩에 탑승한 첫날 멀미로 하루 종일 고생하면서 세 승무원 모두에게 아주 기나긴 두 달이 될 것으로 보였다. 우주비행사들의 얼굴에서 창백한 안색이 사라질 때까지 우주정거장의 모든 장비들을 작동하는 것이 지연되었다.

비행 닷새째 날 좀 더 심각한 문제가 발생했다. 사령선의 두 추력기가 작동되지 않았던 것이다. 추력기들이 제대로 작동하지 않으면 미션을 중단해야 했다. 최악의 시나리오로 우주비행사들은 안전하게 귀환하지 못할 수도 있었다.

케네디 우주센터의 발사 요원들은 유인 구조대를 우주 공간으로 올

스카이랩 3호 자료
발사일 : 1973년 7월 28일
우주 체류일 : 58일
지구 궤도 비행 횟수 : 858회
착수 : 1973년 9월 25일, 태평양
회수선 : USS 뉴올리언스호

스카이랩 3호 비행의 또 다른 주목할 만한 역할은 교육적인 면에 있었다. 우주비행사들은 무중력 상태를 사람들에게 직접 보여 주었던 것이다. 텔레비전 화면에 비추는 침실 세 개 크기의 널찍한 우주정거장은 우주비행사들이 자유낙하하면서 일하는 멋진 무대 역할을 하였다.

려 보내야 할 경우에 대비하느라 밤을 세워 가며 일했다. 하지만 스카이랩 3호를 계속 진행하라는 결정이 내려졌고, 추력기들은 가동할 시간이 되자 완벽하게 작동했다.

이 미션 중에 세 차례의 우주유영이 있었다. 8월 6일 가리오트와 루스마는 선외에서 6시간 30분을 보냈다. 이 시간 동안 두 사람은 우주정거장에 스카이랩 2호 승무원들이 설치한 임시변통의 '파라솔' 가리개를 개량한 새 햇빛가리개로 대체했고, 우주정거장의 태양 망원경 카메라들의 필름을 갈아 끼웠다. 8월 24일 두 우주비행사는 또 선외 활동에 나서서 필름을 교환하고 보수 작업을 하였다. 세 번째 우주유영이 9월 22일 있었는데, 이번에는 빈과 가리오트가 다시 필름을 교환하고 사소한 고장 부위들을 수리하였다.

스카이랩 4호 _ 신인 우주비행사들만의 미션

스카이랩 4호 미션은 그 출발이 험난했다. 발사 며칠을 앞두고 새턴 IB 로켓 1단의 꼬리핀에서 균열이 발견되었다. 비행은 꼬리핀이 수리될 때까지 지연되었다. 장애를 극복하고 스카이랩 4호는 1973년 11월 16일에 발사되어 우주정거장과의 랑데부와 도킹을 완벽하게 해냈다.

제미니 계획 이래 처음으로 NASA는 모두 신참 우주비행사들을 우주로 올려 보냈다. 선장 제럴드 P. 카, 조종사 윌리엄 R. 포그, 과학자 조종사 에드워드 G. 깁슨 모두 우주비행 경험이 없었다.

스카이랩 3호 승무원들의 우주 체류 기간은 전임자들의 보유 기간보다 더 길지 못했다. 스카이랩 4호 신참 승무원들은 우주비행 84일간이라는 우주 체류 기록을 세웠다. 이 시간 동안 그들은 5억 4,714만 450킬로미터를 여행했다. 처음에 작업량이 과도한 탓에 우주비행사들은 피곤하고 무력했다. 실제로 승무원들은 늘어나는 잔무에 불만이 폭발하여 미션 관제소에 하루 쉬겠다고 일방적으로 선언하였고, 휴식하면서 무전기를 꺼 버렸다. 이 조그만 반란으로 인해 작업량을 조정할 필요성이 대두되었다. 승무원들은 곧 페이스를 되찾아 목표를 초과 달성했다.

스카이랩 4호 비행 동안 진행된 네 차례의 우주유영 중 첫 우주유영은 1973년 11월 22일에 6시간 33분간 진행되었다. 우주비행사 포그와 깁슨은 우주유영을 하는 동안 지구 대기권의 사진을 찍고, 실험 장비들을 설치하고, 우주정거장 외부에 있는 안테나를 보수하였다. 카와 포그가 실시한 두 번째 우주유영은 1973년 크리스마스에 있었다. 두 우주비행사는 7시간 1분 동안 우주유영을 하면서 외부 망원경 카메라들의 필름을 교환했다. 세 번째 우주유영은 1973년 12월 29일에 있었다. 3시간 29분 동안 우주유영을 하면서 카와 깁슨은 좋은 시간 조건을 이용하여 우연히도 태양계의 일부분을 통과하고 있던 코호우텍 혜성에 대한 상세한 사진들을 찍었다. 마지막 네 번째 우주유영은 1974년 2월 3일에 실시되어 5시간 19분 지속되었다. 두 우주비행사는 다시 필름을 교환하고 우주 공간의 영향을 다양한 물질에 노출시켜 측정하는 실험 장비들을 회수하였다.

제럴드 P. 카(Gerald P. Carr)
1932년 8월 콜로라도 덴버에서 태어났지만 캘리포니아 주 산타아나에서 자랐다. 그는 1954년 남가주대학에서 기계공학으로 학사 학위를, 1961년 해군 대학원에서 항공공학으로 학사 학위를, 1962년 프린스턴 대학에서 항공공학으로 석사 학위를 받았다. 1954년 대학을 졸업하고 임관되어 버지니아 주 퀀티코의 해병대 장교 기초학교에 입교했다. 플로리다 주 펜사 콜라와 텍사스 주 킹스빌에서 비행 훈련을 받은 후 해병대 제114 전천후 전투비행대대로 배치되어 F-9와 F-6A의 비행 경험을 쌓았다. 대학원 과정을 마친 후에 1962년에서 1965년까지 해병대 제112 전천후 전투비행대대에 근무하는 동안 미국과 극동 아시아에서 F-8 크루세이더를 조종했다. 카 대령은 1966년 NASA에 의해 우주비행사 19명의 일원으로 선발되었다. 1975년 9월 미국 해병대에서 퇴역하였고 1977년 6월 NASA에서 은퇴하였다.

스카이랩의 종말

NASA는 스카이랩을 하늘에 남겨 두어 당시 개발 중인 우주왕복선의 방문을 기다리게 할 계획을 세웠다. 하지만 대기권의 인력이 커지는 것과 NASA의 궁핍한 예산과 우주왕복선 계획의 기술적 지연이 겹쳐 스카이랩은 운명을 다하게 되었다. 보다 높은 궤도로 밀어 올릴 방법이

스카이랩 4호 자료
발사일 : 1973년 11월 16일
우주 체류일 : 84일
지구 궤도 비행 횟수 : 1,214회
착수 : 1974년 2월 8일, 태평양
회수선 : USS 뉴올리언스호

없었던 스카이랩은 1979년 7월 11일 지구 대기권에 재진입하여 타다가 몇 개의 파편이 되어 오스트레일리아에 떨어졌다. 스카이랩은 놀라운 장기 체류 경험 기록과 79가지의 성공적인 실험 유산을 남기고 유성처럼 불붙은 꼬리와 함께 사라졌다.

미소 합동의 아폴로 – 소유스 시험 계획

우주 경쟁은 공식적으로 미국이 승리한 것으로 결말을 맺었다. 비록 냉전은 러시아 공산주의의 몰락 때까지 공식적으로 종식되지 않았지만, 세계가 핵전쟁의 위기에 직면했던 쿠바 미사일 위기 이래로 여러 상황이 상당히 완화되었다.

밴스 D. 브랜드(Vance D. Brand)
1931년 5월 9일 콜로라도 주 롱몬트에서 태어났다. 그는 장교로 임관되어 1953년에서 1957년까지 미 해병대의 해군 비행사로 일했다. 그의 근무 기간에는 일본에서 제트 전투기 조종사로서 근무한 15개월이 포함되었다. 현역에서 물러난 뒤 1964년까지 해병대 예비역으로 주 공군 제트기 전투비행 대대에서 일했다. 브랜드는 1953년 콜로라도 대학에서 경영학으로 학사 학위를, 1960년 같은 대학에서 항공공학으로 학사 학위를, 1964년 UCLA대학에서 경영학 석사 학위를 받았다. 1966년 4월 NASA에 의해 우주비행사 19명의 일원으로 선발되었고, 아폴로-소유스, 우주왕복선 미션인 STS-5, STS41-B, STS-35 등 네 차례의 우주비행을 수행했다.

우주에서 러시아인들과 경쟁하던 시대가 지나며 협력의 기회가 무르익었다. 두 나라간의 첫 합동 우주비행(두 나라가 어떤 식으로든 관여한 첫 유인 우주비행)은 1975년의 아폴로-소유스 시험 계획이었다.

더 많은 합동 우주비행의 길을 닦기 위해 아폴로-소유스 시험 계획은 미국의 아폴로 우주선과 러시아의 소유스 우주선 간의 랑데부와 도킹의 적절성을 테스트하도록 계획되었다. 도킹을 가능하게 하기 위해 (측정 단위, 설계 기준, 여압 시스템들이 달랐기 때문에 어려운 도전이었다) 미국은 아폴로와 소유스를 맞출 도킹 모듈을 제작했다. 아폴로 우주선(공식적으로 18호)은 달에 갔던 우주선들과 기본적으로 같았지만, 새턴 IB 상단에서 달 착륙선을 끌어내는 대신에 새 도킹 모듈을 끌어내어 도킹하도록 되어 있었다. 첨단부에 러시아 시스템에 맞는 도킹 고리가 있었다. 소유스 19호는 바뀌지 않았다.

소유스가 1975년 7월 15일에 먼저 우주로 날아갔고, 아폴로는 7시간 뒤에 발사되었다. 두 우주선은 7월 17일에 드디어 랑데부하고 도킹했는데, 그 과정은 순조롭게 진행되었다. 미국 우주비행사들(밴스 브랜드, 토머스 스태퍼드, 도널드 데크 슬레이튼)과 소련 우주비행사들(알렉세이 레오노프, 발레리 쿠바소프)은 우주선 사이로 들어가 우주에서 서로 악수를 나누었다. 그들은 식사, 기념품, 그리고 궤도에서 도킹한 추억을 함께 나누었다.

도킹 모듈은 소련 소유스와 도킹하여 하나의 우주선으로 기능할 수 있게 고안된, 아폴로 우주선의 특별한 부분이다.

1943년 비행기장을 받은 후에 슬레이튼은 유럽에 파견되어 56회의 전투 비행임무를 수행했으며, 연합군이 독일에 승리하자 태평양으로 파견되어 일본에 맞서 7회 이상의 전투 비행임무를 수행했다. 1946년 공군에서 제대한 뒤 정규 과정을 밟아 미네소타 대학에서 2년 만에 항공공학 학사 학위를 받았다. 보잉사에서 엔지니어로 근무한 후 현역으로 재소집되어 서독 비트부르크에서 전투기 조종사와 정비장교로 일하기도 했다. 그리고 1975년 미국으로 돌아와 에드워드 공군기지에서 공군 시험비행 조종사 학교를 졸업했다. 슬레이튼은 3년 이상 시험비행 조종사로 일하다가 머큐리 7호의 일원이 되었다. 1962년 3월 NASA는 슬레이튼에게 심장병이 있다고 발표했다. 그것은 비교적 사소한 질환이었지만 NASA 의사들은 비행을 하지 못하게 했다.

두 우주선이 분리된 후에, 소유스는 2일을 더 우주에서 머무른 다음 7월 21일 소련에 착륙하였다. 아폴로 우주선은 24시간이 지나 하와이 근처에 착수하였다.

슬레이튼은 무대 배후에서 NASA의 우주비행사 활동 조정관으로 바삐 일했다. 그리고 1970년 7월 심장병 문제가 사라졌을 때 우주비행사 신분으로 돌아왔다. 1973년 2월 9일 NASA는 슬레이튼이 아폴로-소유스 미션의 승무원이 될 것이라고 발표했다. 1975년 7월 15일, 16년의 기다림 끝에 슬레이튼은 마침내 우주 공간으로 날아갔다. 이 유일한 우주비행에서 217시간의 비행시간을 기록했다. 슬레이튼은 1982년까지 NASA에서 현역으로 일했고 1993년 7월 뇌암으로 숨졌다.

데크 슬레이튼(Deke Slayton) 1924년 3월 1일 위스콘신 주 스파르타에서 태어났다. 그는 머큐리 우주비행사 7인 중 우주로 비행하지 못한 유일한 사람이었다. 18세가 되는 생일날 육군 항공 군단에 항공 사관 후보생으로 입대했다.

슬레이트 기회를 잡다

슬레이트은 머큐리의 원래 우주비행사 7인 중 우주로 비행하지 못한 유일한 사람이었다. 가벼운 심장병이 감지되었을 때 우주비행사 신분을 상실했던 것이다. 그러나 슬레이트은 NASA에서 계속 근무했고, 결국 심장병의 증세가 완쾌됐다는 것이 밝혀졌다. 슬레이트은 비행 임무로 복귀해 아폴로-소유스 시험 계획에 배치되었다. 16년의 기다림 끝에 그는 마침내 우주로 올라가는 기쁨을 맛보았다.

6년 간의 휴식

NASA와 소련우주국 간에 아폴로-소유스 시험 계획의 출범으로 정립된 협력 관계는 미국과 소련의 관계에 좋은 영향을 주었다. 두 우주 경쟁국 간에 구축된 기술적 신뢰는 베트남 전쟁과 냉전의 긴장된 시대 이후 다른 지역들에서의 긴장을 완화하는 데 기여했다.

그렇지만 스카이랩과 아폴로-소유스 시험 계획은 즉각적인 앙코르로 이어지지 않았다. 미국이 달에 다녀왔기에 우주 경쟁은 상징적 종말을 고했다. 이제 할 일은 무엇일까? 예산상의 어려움과 우주 정책의 차이점들 때문에 이 문제의 해답을 구하는 데 약간의 시간이 소요되었다. NASA가 또 다른 유인 우주선인 우주왕복선을 발사한 것은 6년이 지나서였다.

간/추/리/기

- 스카이랩은 미국 최초의 우주정거장으로 각기 다른 승무원들이 세 차례 거주했다.
- 우주정거장은 발사 도중 손상되었지만, 우주 공간에서 우주비행사들에 의해 수리되었다.
- 미국과 소련은 아폴로-소유스 합동 우주비행에서 함께 일했다.
- 데크 슬레이튼은 마침내 아폴로-소유스 시험 계획에서 우주비행이라는 보상을 받게 되었다.

만능의 우주비행체, 우주왕복선

NASA는 아폴로 이후의 예산으로는 달을 더 탐사하거나 우주비행사들을 화성에 보내려는 새롭고 값비싼 노력을 지탱하지 못할 거라고 인식하였다. 애그뉴 부통령이 화성 탐사비행을 요청하였음에도 불구하고 닉슨 대통령은 NASA에 대한 자금지원을 늘리는 데 흥미가 없었다. 소련과 달에 가기 위한 경쟁에서 승리한 이후에는 더욱더 그랬다.

NASA는 스카이랩 이후를 내다보고 스카이랩과 미래의 우주정거장에 보다 값싸게 비행할 수 있는 날개 달린 우주왕복선을 제안했다. 우주왕복선이 지금까지 제작된 그 어떤 우주선보다 다른 것은 재사용이 가능하다는 점이었다. 머큐리, 제미니, 아폴로 계획들은 오직 한 번만 사용할 수 있는 우주선으로 비행하였다. 살아남아 돌아온 부분들은 박물관으로 갔지만 또다시 우주로 보내지는 않았다. 이와 반대로 우주왕복선은 필요할 때마다 사용할 수 있었다.

39A 발사대에서 발사 준비를 갖춘 디스커버리호

NASA는 일단 제작한 우주왕복선이 많은 고객을 갖기를 원했다. NASA는 우주왕복선을 군사용 위성을 운반할 수 있는 규모로 만들어, 소모용 로켓에서 비즈니스 기회를 붙잡고, 우주왕복선을 미국의 중추적인 미래 발사 체계로 만들기를 원했다. NASA는 보다 값싸고 전략적으로 중요하고, 그리고 기존의 많은 로켓들을 대체할 우주왕복선을 미래의 발사비행체로 하자고 끈덕지게 요구했다. 존 W. 영과 찰리 듀크가 아폴로 16호의 달 산책을 하고 있는 동안, 닉슨 대통령은 이 계획을 승인했다.

반복사용성 외에 우주왕복선을 특별하게 만든 점은 바로 독특한 착륙 능력이었다. 우주왕복선은 로켓처럼 막대한 연료를 소모하는 주 엔진과 두 개의 고체 부스터 로켓에 의해 곧장 위로 발사되지만 비행기처럼 지구로 돌아와 긴 활주로에 착륙할 수 있었다. NASA의 초기 계획은 우주왕복선을 한 주에 한 번 정도 궤도에 쏘아 올림으로써 발사 비용을 낮춘다는 것이었다.

우주왕복선의 궤도선 부분만 이름을 갖는 명예를 얻는다. 하지만 궤도선만이 아니라 탱크와 부스터들의 전체 조합을 가지고 완전한 우주왕복선 시스템을 형성한다.

조합된 우주왕복선(궤도선, 부스터 로켓 2기, 외부탱크)은 길이가 56미터이며, 궤도선의 수직 꼬리 날개 끝까지의 높이가 23미터, 궤도선 날개끝의 폭이 24미터이다. 이륙 중량은 보통 204톤 정도이다.

우주왕복선은 어떻게 움직일까?

우주왕복선은 다음과 같은 세 부분으로 구성된다.

- 궤도선이라고 불리는 재사용할 수 있는 삼각날개 우주비행기
- 고체 추진제 부스터 로켓 2기, 이것 또한 회수하여 재사용한다.
- 궤도선의 주 엔진 3기를 위한 액체추진제를 채운 소모성 탱크 용기

궤도선의 액체연료 엔진 3기는 외부 탱크로부터 추진제를 공급받는다. 그리고 두 고체 추진제 부스터는 첫 2분 동안 동시에 연소한다. 엔진과 부스터들은 함께 이륙 시 3,311톤의 추력을 낸다.

비행 2분 후 고체 부스터 로켓들이 모든 추진제를 연소시킬 때쯤 우주왕복선은 고도 51킬로미터에 도달하게 된다. 이 시점에서 부스터들은 궤도선과 외부탱크에서 분리되어 낙하산을 펼친 채 바다로 떨어진다. 그것들은 다시 배로 회수되어 나중의 우주왕복선 비행에 다시 사용된다.

궤도선과 외부탱크는 계속해서 지구 궤도를 향해 날아가는데, 외부탱크에 저장된 액체수소와 산소를 사용하여 고도 161킬로미터까지 올라간다. 궤도에 도달하기 직전 궤도선의 주 엔진들이 꺼졌을 때 외부탱크가 분리된다. 외부탱크는 대기권으로 재돌입하여 산산조각이 나고 약간의 파편만이 인도양이나 태평양으로 떨어진다.

로켓처럼 이륙하고 있는 우주왕복선

궤도선이 계속해서 올라가면서 탑재한 궤도조종시스템(OMS) 엔진이 점화된다. 이 지점은 비행체

케네디 우주센터의 발사체 조립 빌딩(VAB). 이곳에서 발사 전에 연료탱크와 부스터 로켓들이 우주왕복선 궤도선에 부착된다.

가 지구 저궤도 가까이 선회하는 곳이다. 비행이 끝났을 때 궤도선은 착륙 50분 전에 궤도조종시스템을 다시 점화하여 천천히 하강한다. 우주왕복선은 이 시점에서 자유 낙하하여 고도 122킬로미터의 대기권과 조우한다. 그리고 다시 30분간 8,047킬로미터를 활주하여 케네디 우주센터나 에드워드 공군기지에 착륙한다.

첫 궤도 시험비행 STS-1

첫 네 차례의 우주왕복선 발사는 연구 개발 비행이었고, 우선적으로 시스템이 작동하는지를 확인하고 작동하지 않는 부분들을 수정하기 위해 계획되었다.

우주왕복선 컬럼비아호가 1981년 4월 12일 케네디 우주센터 39발사시설의 A발사대에서 이륙하였다. 54시간 동안 궤도를 36회 시험비행하며 궤도선의 우주에서의 기능성, 부스터, 엔진을 확인한 후에 컬

케네디 우주센터 착륙시설인 15번 활주로에 착륙하는 궤도선 디스커버리호와 승무원들. 바퀴가 콘크리트에 닿으면서 연기를 일으키고 있다.

럼비아호는 캘리포니아 에드워드 공군기지의 마른 호수에 있는 23번 활주로에 착륙하였다. 이 활주로는 궤도선이 의도했던 착륙 지점을 1.6킬로미터 정도 이상을 지나치고도 안전하게 착륙할 만큼 아주 길었다. 승무원은 닉슨 대통령이 우주왕복선 계획을 승인할 때 달을 걷고 있었던 존 W. 영 선장과 로버트 크리펜 조종사였다. STS(space transportation system)-1 미션은 새 우주비행체의 초기 비행에서 승무원들을 태운 첫 번째로 기록되었다.

컬럼비아 STS-2

7개월 후인 1981년 11월 12일, 몇 번의 지연 끝에 컬럼비아호는 두 번째로 우주로 올라갔으며, 두 차례 우주로 보내진 첫 우주선이라는 기록을 세웠다.

선장 J. H. 앵글과 조종사 리처드 트룰리는 이틀이 약간 넘는 시간을 궤도에서 머물렀다가 에드워드 공군기지의 마른 호수에 착륙하였다. 이번의 착륙은 궤도선이 예정된 접촉점을 단지 238미터 지났을 뿐 더

디스커버리호가 케네디 우주센터 활주로에 내려앉아 낙하산을 뒤로 펼쳐 감속하고 있다.

컬럼비아호를 캘리포니아에서 고향인 케네디 우주센터로 이송하기 위해 특별한 항공기가 개발되었다. 피기백(piggyback, 모 항공기 기체 위에 자(子) 항공기를 실어 공중수송하는 것 : 옮긴이 주) 유형의 이 항공기는 보잉747 점보제트기를 특별히 개조한 것이었다. 이 특별한 항공기를 우주왕복선 수송기라고 부른다.

욱 정교하게 이루어졌다. 궤도선은 다시 수송기에 얹혀서 동부로 이송되었다.

페이로드를 지구 궤도로 가져가는 STS-2 미션은 '우주 및 지상 응용 사무실(Office of Space and Terrestrial Application experiments)' 실험, 즉 OSTA-1로 잘 알려졌다. OSTA-1에는 지구에 있는 천연자원의 위치를 탐지할 수 있는 레이더 영상 처리기가 포함되었다. 우주왕복선 영상 레이더-A로 알려진 이 실험에서 사하라 사막의 모래 아래 매장된 하천 수로의 존재가 밝혀졌다. 또한 이 비행에서 원격 조작 시스템으로 알려진 캐나다제 로봇 팔이 처음으로 사용되었다. 이 로봇 팔(머니퓰레이터 암)은 그때부터 우주왕복선 화물칸에서 화물을 부리는 데 사용되었다. STS-2 미션은 5일간 진행할 예정이었지만, 전력과 식수를 생산하는 연료전지 세 개 중 하나가 고장을 일으켰을 때 비행이 중단되었다.

케네디 우주센터의 발사체 조립 빌딩(아폴로 달 착륙 계획이 끝난 후 수직 조립 빌딩을 고친 이름) 내부에서 우주왕복선 궤도선에 2기의 부스터 로켓과 연료탱크가 부착된다. 이 우주선은 무한궤도 운반차에 실려, 새턴V형 로켓처럼 크롤러웨이라 부르는 특별한 길을 따라 운반된다. 크롤러웨이는 8차선 고속도로의 폭에 길이가 4.8킬로미터가 약간 더 되는 길이다. 이 길은 아스팔트로 포장하지 않고 하천자갈을 다져 놓는데, 이는 무한궤도차로 거대한 캐터필러처럼 짓누르는 중량을 흡수하기 위해서이다.

컬럼비아 STS-3 _ 대안 착륙 장소의 테스트

세 번째 우주왕복선 비행은 앞의 두 번처럼 순조롭게 진행되지는 않

오늘날의 우주왕복선 궤도선 운용 선단 4척의 첫 비행 연도는 다음과 같다. 컬럼비아호(1981년), 아틀란티스호(1985년), 엔데버호(1992년). 1983년에 첫 비행한 챌린저호는 1986년 사고로 파괴되었다.

았다. 선장 잭 루스마와 조종사 고든 플러톤을 태운 컬럼비아호는 1982년 3월 22일에 발사되어 8일 동안 지구 궤도에서 머물렀다. 승무원들은 다양한 과학 실험을 하면서 원격 조작 로봇 팔을 사용했고, 궤도선이 강력한 태양 광선에 견디는 능력을 측정하는 실험을 했다. 궤도선은 여러 부분을 태양에 노출시키기 위해 정기적으로 방향을 재조정했다. 또 다른 실험에서 궤도 자체에서 배출하는 오염물질의 양도 측정했다.

이것들은 좋은 소식이었다. 하지만 나쁜 소식은 두 우주비행사가 우주 멀미로 시달리고 화장실이 정상적으로 작동하지 않으면서 시작되었다.

뉴멕시코의 화이트샌즈 미사일 시험사격장(케이프와 에드워드의 활주로들은 모두 악천후로 젖어 있었다)에 처음 시도하는 착륙 과정에서 더 많은 문제들이 발생했다. 착륙하면서 화이트샌즈 활주로에서 마찰로 발생한 석고 먼지가 궤도선 엔진을 오염시켰다. 그래서 컬럼비아호를 다시 날 수 있게 하기 위해서는 광범위한 수리를 해야 했다.

컬럼비아 STS-4 _ 펜타곤을 위한 임무

우주왕복선 계획의 연구개발 단계는 1982년 6월 27일 선장 매팅리와 조종사 헨리 W. 하츠필드를 태우고 발사한 STS-4로 끝났다. 이때의 화물은 유타 주립대학 학생들이 제공한 과학 실험기구 9기와 기밀로 취급되는 공군 화물이었다. 승무원들은 휴대용 카메라로 번개를 조사하고 두 학생의 프로젝트인 의학 실험들을 실행했다.

우주왕복선은 7월 4일 에드워드 공군기지의 4.5킬로미터 길이의 22번 콘크리트 활주로에 착륙하였는데, 콘크리트 활주로의 첫 착륙이었다. 승무원들은 레이건 미국 대통령의 영접을 받았으며, 레이건은 우주왕복선의 '운용'을 선언했다. 몇몇 사람들은 우주왕복선에 대한 레이건의 확신을 시기상조라고 생각하기도 했다.

정지 궤도(geosynchronous orbit)란 위성이 지구상의 일정한 지점 위에 계속해서 머물게 할 수 있는 궤도를 말한다. 일련의 위성들을 지구 주위의 정지 궤도에 떠 있게 함으로써, 위성에서 위성으로 정지 중계를 하여 신호를 즉시 전 세계에 전송하는 것이 가능하다. NASA는 우주왕복선과 영속적으로 교신하기 위해 이런 위성 한 쌍을 궤도에 올려놓기로 계획하였다.

컬럼비아 STS-5 _ 미국 최초의 4인승 우주선

STS-5는 네 사람의 승무원으로 이루어진 첫 우주왕복선 비행이었다. 승무원은 밴스 브랜드 선장, 로버트 F. 오버마이어 조종사, 그리고 우주왕복선 비행의 첫 미션 전문가들인 조셉 P. 앨런과 윌리엄 B. 레노어였다. 위성들을 발사하는 첫 우주왕복선 비행이었는데, 상업적 목적의 통신위성 한 쌍이 궤도에 올려졌다. 우주왕복선 비행에서 처음으로 계획한 우주유영은 우주복에 문제점이 발견되어 취소해야 했다. 조 앨런과 빌 레노어가 우주유영을 취소해야 했을 때 기분이 어떠했을지 예상 가능하다.

챌린저 STS-6 _ 챌린저호의 첫 비행

여섯 번째의 우주왕복선 비행에서 컬럼비아호는 휴식하고 새로운 궤도선 챌린저호가 우주에 처음으로 발사되었다. STS-6에는 선장 P. J. 와이츠, 조종사 K. J. 보브코, 미션 전문가들인 도널드 H. 피터슨과 스토리 머스그레이브 등 4명의 승무원이 승선했다. 우주왕복선을 위해 특별히 설계한 새 우주복을 착용하고 피터슨과 머스그레이브는 이 계획의 첫 우주유영을 성공적으로 수행했고, 화물칸에서 다양한 시험들을 하였다. 아폴로 시대부터 과학자이자 우주비행사인 머스그레이브는 자신의 이 첫 우주비행을 위해 16년을 기다렸다.

STS-6 비행의 가장 중요한 과제는 100만 달러짜리 추적 및 데이터 중계용 위성을 배치하는 것이었다. 2.5톤 무게의 이 위성은 챌린저호로부터 성공적으로 배치되었지만, 제2단 부로켓이 일찍 멈춰 버려 위성은 낮은 타원 궤도상에 놓이게 되었다. 다행히, 이 위성은 계획된 궤도 조작에 필요한 양보다 많은 연료를 가지고 있었다. 다음 몇 달 동안 추력기들이 신중하게 계획한 간격으로 점화되어 위성을 점진적으로 정지 궤도로 이동시켰다. 100만 달러짜리 위성은 구조되었다.

샐리 K. 라이드(Sally K. Ride)
우주로 올라간 첫 미국인 여성인 샐리 K. 라이드는 1951년 5월 캘리포니아 주 로스앤젤레스에서 태어났다. 그녀는 1973년 물리학과 영문학으로 학사 학위를, 1975년과 1978년에 물리학으로 각각 석사 학위와 박사 학위를 받았다. 모두 스탠포드 대학에서였다. 라이드 박사는 1978년 1월 NASA에 의해 우주비행사 후보로 선발되었으며, 1년간 훈련을 받은 후 1979년 8월 미션 전문가로 우주왕복선 비행을 할 자격을 얻었다. STS-7 비행 전에 두 번째 우주왕복선 비행과 세 번째 우주왕복선 비행의 교신담당자로 일했다.

우주로 올라간 첫 미국인 여성, 샐리 K. 라이드

챌린저호가 STS-7로 1983년 6월 18일 발사되었을 때 우주왕복선 데뷔 이래로 다른 어떤 비행보다 언론의 주목을 많이 받았다. 처음으로 미국의 여자 우주비행사, 샐리 K. 라이드 박사가 우주로 올라갔던 것이다.

STS-7의 나머지 승무원은 선장에 로버트 L. 크리펜, 조종사에 프레드릭 H. 호크 대위, 미션 전문가들인 존 M. 페이비언 대령과 노먼 E. 새가드 박사로 구성되었다. 궤도선 챌린저호의 두 번째 비행이자 다섯 명으로 이루어진 승무원의 첫 비행이었다.

라이드 박사의 비행은 1983년 6월 24일 에드워드 공군기지의 마른 호수에 착륙할 때까지 147시간 지속되었다. 라이드는 여성 우주비행사의 기준을 세웠고 전 세계 젊은 여성들의 역할 모델이 되었다.

라이드 박사는 사상 가장 많은 승무원들이 우주로 올라갔던 비행에 다시 한 번 미션 전문가로 참여했다. 1984년 10월 5일 그녀는 재설계된 STS-41-G 미션에 다른 여섯 명과 함께 우주로 올라갔다. 이번 비행의 동료 승무원은 로버트 L. 크리펜 대위(선장), 존 A. 맥브라이드 대위(조종사), 미션 전문가들인 캐드린 D. 설리번 박사와 데이비드 C. 리스트마, 페이로드 전문가들인 마크 가노와 폴 스컬리 파워였다. 궤도에서

샐리 K. 라이드, 우주로 올라간 첫 미국인 여성

STS-7 비행에서 완수한 과제와 실험들은 캐나다 위성(ANIC-2)과 인도네시아 위성(PALAPA B-1)의 배치, 캐나다 제의 원격 조작 시스템(RMS)을 작동하여 우주왕복선 운반위성(SPAS-01)의 첫 배치와 회수 연습, 궤도선과 자유 비행 위성(SPAS-01)의 궤도에서 첫 편대 비행, 미국-독일의 첫 협력 과학 페이로드(OSTA-2)의 운반과 작동, 연속적인 흐름의 전기영동 시스템(CFES)의 작동, 단분산 라텍스 반응기(MLR)의 작동 등이었다.

머문 8일 동안 승무원들은 인공위성을 배치하고 지구를 레이더로 관측했으며, 설리번과 리스트마는 우주유영을 하면서 인공위성에 '연료를 재충전'할 수 있음을 보여 주었다.

STS-41-G 미션은 1984년 10월 13일 플로리다 주 케네디 우주센터에 착륙하면서 끝났다. STS-41-G는 우주에서 돌아와, 케네디 우주센터의 발사체 조립 빌딩 근처의 늪지대를 개척해 만든 새로운 4.8킬로미터 길이의 활주로에 최초로 착륙했다.

라이드 박사는 세 번째로 우주에 갈 예정이었지만 챌린저호 참사의 여파에 따라 훈련이 취소되었고, 사고 조사를 위해 만든 대통령 직속 위원회의 멤버로 일했다. 조사가 종결된 후 NASA에 머물며 장기 전략기획 부서에서 일했다. 1989년 라이드 박사는 샌디에이고 캘리포니아 대학 물리학 교수가 되었다. 그녀는 캘리포니아 대학 부설 연구기관인 캘리포니아 우주 연구소의 소장을 지냈으며, 『우주에 다녀와서*To space and Back*』란 제목의 아동도서를 포함하여 여러 권의 책을 썼다.

우주에 간 첫 미국 흑인, 기온 블루포드

STS-8 미션에서 챌린저호가 다시 우주로 올라갔다. 우주왕복선은 처음으로 야간에 발사되었으며, 1983년 미국 동부해안 전체에서 구경꾼들이 궤도를 향해 올라가는 아름다운 불덩어리를 보았다. 이 미션에서 또 하나의 최초 기록은 미국인 흑인이 처음으로 우주로 비행했다는 점이다. 바로 미션 전문가 기온 S. 블루포드 2세였다. 나머지 다섯 명의 승무원은 두 번째 우주왕복선 비행을 하는 선장 리처드 H. 트룰리, 조종사 다니엘 C. 브랜덴스타인, 블루포드의 동료 미션 전문가들인 데일 A. 가드너와 윌리엄 손턴이었다.

비행 둘째 날에 성공적으로 배치한 가장 중요한 화물인 인도 국가위성의 추적 조건 때문에 야간 발사가 필수적이었다. 챌린저호는 다양한 과학 실험들에 사용하기 위해 여섯 마리의 생쥐 뿐 아니라 인간의 췌장, 신장, 뇌하수체 세포들을 우주로 가져갔다. 챌린저호는 또한 1983년 9월 5일 에드워드 공군기지에 내려앉아 처음으로 야간 착륙을 해냈다.

컬럼비아 STS-9 _ 첫 우주실험실 미션

STS-9 미션에서 컬럼비아호가 임무에 복귀했다. 1983년 11월 28일 발사된 STS-9는 당시까지 새로운 기록을 세웠다. 이번 비행에는 6명의 상시 승무원이 참여했는데, 여섯 번 우주비행한 첫 우주비행사 존 W. 영 선장, 브루스터 H. 쇼 조종사, 미션 전문가들인 오언 개리어트와 로버트 A. 파커, 페이로드 전문가들인 바이런 K. 리치턴버그와 울프 머볼드였다. 페이로드 전문가 두 사람은 우주왕복선 비행을 첫 경험하는 우주비행사들이었다.

STS-9 미션은 우주에서 첨단 과학 연구를 실행하기 위해 고안된

NASA-유럽우주기구(ESA)의 합작 계획인 스페이스랩(우주실험실) 1호에 전적으로 집중되었다. 스페이스랩 모듈은 컬럼비아호의 화물칸 후미에 실려 여압 터널로 승무원 선실과 연결되었다. 대기와 플라스마 물리학, 천문학, 태양 물리학, 재료학, 테크놀로지, 생명과학, 지구 관측 분야의 72가지 과학 실험들이 실행되었다. STS-9 미션은 10일간 연장되었고, 상당 기간 동안 우주왕복선 비행의 최장 체류 기록을 갖고 있었다.

우주왕복선은 운용을 증명하였다. 연구개발의 결함들은 이 재사용이 가능한 첫 우주비행체로 해결되었다. 하지만 치명적인 문제가 앞에 가로놓여 있었다.

간/추/리/기

- 우주왕복선은 역사상 가장 복잡한 비행체이다. 여전히 세계에서 가장 유용한 만능의 우주비행체로 남아 있다.
- 우주왕복선은 재사용이 가능한 첫 우주비행체이다.
- 우주왕복선은 인공위성을 발사하고 탁월한 과학 기반을 만드는 새롭고 신뢰할 만한 방법을 제시한다.
- 샐리 K. 라이드는 1983년에 STS-7에 탑승해 우주에 올라간 첫 미국인 여성이었다.
- 기온 S. 블루포드 2세는 1983년에 STS-8에 탑승해 우주에 올라간 첫 미국인 흑인이었다.

25장

챌린저호의 참사

청명한 하늘에 밝은 햇살이 비치던 1986년 1월 28일 아침, 케네디 우주센터에서는 우주왕복선의 25번째 비행이자 궤도선 챌린저호의 10번째 비행인 미션 51-L의 이륙을 준비하고 있었다. 아름다운 아침이었지만 날씨는 아주 차가웠다. 발사를 지켜볼 수 있는 지역에는 구경꾼들이 모여 있었다. 실제로 발사대 39B의 온도는 2도로 이전의 유인 우주선 발사 때보다 8도 정도 낮았다. 날씨 때문에 발사가 벌써 다섯 번이나 연기되었다. 이 우주왕복선은 이륙한 지 73초 후에 폭발하여 탑승한 모든 사람들이 목숨을 잃는 참사를 당했다.

사람들은 1986년 1월 28일 챌린저호가 폭발했다는 소식을 어디에 있든지 간에 들었을 것이다. 이 비극은 전혀 예상 밖이었기 때문에 수많은 사람들을 깜짝 놀라게 했다. 아폴로 13호 사고 후 13년이 지났고, 아폴로 1호 화재 후 19년이 지나 어느새 우리는 우주여행의 안전에 대해서는 당연하게 여기는 분위기였다.

챌린저호 오른쪽 고체로켓 부스터 쪽에 있던 첫 연기 덩어리가 정확히 어디에서 나왔는지 우리는 모른다. 카메라들이 그 지역을 클로즈업하여 촬영하도록 설치되었는데 기계적 고장으로 작동하지 않았기 때문이다.

참사의 원인

우주 궤도선, 외부연료통, 폭발한 부스터의 파편들이 해안에서 수십 킬로미터 떨어진 대서양에 비오듯 쏟아졌다. 충격받은 미국 국민들이 절망적인 승무원들의 유해 수색을 지켜보는 가운데 NASA는 대통령 위원회의 지휘 아래 엄숙하게 사고 조사를 시작했다. 챌린저호의 발사 장면을 찍은 필름을 프레임별로 검토하자 이륙 후 2초도 안 되어 문제의 징후들이 드러났다. 커다란 회색 연기 덩어리가 챌린저호의 오른쪽 측면 고체로켓 부스터 쪽에서 분출되었던 것이다. 이륙 후 2.5초가 지났을 때쯤 연기 덩어리가 8개 이상 보였는데, 그 뭉치들의 색깔이 점점 짙어지고 있었다. 2.7초 후에 연기 덩어리가 다시 한 번 분출되다가 멈추었다. 지금은 확실히 판명된, 그 연기 덩어리들은 챌린저호의 외부 연료통과 맞대고 있는 오른쪽 고체 로켓 부스터의 잘못된 이음새에서 분출된 것들이었다.

연기 뭉치의 짙은 색깔은 윤활유와 고무가 연소하고 있다는 점을 보여 준다.

역전풍(wind shear)은 단거리에서 풍속이나 풍향, 혹은 두 가지의 변화를 말한다. 이러한 변화는 난기류의 원인이 되는 소용돌이 바람을 일으키는 데 기여한다. 역전풍은 수직 또는 수평으로 일어날 수 있으며, 크기에 따라 작은 난기류에서 토네이도까지 일으킬 수 있다.

역전풍

비행 37초 후 챌린저호는 심각한 역전풍 상황에 직면했다. 이와 똑같은 상황은 흔히 비행기 난기류의 원인이 되기도 하지만 챌린저호의 유도, 항해, 제어 시스템은 이 문제를 적절히 통제했다.

챌린저호는 이륙 64초에 역전풍을 소멸시켰다. 모든 우주왕복선의 발사에서 1분 정도 비행을 하면 우주왕복선의 주 엔진들과 고체로켓 부스터들이 공기 부하(주변 대기의 밀도와 증가하는 속도에 의해 발사체에 가해지는 압력)를 한도 내로 유지하기 위해, 계획된 움직임으로 추력을 감소시킨다. 우주왕복선에 가장 큰 스트레스를 주는 이런 지대를 통과한 후에 궤도선의 컴퓨터들은 주 엔진의 펌프 회전수를 떨어뜨린다. 비행 관제소의 교신 담당자인 우주비행사 딕 코베이는 승무원들을 호출했다. "챌린저호, 속도를 떨어뜨리며 전진하라."

역전풍이 일으키는 풍력과 풍향의 갑작스런 변화를 조정하기 위해서는 역대 우주왕복선이 비행 초기에 실행했던 것보다 큰 항로 수정이 필요했다.

프레임별로 분석해 보니, 이륙 56초 직전에 고체로켓 부스터들이 추력을 증진시키면서 '후미 이음새' 근처의 오른쪽 고체로켓 부스터에 아주 작은 화염이 나타난 것이 보였다. 이 이음새는 케네디 우주센터에서 고체로켓 부스터의 아래 두 부분들을 연결한 고리 모양의 봉인이다.

챌린저호 사고로 숨진 사람들 가운데, 35세의 비행임무 전문가 로널드 맥네어가 있었다. 그는 의사이자 아마추어 재즈 색소폰 연주가, 가라테 유단자로 우주 여행을 떠나는 두 번째 미국인 흑인이었다. 챌린저호 비행은 그의 두 번째 우주비행이었다.

끊임없이 분출하는 화염

이륙 후 1분경, 부스터를 외부연료통에 연결한 한 받침대와 외부연료통 밖에서 화염이 끊임없이 분출되고 있었다. 부스터에서 유출되는 화염의 색깔은 하얀색이었다. 주 엔진들에서 배출되는 가스의 색깔은 무색에 가까운 청색이었다. 비행 64.5초 만에 외부 연료통이 파열되었을 때 여분의 수소가 주 엔진의 배기가스에 흘러 들어가 하얀색 줄무늬를 형성했다.

약해진 받침대는 이내 떨어져 나가 고체로켓 부스터를 외부탱크에 부딪히게 했고, 연료통이 파열하여 챌린저호 날개를 부쉈다. 이륙 74초 직전, 진로를 바꾸자 초음속 돌풍이 엄청난 힘으로 옆을 내리치며 우주왕복선을 산산조각 냈다. 외부연료통이 파열되어 흘러나온 산소와 수소는 하얀 불덩어리가 되어 작열했다. 챌린저호는 고도 14킬로미터 상공을 마하 1.92 속도(다시 말해 음속의 1.92배)로 움직이고 있던 중이었다. 궤도선과 승무원 선실은 완전히 폭발 화염에 둘러싸였다. 궤도선의 커다란 파편 덩어리들이 위로 치솟았다가 어지럽게 대서양으로 떨어졌다. 승무원들이 탈출할 가망성은 전무했다.

챌린저호 폭발로 사망한 사람은 선장 프랜시스 스코비, 조종사 마이클 J. 스미스, 미션 전문가들인 주디스 A. 레스니크, 엘리슨 오니주카, 로널드 E. 맥네어, 우주 교사 S. 크리스타 맥컬리프, 탑재물 전문가 그레고리 B. 제이비스였다. 뉴햄프셔 주 콩코드 학교 교사로 37세의 맥컬리프는 NASA에 의해 첫 우주 교사를 뽑는 전국적인 경쟁에서 선발되었다. 챌린저호 비극이 있은 후 NASA는 전문 우주비행사들만으로 우주왕복선 비행을 제한했다. 그 이전의 '민간인' 승무원에는 상원의원, 하원의원, 사우디 왕자 등이 있었다. NASA는 궤도 비행 관광이 현실화되고 있는 오늘날 '우주 공간의 민간인' 정책을 재평가하고 있다.

여파

이 참사 직후 대서양에서의 구조 작업은 가능한 한 궤도선의 많은 부분을 회수하는 것으로 시작되었다. 구조 작업은 7개월 동안 지속되었다. 그동안 승무원들의 유해와 챌린저호의 잔해의 절반 정도가 바다에서 회수되었다.

대통령 직속 위원회는 신속하게 이 실패의 원인들을 찾는 데 몰두했다. 방송 카메라의 화면은 오른쪽 고체로켓 부스터(SRB) 후미 이음새의 틈에서 배기 화염이 분출하는 것을 보여 주었다. 이음새 봉인의 설계 결함 때문에 이 틈이 벌어졌다. 1월 아침의 동결온도에 가까운 추위로 인해 고체로켓 부스터 부분 이음새 사이의 틈을 메운 고무 오링들이 굳어졌다. 금속 이음새가 고체로켓 부스터의 점화 압력을 받아 약간 벌어졌을 때 뻣뻣해진 오링들이 그 틈을 메우지 못했다. 그래서 로켓의 백열 배기가스가 열린 틈으로 새어 나와 강철 케이스를 부식시켰다. 역전풍의 힘으로 이음새가 다시 벌어졌고, 배기 화염이 외부 연료통에 부착된 받침대와 케이스를 점점 잘라 냈다. 이런 구조적 결함으로 느슨해진 부스터가 외부연료통을 파열시켜 우주왕복선을 통제 불능 상태로 끌고 갔다. 초음속 바람의 힘은 즉각 비행체를 산산조각 냈다.

설계 결함보다 더 나빴던 점은 고체 로켓 부스터의 저온에서의 취약성이었다. 이 점을 우려한 부스터 엔지니어들은 그 날 아침의 발사를 취소하라고 건의했다. 하지만 이 건의는 제대로 전달되지 못했고 우주왕복선 관리자들은 발사를 진행하라고 잘못된 의사결정을 내렸다. 이 이론대로라면 발사가 불안전하다고 입증했던 사람은 아무도 없었던

챌린저호의 선장 딕 스코비는 우주비행사가 되려는 내게 직접적인 영향을 주었다. 1985년 나는 스코비와 이제는 준 스코비 로저스가 된 그의 부인을 만나 내가 대학원생으로 다녔던 애리조나 대학 시절의 이야기를 들었다. 스코비 또한 애리조나를 졸업했기 때문에 나는 올바른 진로에 관한 조언을 구했다. 그는 내게 좋아하는 과학 분야를 선택하여 최선을 다해 노력하라고 말해 주었다. 실패에 직면해도 이 길을 고수하라는 그의 충고와 격려는 여러 해 동안 나를 굳건하게 지켜 주었다. 스코비를 만난 지 5년이 지나 나는 그가 훌륭하게 일했던 대열에 합류할 기회를 제공받았다. 준 스코비 로저스는 이제 챌린저호 교육 재단의 이사장으로, 전국의 '챌린저호 센터'를 통해 남편과 승무원들이 남긴 교훈을 잇는 일을 계속하고 있다.

셈이다. NASA는 이 사실을 쉬쉬했다.

우주선, 연료통, 부스터들의 파편들이 사고 조사를 위해 분석되었다. 잔해들은 다시 케이프 커내버럴 공군기지로 수송되었다. 1987년 1월에 잔해들은 폐기한 두 개의 미니트맨 미사일 사일로(silo, 수직으로 만들어진 지하 미사일 저장고)에 넣어졌고, 장기간 보관돼 왔다.

1986년 1월 28일 발사 후 얼마 후에 일어난 폭발 사고로 숨진 챌린저호 승무원들(시계 방향으로 왼쪽부터). 로널드 E. 맥네어, 엘리슨 S. 오니주카, 주디스 A. 레스니크, 프랜시스 R. 딕 스코비, 마이클 J. 스미스, 그레고리 제이비스, 샤론 크리스타 맥컬리피의 얼굴들

챌린저호의 역사

1970년대 말 챌린저호는 시험비행체로 생명을 시작했다. 우주왕복선 개발 계획의 일환으로 제작된 챌린저호는 초창기에 아주 엄격한 테스트를 거쳤다.

챌린저호는 11개월 동안 어떤 진동 주파수에서 봉인들이 갈라지는지 알아보는 진동 테스트를 받았다. 하지만 구조는 적합한 것으로 입증되었다.

챌린저호는 1870년대에 대서양과 태평양을 항해한 미 해군 조사선의 이름에서 따왔다.

부착식 인간조종장치(Manned Maneuvering Units, MMUs)는 1980년대 몇 차례의 우주왕복선 우주유영 동안 우주비행사들이 등에 졌던 제트 배낭이다. 우주비행사는 선외 활동을 하는 동안 MMUs를 통해 우주선과 떨어져 작업할 수 있었고, 위성에 접근하고 궤도선 근처의 우주 공간으로 움직일 수 있었다. MMUs는 압축 질소가스를 분사하여 우주비행사가 돌아다니고 자유낙하하며 선회할 수 있게 해 준다. MMUs의 작은 버전인 SAFER 제트배낭은 우주 정거장에서 일하는 선외 활동 팀이 착용하는 안전장치이다.

운용 우주선이 되다

테스트를 거친 후 챌린저호는 다시 캘리포니아 주 팜데일의 로크웰 인터내셔널 공장으로 옮겨져 시험비행체에서 우주비행체로 개조되었다. 그래서 1982년 7월에 NASA 선단의 두 번째 궤도선이 되었다.

선례

다음 번의 미션에서 챌린저호는 케이프 지역 전체의 구경꾼들에게 찬란한 광경을 보여 주며 야간에 우주로 발사된 첫 우주왕복 궤도선이 되었다. 또한 고장난 인공위성을 우주에서 잡아 보수 작업을 처음 성공적으로 수행한 것도 챌린저호였다. 챌린저호는 세 차례의 스페이스랩 비행을 위한 궤도선이기도 했다.

챌린저호 비행과 관련된 또 다른 첫 기록들은 다음과 같다.

- 우주로 올라간 첫 미국인 여성
- 우주로 올라간 첫 미국인 흑인
- 미국인 여성이 하는 첫 우주유영

챌린저호 사고는 이전의 한 비행과 아주 흡사한 참사였다. 1983년 8월에 일어난 그 사고도 고체로켓 부스터의 문제와 관련돼 있었다. 부스터의 배기가스 노즐이 연소 2분 동안 과도하게 부식되었고, 다시 8초 만에 다 타 버리는 문제가 발생했었다.

- 우주왕복선 계획의 첫 우주유영
- 탯줄 없는(부착식 인간조종장치를 이용한) 첫 우주유영

일꾼

챌린저호는 운용되었던 4년 동안, 우주왕복선 선단의 일꾼으로 그 어떤 궤도선보다 더 자주 우주로 나갔고 더 많은 시간을 우주에서 머물렀다.

챌린저호는 총 69일을 우주에서 보냈고 지구를 987바퀴 선회했다. 총 60명의 남녀가 챌린저호에 탑승했다.

안전이 늘 최우선

챌린저호 사고는 NASA 최악의 희생을 치른 실패였으며, 많은 인명을 앗아간 이 발사는 보다 개선된 의사결정과 좀 더 효과적인 커뮤니케이션으로 예방할 수도 있었다. 이 참사의 여파로 NASA는 안전이 언제나 최우선이라는 원칙을 다시 확인했다. 2001년 10월까지 106번의 우주왕복선 미션이 있었고, 챌린저호 실패는 유일한 불행으로 남아 있다.

챌린저호 참사로 미국의 유인 우주여행은 거의 3년간 보류되었고, NASA는 이런 사고가 재발하지 않도록 안전성 향상을 주도하며 설계 변화를 채택했다. 챌린저호의 교훈은 NASA의 안전 문화의 일부로 여전히 살아 있다.

간/추/리/기

- 챌린저호는 1986년 1월 28일의 비행에서 이륙 후 73초 만에 파괴되었다.
- 챌린저호 폭발 사고로 우주로 올라가는 첫 학교교사 S. 크리스타 맥컬리프를 포함하여 일곱 명이 숨졌다.
- 이 사고는 예방할 수 있었지만, NASA의 부실한 커뮤니케이션과 의사결정으로 챌린저호는 치명적인 설계결함을 안은 채 이륙했다.
- 챌린저호는 불행한 사고의 순간까지 우주왕복선 선단의 일꾼이었다.
- 챌린저호 비극에 각성한 NASA는 안전 확보에 다시 주력했다.

26장 우주비행의 재개

태양 주위를 도는 행성 또는 지구 주위를 도는 달의 반복되는 진로를 **궤도**라고 한다. 우주선이 행성이나 달 둘레를 돌게 될 때 궤도에 있다고 말한다. 우주선의 속도에 따라 궤도 높이가 결정되고, 발사 방향에 따라 궤도 모양이 결정된다. 일단 궤도에 진입하면, 궤도 모양을 바꾸거나 대기권의 인력 같은 외부적인 힘에 반작용해야 하는 경우가 아니면 우주선 엔진을 점화할 필요가 없다.

챌린저호 참사 후에 NASA는 우주왕복선의 몇 가지 중요한 시스템 부분을 개조하였다. 특히 고체로켓 부스터의 이음새와 이음새를 연결하는 부분은 금속 대 금속(metal to metal)으로 봉인하고, 이음새 내부를 단단하게 절연 봉인하며, 이음새 자체에 O-링을 추가하여 재설계하였다. O-링을 실온으로 유지하기 위해 이음새 가열기가 부스터 케이스에 부착되었다. 엔지니어들은 우주왕복선 주 엔진들의 설계를 변경하여 안전성을 향상시켰다. 그리고 승무원들이 활주로로 돌아올 수 없는 경우 궤도선에서 비상 탈출할 수 있도록 승무원 선실을 개조했다.

비행의 재개

1988년 늦여름 NASA는 다시 우주비행의 시험준비를 하였다.

1988년 9월 디스커버리호가 베테랑 승무원들과 추적 및 데이터 중계용 위성(TDRESS)을 싣고 39B 발사대에서 이륙하였다. 4일간 진행된 이 비행은 에드워드 공군기지에 착륙하며 끝났다. 이렇게 우주수송시스템(STS)의 활동이 다시 시작되었다.

하지만 상업위성의 발사는 하지 못하게 되었다. 레이건 대통령은 우주왕복선의 탑재목록에서 상업용 탑재물을 빼라고 NASA에 지시하였다. 그때부터 상업위성들은 소모성 우주로켓에 실려 발사되었고, 수많은 군사용 대형 위성들은 다시 공군의 타이탄(Titan) 로켓의 몫이 되었다.

우주왕복선의 새로운 역할은 과학적 연구를 실행하고, 과학 위성들을 쏘아 올리고, 1984년에 레이건이 승인한 새로운 우주정거장 '프리덤'의 건설을 준비하는 것이었다. 다음 10년 동안 우주왕복선은 더욱더 야심적인 우주비행을 통해 신뢰할 만한 만능의 우주과학 시험장비로서의 가치를 입증하였다.

우주정거장 건설은 1990년대 초에 시작하기로 되어 있었다. 우주왕복선이 실제로 이 새로운 목적지로 비행하게 될 때까지 얼마나 걸릴지 아무도 짐작할 수 없었다.

지구 근접 궤도는 '지구 저(低)궤도'라고도 한다. 대기권 인력은 185킬로미터 이하의 비행을 허용하지 않는다. 그리고 밴 앨런대 때문에 555킬로미터 이상의 궤도에 사람이나 위성을 보내지 못한다. 물론 밴 앨런대를 지나면 다시 비행할 수 있다.

다시 행성으로

개정된 우주왕복선 계획의 첫 번째 과제는 챌린저호 사고로 비행이 취소되어 지상에 남아 있던 과학위성이나 행성탐사 우주선을 정리하는 것이었다. 1989년 5월, STS-30 아틀란티스가 새로운 행성 탐사에 나서는 첫 금성행 탐사선인 '마젤란호'를 싣고 이륙했다.

마젤란호

마젤란호란 이름은 세계를 처음으로 항해한 탐험가의 이름을 따서

금성 표면의 사진을 찍는 것은 예전에는 불가능했다. 이 행성이 고체 구름으로 덮여 있었기 때문이다. 하지만 파이어니어-비너스와 러시아의 몇몇 탐사선처럼, 마젤란호는 합성 개구 레이더를 이용하여 지형을 영상화했다. 마젤란호의 장비는 축구장 면적보다 작은 표면의 지형을 자세하게 규명했다.

지어졌다. 1989년 5월 4일 발사된 마젤란호의 비행 임무는 금성을 선회하면서 지질학적 조사로 금성을 규명하는 것이었다.

고체연료의 관성 상단 로켓(IUS)에 의해 우주왕복선에서 발사된 마젤란 탐사선은 태양 주위를 한 바퀴 반 돌아서 1990년 8월 10일에 금성 주변의 궤도에 진입하였다.

마젤란호는 금성 표면의 98퍼센트를 측량하였고, 정확한 전파 추적으로 금성 중력장과 내부 구조를 측정하였다. 그 밖에 전파 고도계를 이용하여 표면 지형도를 작성하였다.

길이 6.4미터, 폭 6미터에 지나지 않는 마젤란호는 4년 이상 금성을 탐사하였으며 마지막으로 궤도를 벗어나 금성표면으로 강하하며 금성 대기의 밀도를 측정함으로써 금성 연구에 마지막 기여를 하였고, 1994년 10월 12일 마침내 타서 사라졌다.

갈릴레오호

다음 문을 연 것은 1989년 10월에 STS-34 아틀란티스에 실려 발사된 갈릴레오 목성 탐사선이었다. 갈릴레오호는 원래 액체연료의 강력한 센토어 상단 로켓을 이용하여 아틀란티스의 화물칸에서 발사될 예정이었다. 하지만 휘발성 추진제들의 혼합은 챌린저호 이후 우주왕복선에 너무 위험하다고 생각되었다. 그래서 갈릴레오호는 고체연료의 관성 상단 로켓에 의해 발사되어 목성을 향해 느리게 나아갔다.

1995년 12월에 목성에 도착한 갈릴레오호는 요란한 소리를 내며 목성의 구름 끝으로 진입했고, 거기서 대기의 과도한 무게에 짓눌려 부서질 때까지 성분, 기온, 밀도, 압력 데이터를 전송했다.

갈릴레오호는 2001년 말까지 계속해서 목성을 궤도 비행하면서, 데이터를 지구에 보낼 수 있는 고감도 안테나가 펼쳐지지 않았는데도 불구하고 목성과 매력적인 위성들에 대한 수천 장의 이미지를 전송했다. 제트추진 연구소의 엔지니어들은 다시 천재성을 발휘하여 탐사선의 과학적 능력을 되찾아 주기 위해 탐사선을 다시 프로그래밍했다.

우리는 오늘날 금성 표면에 관해 우리 지구 표면(표면의 70퍼센트가 대양이라 불명료한)보다 더 많이 알고 있다.

허블

비행을 재개한 후에 우주왕복선의 가장 기대되는 탑재물 중 하나는 '허블 우주 망원경'이었다. 이 망원경에는 우주의 구석까지 볼 수 있게 설계된 구경 2.4미터에 달하는 거울이 있었다.

1994년 2월 3일, 세르게이 크리카레프는 우주에 올라가 미국 우주선에 탑승한 첫 소련 우주비행사가 되었다. 이 기록을 세운 우주선은 우주왕복선 디스커버리호였다.

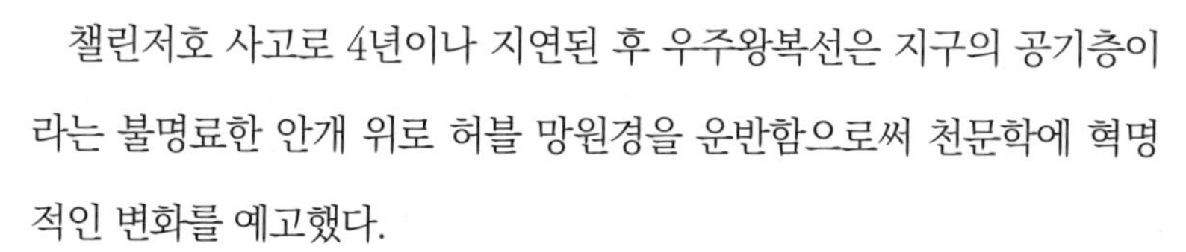

챌린저호 사고로 4년이나 지연된 후 우주왕복선은 지구의 공기층이라는 불명료한 안개 위로 허블 망원경을 운반함으로써 천문학에 혁명적인 변화를 예고했다.

1990년 4월에 있은 STS-31에서 디스커버리호는 허블을 궤도에 올려 로봇 팔로 우주에 배치했다. 이어진 일은 NASA로서 과학과 홍보의 어려움이었다.

허블의 주 반사경은 잘못된 곡면을 가졌지만 지상에서의 비행 전 시험에서는 잘못된 연마 상태가 포착되지 않았다. 허블 망원경의 시야는 굉장히 흐렸다. 1993년 12월 STS-61 비행에서 비로소 허블은 그 잠재 능력을 되찾았다. 우주왕복선 승무원들이 몇 차례의 멋진 우주유영을 통해 거울을 수리하자 허블 망원경은 그 누구도 예상할 수 없었던 우주의 시야를 우리에게 가져다주었다.

우주왕복선 승무원들이 정기적으로 새로운 기구들을 보태 기능을 향상시킨 허블은 아직까지 우리의 우주 변방 지식을 계속해서 끌어올리고 있다.

성간(interstellar)이란 별들 사이에 위치한다는 의미이다.

내가 우주비행사실에 재직하는 동안 우주왕복선은 세 가지 중요한 사업에 참여했다.

- 첫째, 과학 탐사선들을 지구 궤도나 태양계로 발사했다.
- 둘째, 천문 망원경과 '우주 레이더 실험실 첨단 영상 시스템' 같은 일련의 스페이스랩 미션과 우주 및 지구 관측기구들의 과학적 연구 기반이 되었다(나는 1994년 엔데버호에 실린 '우주 레이더 래브 첨단 영상 시스템'의 운영을 도왔다).
- 셋째, 러시아 미르 정거장으로 비행하고, 결국 새로운 국제 우주정거장의 미국 측 첫 구성품을 쏘아 올림으로써 우주정거장 미션의 준비를 시작했다.

허블 우주 망원경은 지구 표면에서 보이지 않는 것들을 보거나 촬영할 수 있다.

율리시스호

유럽-미국의 합작 우주 탐사선 율리시스호가 1990년 10월 STS-41 디스커버리호의 복잡한 화물칸을 떠났다. 관성 상단 로켓에 의해 발사된 율리시스호는 목성을 넘어 태양의 양 극지를 지나면서 일찍이 한 번도 탐사되지 않은 태양풍과 자기장 지대를 탐사했다. 율리시스 탐사선은 성간 공간에서 태양 위치를 담은 사진을 전송하여 우리의 태양이 어떻게 막대한 에너지를 창출하여 태양계에 전달하는지 이해하는 데 도움을 주었다.

두 개의 거대한 천문대

1991년 4월 허블 우주 망원경과 콤프턴(Compton) 감마선 관측기를 STS-37에 실어 발사하여, NASA는 두 개의 거대한 천문대를 궤도상에 올려놓고 우주를 살펴보게 되었다. 이 시리즈 중 세 번째는 첨단 X선 천문시설이었는데,발사 후에 챈드라(Chandra) X선 천문대로 이름이 바뀌었다.

감마선 측정

1991년 4월 5일 아틀란티스에 의해 궤도에 올려진 콤프턴 감마선 관측기는 감마선의 발생지를 체계적으로 조사함으로써 우주를 연구하는 우주 천문대였다.

무게 15.8톤의 이 관측기는 우주왕복선이 궤도에 올려놓은 위성 중 가장 무거운 위성이었다. 콤프턴 감마선 관측기(CGRO) 미션은 9년간 지속되었고, NASA가 그것을 지구 대기권으로 다시 돌입시켰던 2000년 6월 4일에 임무가 끝났다.

www.chandra.nasa.gov와 chandra.harvard.edu를 검색해 보면 챈드라가 가장 최근 발견한 자료에 관해 읽어 볼 수 있다.

챈드라

챈드라는 1999년 7월에 있은 STS-93에서 우주왕복선에 실려 궤도로 올라갔다. 관성 상단 로켓은 챈드라를 지구 16만여 상공의 타원 궤도에 올려놓았다. 이 망원경은 0.5킬로미터가 약간 못 미치는 거리에서 1센티미터 크기의 문자를 읽을 수 있는 분해능으로 X선을 볼 수 있었다.

발사 이후 챈드라는 우주의 가장 격렬한 과정들을 관찰하고, 매혹적인 천체들, 블랙홀로 빠져드는 물질, 별 폭발에서 흘러나오는 X선들을 채집하고 있다. 허블 망원경이 가시광선 영역에서 밝힌 사실을 챈드라는 X선 우주에서 똑같이 밝혔다.

존 글렌, 우주로 돌아오다

「노인과 새로운 바다」. 이것은 NASA 국장 댄 골딘이 1998년 1월 16일 발표한 내용의 제목이었다. 이 발표는 미국인들이 달 위를 걸었던 이래로 미지의 것이었던 우주계획에 대하여 일반인들의 관심을 불러일으키게 하였다.

골딘은 우주왕복선 미션 STS-95가 그해 10월 29일 우주 궤도로 올라갈 것이며, 이 비행의 승무원 가운데 36년 전 우주 궤도에 올라갔던 최초의 미국인으로 전 우주비행사이자 오하이오 상원의원인 존 글렌이 포함될 것이라고 발표했다.

77세의 글렌은 우주로 올라간 최고령자가 되어 연구가들에게 우주여행이 노인에게 미치는 영향을 검토할 기회를 주게 되었다. 무중력 상태가 우주비행사에게 미치는 영향들의 대부분이 노화의 특성들을 그대로 반영하고 있다. 그래서 NASA는 글렌에 대한 실험이 이런 유사점을 탐사하는 데 기여할 거라고 생각했다. 글렌은 비록 탑재물 전문가란 직책을 받긴 했지만, 인간 기니피그(guinea pig, 모르모트)로 이용되는 셈이었다. NASA는 국립 노화 연구소와 공동으로 글렌에 대해 실험할 팀을 구성했다.

글렌에 대한 한 실험에서는 무중력 상태에서 특정 단백질이 처리되는 방식을 연구하였다. 우주에 오랜 기간 체류하면 근육이 허약해지는 경향을 보인다. 그래서 과학자들은 그 과정이 어떻게 일어나는지 알아보려고 했다.

또 다른 연구에서는, 우주에서 젊은 승무원들처럼 글렌의 수면 패턴이 어떻게 전개되는지 알아보기 위해 각기 다른 시간대에 글렌의 민첩성을 측정했다. 글렌은 또한 이 비행의 사진 전문가이기도 했다.

STS-95는 여러 면에서 주목할 만한 일을 해냈다. 스페이스 햅(Space Hab) 연구 모듈을 승무원 선실 뒤에 넣어 운반했고, 스파르탄(Spartan) 태양 관측 우주선을 배치하고 회수하였다. 디스커버리호는 다시 한 번 우주왕복선 시스템의 과학적 다재 다능함을 보여 주었다(스페이스 햅은

궤도에 올라간 최초의 미국인 존 글렌은 자신의 역사적인 첫 비행 후 36년이 지난 1998년에 다시 우주로 올라갔다.

스페이스 해비타트의 줄인 말로, 스페이스 해비타트는 우주정거장에 쓰일 모듈을 제작하는 민간 기업이다).

우주로 올라간 정치가들

존 글렌은 STS-95에서 탑재물 전문가로 일했다. 탑재물 전문가는 일반적으로 단 한 번의 비행에서 특정한 연구 임무를 위해 훈련받은 기술 전문가에게 주어지는 직책이다. 특정 탑재물에 관한 그들의 전문성은 아주 뛰어나다.

우주왕복선의 탑재물 전문가에는 물리학자, 천문학자, 해양학자, 방위전문가, 생체의학자, 심지어 수의사까지 포함되어 있다. 하지만 가장 특이한 탑재물 전문가는 글렌처럼 정치가인 사람들을 꼽을 수 있다.

챌린저호 참사 1년 전, NASA는 유타 주 상원의원 잭 간과 플로리다 주 하원의원 빌 넬슨을 우주왕복선에 탑승시켜 비행하도록 했다. 이들이 NASA를 감독하는 의회 위원회에 속해 있기 때문에 NASA는 납세자의 세금이 어떻게 쓰이는가를 직접 우주 궤도에서 이 입법자들에게 보여 주는 게 좋겠다고 생각했다. 비평가들은 그들의 비행이 미래의 예산 요청을 순조롭게 해 줄 거라고 생각했다. 챌린저호 참사 후에 NASA는 이런 유형의 비행 기회 제공을 중단했다.

존 글렌의 비행은 혼합된 경우였다. 그는 입증된 우주비행사일 뿐 아니라 정치가였다. 그래서 그의 비행을 NASA의 우주비행사들은 달 경쟁 초기 시대의 그의 용기와 노고에 대한 '감사 표시'로 생각하였다.

글렌의 비행은 NASA의 젊은 기술자들과 과학자들에게 NASA의 역사에 대한 진정한 연대감을 주었다. 글렌과 함께 비행했던 나의 동료는 어린 시절의 영웅과 함께 우주에서 일하는 특권을 누렸다. 그것은 NASA 역사에서 경이로운 순간이었다.

우주관광객

2001년은 아서 클라크의 유명한 우주 소설의 제목일 뿐 아니라 '우주 관광객 오디세이'의 원년이기도 했다. 그리고 우주관광은 이상한 모험이었다.

우주관광객은 우주비행사들처럼 우주비행을 위해 훈련하는 대신에, 단순히 티켓만 구입한다.

러시아 우주국(RSA)은 국제우주정거장(ISS)을 위해 약속했던 우주발사체와 우주선을 생산할 수 없을 정도로 자금 부족에 시달려 필사적으로 돈벌이에 나섰다(27장에서 새 우주정거장에 관해 자세히 살펴볼 것이다). 러시아인들은 두 명의 우주비행사만으로도 소유스를 비행시켜 우주정거장에 갈 수 있음에 재빨리 주목하고, 비어 있는 세 번째 자리는 돈을 내는 고객을 위해 남겨 두었다. 신중한 마케팅을 통해 그들은 후보로 미국인 기술자이자 백만장자인 데니스 티토를 찾아냈다.

2000년 중반 티토는 러시아 우주국과 미르 우주정거장을 방문한다는 계약에 서명했다. 그러나 이 기회는 미르 우주정거장이 사라졌을 때 무산되었다. 15년 된 이 우주정거장은 2001년 초 대기권에 재돌입하여 타서 사라진 것이다.

빈틈없는 기업가였던 티토는 그 대신에 자신을 국제우주정거장에 데려가 달라고 떼를 썼다. 러시아 우주국은 2001년 4월에 그를 우주로 비행시키기로 약속했다. NASA와 국제우주정거장의 다른 협력국들이 국제우주정거장에서 중요한 조립 작업이 한창일 때라 관광객의 방문을 반대하는 논쟁을 불러일으키기도 했다.

러시아 우주국은 계약을 이행해야 했고, 소유스 조립라인을 가동하기 위한 돈도 절실히 필요했다. 결국 NASA는 티토가 소유스 비행사들의 감독하에 ISS 승무원 방식으로 체류하겠다는 보증을 받아들였다. 국제우주정거장 협력국들은 자신들이 승인하든 하지 않든 실현될 방문을, 미래의 유료 방문자들을 위한 새로운 기준에 동의하겠다는 러시아의 약속에 대한 보답으로 마지못해 허용했다. 2001년 4월 티토가 우주정거장 승무원 자격으로 방문하면서 러시아와 협력국들의 긴장이 고조되었다. 하지만 그 일로 NASA와 협력국들은 우주를 공개하여 관광 산업으로 만들 체계적인 방법을 마련하게 되었다.

티토는 우주에서 돌아와서 이렇게 말했다. "천국이었다. 멋진 비행에 멋진 착륙, 어려움은 전혀 없었다. 완벽했다. 나는 꿈을 실현했다."

의심할 바 없이 우주관광은 현실화된다. 미래의 궤도상에서의 상업적 활동을 위해 우주관광을 꼭 발전시킬 필요성이 있다.

첫 우주관광객 티토는 아폴로 이래 가장 야심찬 계획 — 궤도상에 거대한 연구 전초기지를 건설하고 우주 공간에 영구적인 인간 거주지를 만드는 계획 — 에서 NASA가 겪고 있는 어려움에 대해 말하기도 하였다. 국제우주정거장은 오랜 시간 진행해 왔고, 그것의 성장 뒤에는 말도 많고 탈도 많은 개발의 역사가 함께 깃들어 있다.

나는 국제우주정거장의 승무원들에게 얼마나 많은 작업량을 요구하는지 2001년 2월에 직접 목격했다. 그들은 매일 18시간 동안 깨어 있으면서 잠잘 시간이 될 때까지 늘어나는 새로운 모듈들을 운영하고 정비한다. 티토의 방문은 불필요한 혼란을 초래할 것이라는 생각이 들었다.

간/추/리/기

- 우주왕복선은 만능의 과학적 기반이자 우주 탐사 발사체로서 1990년대에 자리 잡게 되었다.
- NASA의 안전에 대한 되풀이되는 강조는 세기의 전환기에 100회 이상의 성공적인 우주왕복선 비행을 가져왔다.
- 우주왕복선은 세 개의 거대한 관측기구 — 허블 우주 망원경, 콤프턴 감마선 천문대, 챈드라 X선 천문대 — 를 우주에 올려놓았다.
- 존 글렌은 1998년 10월 마침내 자신의 두 번째 우주비행을 했다.

국제우주정거장, '알파'

1장 '나의 우주 체험기'에서 데스티니 래브 모듈을 알파(국제우주정거장이라 부르기도 한다)에 가져간, 나의 가장 최근의 우주왕복선 비행이야기를 했다. 실제로 NASA의 유인 비행 계획은 1998년 이래로, 역사상 가장 큰 우주정거장 건설에 집중되어 왔다. 2010년까지 거의 모든 우주왕복선 비행은 머나먼 목적지로 가는 희망의 디딤돌인 이 새로운 전초기지로 향하였다.

레이건의 꿈

국제 우주정거장 계획은 레이건 대통령이 새 우주정거장 프리덤을 다음 10년 안에 건설할 것을 요구했던 1984년에 시작되었다. NASA는 곧 유럽, 캐나다, 일본의 우주개발 부서들을 파트너로 선정하고 가장 먼저 계획에 착수했다. 하지만 비용이 NASA가 예상했던 80억 달러를 넘어 급속히 늘어날 것으로 추산되었다.

비용 증가를 막기 위해 NASA는 우주정거장의 규모를 축소했고 건설 계획도 1990년대 중반으로 연기했다. 그 날짜도 믿을 수 없는 목표였다. 몇 년 동안 우주비행사실 모임에서 나는 우주정거장의 건설 착수가 어떻게 여러 차례 지연되었는지 알게 되었다. 첫 발사는 가까운 시일 내에 있을 것 같지 않았다.

비용 절감을 위해 일련의 재설계를 거친 후에 우주정거장 계획은 1993년 클린턴 행정부가 들어서면서 취소될 위기에 직면했다. 우주정거장은 여전히 자금 문제에 봉착해 있었는데, 새 행정부의 그 누구도 우주정거장 건설에 관심이 있는 것 같지 않았다.

러시아와의 파트너십

냉전이 종식되었음이 우주정거장의 공동건설로 입증되었다. 최고 입찰가를 부른 사람들을 위해 일하는 러시아 기술자들의 관심을 돌려놓는 방법을 모색하던 중, 미 행정부와 NASA는 우주정거장 계획에 러시아를 주요 파트너로 참여시키자는 합의점에 도달했다. 미국이 400만 달러의 자금을 제공하는 대가로 러시아는 미국 우주비행사들을 미르(Mir) 우주정거장에 탑승시켰다. 완벽한 파트너로서 러시아는 또한 우주정거장의 주요 구성품뿐 아니라 보급품과 우주정거장의 연료를 우주정거장에 보내는 화물수송용 로켓을 공급하는 데 동의했다. NASA는 러시아의 붕괴한 우주개발 계획에 상당한 자금을 원조해 주고 우주화물을 값싸게 궤도로 올려놓는 그들의 경험과 능력에서 이익 얻기를 희망하였다.

이제 러시아가 합류하면서 이 다국적 프로젝트는 국제우주정거

우주정거장의 승무원 중에는 응급처치 등의 의료 훈련을 받은 사람이 최소한 한 명은 포함되어 있어 우주정거장의 의료함을 이용하여 사소한 부상과 질병을 치료한다.

장(ISS)으로 알려지게 되었다. 그것은 90년대 중반 공식적으로 알파(Alpha)란 이름을 가졌고, 2000년 말 첫 우주정거장 선장 빌 세퍼드가 부하 승무원들과 탑승했을 때 우주에서 알파란 이름을 사용했다. 1998년부터 건설 중인 이 우주정거장은 우주왕복선이나 러시아의 프로톤 로켓에 의해 하나씩 차례차례 우주로 운반된 일련의 모듈로 구성되었다. 대부분의 건설 과정에는 5년이 넘는 우주왕복선 비행 동안 연마한 우주유영 방법들과 로봇 팔을 이용했다. 나의 취소된 1966년의 우주유영은 그런 기술을 실용화하는 것을 목표로 했었다. 2001년 2월 마침내 나는 영광스런 방문을 하여 우주정거장을 확장하는 데 기여했다. 이 구조물을 완성하는 데 12년이 넘는 기간에 걸친 136번의 비행이 필요하였다.

꿈이 실현되다

2010년에 완공된 알파는 날개의 끝에서 끝까지 폭이 108.5미터에 길이가 72.8미터에 달한다. 그리고 450톤 무게에 6명의 우주비행사들과 과학자들을 위한 생활공간을 갖게 되었으며, 완공된 우주정거장에 실린 생활 작업 공간은 6개의 침실과 2개의 화장실 그리고 건강 유지를 위한 커다란 규모의 체력단련장이 있어, 747제트기 두 대의 객실 크기와 맞먹는다. 그래서 완공된 우주정거장은 지금까지 궤도에 올려진 가장 크고 무거운 물체이다. 알파 우주정거장은 미식축구 경기장 크기로, 지구에서도 밤하늘을 가로지는 밝은 별처럼 뚜렷하게 보인다(국제우주정거장은 달과 금성 다음으로 세 번째로 밝다). 사실 명멸하는 도시 불빛에서도 우주정거장을 당장이라도 쉽게 찾아볼 수 있다(www.spaceflight.nasa.gov에서 국제우주정거장이 당신 집 위로 지나가는 시간을 확인해 볼 수 있다).

일출, 통일, 별

ISS는 16개 협력국가의 자원과 과학적 기술적 전문성을 이용한다. 협력 국가에는 미국, 캐나다, 러시아, 일본, 유럽 우주기구의 11개 회원국(벨기에, 덴마크, 프랑스, 독일, 이탈리아, 네덜란드, 노르웨이, 스페인, 스웨덴, 스위스, 영국)을 포함하고 있다. 그 외에 브라질과 이탈리아가 하드웨어와 페이로드 기부자로 서명하였다.

러시아가 제작했지만 미국이 자금을 댄 ISS의 첫 구성품은 자랴(일출) 모듈이라 불렸는데, 1998년 11월에 러시아의 프로톤 로켓에 의해 궤도로 올려졌다. 그리고 바로 몇 주 후인 1998년 12월 우주왕복선 엔데버호가 미국이 처음으로 제작한 ISS 구성품 유니티(통일)를 궤도로 올려 보냈다. 도킹 포트 6개를 가진 유니티는 엔데버호의 로봇 팔을 이용하여 자랴에 부착되었다. 세 번째 구성품인 러시아의 서비스 모듈 즈베즈다(별)가 2000년 7월에 발사되었다. 서비스 모듈이라고 불리기도 하는 즈베즈다는 구 미르 우주정거장의 핵심 모듈을 개선한 것이다. 이 모듈은 첫 7년 동안의 승무원 거주 공간, 추진 장치, 생명유지 장치를 갖추었다. Z-1트러스(거주자세 제어 자이로)와 거대한 태양 전지판들이 2000년 가을에 우주정거장에 더해졌다. 첫 승무원들이 2000년 11월에 거주하기 위해 정거장에 도착했다.

첫 승무원들은 미국 우주비행사 빌 셰퍼드 선장, 러시아 우주비행사들인 유리 기드젠코 소유스 선장과 세르게이 크리칼레프 비행 기관사로 구성되었다. 셰퍼드의 승무원들은 우리가 데스티니 래브를 ISS로 가져갔을 때, 그것을 시동하고 준비하는 일을 우리와 함께 했다. 그들은 2000년 10월 31일 러시아의 소유스 우주선을 타고 올라갔다가 넉 달 반 후에 같은 우주선을 타고 돌아왔다. NASA는 인류가 우주에 존재하는 미래를 보는 것을 간절히 원한다.

정치

국가마다의 여러 이해관계가 얽힌 우주정거장 계획을 이끌면서 NASA가 직면하고 있는 가장 큰 도전은 미국과 러시아의 차이점이 아

우주정거장 개념은 작가 에드워드 에버레트 헤일이 1869년에 처음 내놓았다. 그는 이 우주정거장을 '벽돌의 달'이라 불렀다.

니라 모든 협력국가들 간의 차이점이다. 예를 들어, 주요 협력국들은 가능한 한 자기 나라의 우주비행사들을 우주왕복선 조립 미션과 장기 체류 승무원에 배정되게 하려고 애써 왔다. 그래서 이 경쟁적인 요구에 왜곡되어 휴스턴의 승무원 선발은 정치적 축구시합이 되어 버렸다.

돈

하지만 지금까지 NASA의 가장 큰 골칫거리는 러시아의 불안한 재정 상황이었다. 러시아 우주국이 우주정거장 하드웨어와 부스터에 기여하여 미국의 자금을 절약해 줄 것을 기대했으나, 오히려 자금의 낭비를 초래하게 했다. 러시아 우주국은 서비스 모듈의 발사를 2년이나 지연시켰고, 미국의 완성된 우주정거장 구성품을 케네디 우주센터의 창고에 방치하게 해 NASA에 수백만 달러의 손해를 끼쳤다. 러시아와 형평을 기하기 위해 미국 하드웨어는 거의 시간에 맞추어 제작되지 못했다. 데스티니 래브는 서비스 모듈만큼 늦게 만들어졌다. 이렇게 늘 있는 러시아의 지연은 ISS에 대한 그들의 장기적인 헌신의 확신을 불식시킬 만큼 위협적이었다.

이 글을 쓰고 있는 동안, 러시아는 화물과 소유스 구조선을 제작하는 과정에서 우주정거장 운영의 협력 수준을 날이 갈수록 꾸준하게 향상시키고 있는 듯 보였다. 자금 문제가 여전히 양국에 남아 있지만 두 나라가 기술적으로 함께 일하고 알파의 성공을 지켜볼 강력한 의지를 가진 것만은 분명하다.

파트너십

ISS의 적지 않은 기술적 문제들은 협력국가들의 광범위한 파트너십을 가져왔다. NASA의 기술자와 우주비행사 수십 명이 모스크바로 가서 러시아의 구성품을 나머지 부분들과 어떻게 맞출 것인지 상세하게 협의했다. 호환성 전기 연결장치를 만드는 방법에서 영국 신호기들을 러시아제 모듈의 제어판에 맞추는 것에 이르기까지 끝없이 이어지는 세부사항들을 해결해 왔고, 가끔씩 신랄한 비판이 오가는 기술 미팅을 갖기도 했다.

세부사항들에 대한 이런 기술적 주의는 힘든 일이다. 그래서 우리는 여전히 러시아 파트너들과 완벽한 협력을 하지 못했다. 예를 들어 내가 우주정거장으로 비행했을 때, 우리는 대형 예비품인 보즈두크 이산화탄소 제거기를 궤도로 운반했다. 이 러시아제 조립품은 원래 서비스 모듈에 있는 동일한 기기를 대체할 예정이었다. 러시아 엔지니어들은 대형 텔레비전 크기의 입방체 모양의 알루미늄 상자에 보즈두크를 넣었다. 그들은 그 상자가 아틀란티스 중간갑판의 발사 홈에 꼭 들어맞는지 점검하더니, 서비스 모듈로 통하는 길에 있는 궤도선 해치(출입문)들과 우주정거장 해치들을 통과할 것이라고 확신했다.

ISS와 도킹하자 우리는 알루미늄 상자를 우주복들이 주변에 쌓여 있는 우주왕복선 에어록의 두 해치로 통과시켜 우주정거장 내의 도킹 터널 해치로 향하게 했다. 유리 기드젠코와 세르게이 크리칼레프는 상자를 조심스럽게 출입문과 일직선으로 맞추어 위로 미끄러뜨렸다. 쿵! 상자가 2.54센티미터 더 컸던 것이다. 우리는 상자를 다시 중간 갑판으로 내려야 했고, 기드젠코가 연장으로 분해하여 하나씩 통과시킬 때까지 9일간이나 통로 밖에 묶어 두었다. 두 러시아 승무원은 실물모형을 가지고 해치에 맞는지 점검했지만, 그 실물모형은 우주정거장의 진짜 출입구와 동일하지 않았다.

미르는 러시아어로 '평화'와 '세계'를 의미한다.

협조

다행히, 문화와 정치는 실제 우주정거장에 거주하는 국제 승무원들에게 영향을 훨씬 덜 주었다.

이 우주 팀들은 언어와 문화의 차이에도 불구하고 하나의 단위로 일한다. 지금까지 모든 장기 체류 승무원들은 러시아 팀과 미국 팀이었으며, 우주비행사 훈련이라는 공통의 경험과 전문가 정신이 그들 사이에 강한 연대감을 형성했다. 모든 승무원들은 공통의 목표를 공유한다. 즉 우주 공간에 영구적인 인간 거주지를 만들고, 우주에서의 얻은 연구 이익을 지구로 가져오고, 장기 체류 비행이 인간의 행성 미션을 가능하게 하는지에 관한 경험을 얻는 것이다.

NASA는 문화적 차이와 우주비행의 차이에도 불구하고 우주정거장 승무원들의 성공적인 협조가 지구 궤도 너머를 탐사하는 협조 노력으로 이어질 것을 희망한다. NASA는 또한 우주에서 협동심이 지구상의 국제 관계를 향상시키기를 바란다. 분명 우리는 지구를 둘러싼 기술적·과학적 문제들 — 자원 보존, 지구 기온 변화, 공해 관리 — 에 직면하여 다른 나라들과 협조할 필요가 있다. 그리고 ISS의 노력은 협조의 풍토에서 성취될 수 있는 것의 본보기로 작용할 것이다.

NASA와 미르

1970년대 말과 1980년대 초 동안, 러시아의 우주계획은 일련의 우주정거장들에 탑승한 장기 체류 비행으로 쏠렸다. 살류트 6호와 살류트 7호는 궤도상에서 인상적인 장기 미션(한 미션은 거의 8개월 지속)을 성취한 우주비행사 팀들의 주역이었다.

1986년 2월 소련은 우주정거장 미르를 발사했다. 프로톤 로켓에 의해 올라간 미르 정거장은 이전의 두 우주정거장보다 더 많은 전력과 더욱 자동화된 생명유지 장치를 갖추었다. 미르는 몇 개의 과학 모듈, 보다 커진 생활공간, 태양 집열판들을 포함하면서 확장되었다. 이 거미집 같은 우주정거장은 러시아가 수년 동안 궤도상에서 복잡한 기계를 작동하고 유지하면서 발전시켜 온 전문기술의 진열장이었다.

공산주의 소련의 몰락에 따라 미국과 러시아의 우주계획 협력이 재개되었다. 이 협력 관계는 러시아가 ISS계획에 합류하면서 최고조에 달했다(그와 동시에 ISS계획이 취소되는 것을 막았다). 합의 성과로 1995년경에 미국 우주왕복선은 정기적으로 미르와 도킹하고 있었고, 러시아 우주비행사들은 우주왕복선에 탑승하여 궤도에 올라갔으며, 미국 우주비행사들은 소유스에 탑승해 우주로 올라갔다.

7인의 미국인들이 러시아의 두 우주비행사와 짝을 이루어 미르 안에서 생활했다. 놈 타가드는 소유스를 타고 궤도에 올라간 첫 미국인이었다. 그의 개척 비행은 체력을 유지하기 위한 싸움이었다. 언어 장벽 때문에 고립감에 시달려 체중이 9킬로그램이나 줄었던 것이다. 섀넌 루시드는 약 6개월 동안 궤도에 체류하여 새 기록을 세웠다. 존 블라하는 미르에 탑승하여 과학 연구를 계속했다. 제리 리넹거는 미르의 기밀실이 불타 버린 위험한 사고를 이겨 냈다. 마이크 폴레는 진공 여압 모듈인 프로그레스 화물선과 미르의 충돌 사고에서 살아남았다. 데이브 울프는 미르에 정상적으로 탑승하여 무사히 돌아왔다. 1998년 앤디 토머스가 탑승하여 장기 체류함으로써 이 계획을 성공적으로 끝냈다.

이렇게 함께 일한 것이 큰 도움을 주었다. 완공된 ISS는 미르보다 네 배나 더 컸다. 미르에 탑승해서 얻은 경험과 7번의 비행 동안 다져진 협력관계가 없었다면 ISS의 계획과 건설은 훨씬 어려웠을 것이고, 아마 불가능했을지 모른다.

우주왕복선은 매번 한 가지 미션을 갖는다. 우주왕복선은 열 차폐 타일에(그리고 가끔 창과 화물칸 도어의 방열기 판에) 수많은 작은 폭격자국을 남긴 채 돌아온다. 우주선 잔해와 미세 운석들과 충돌하여 생긴 자국들이다. 두어 차례의 비행에서, 나는 작은 운석에서 분출하는 잔해에 의해 창에 핀 머리 크기의 폭격자국이 나는 것을 보았다. 지난 몇십 년에 걸쳐 이런 충돌이 수백 번 발생해 수리되었다. 15년에서 20년의 미션 동안 ISS의 취약한 부분들은 알루미늄 기밀실(두께 0.6센티미터)을 감싸는 케블라 잔해 차폐물과 알루미늄으로 보호해 왔다. 나는 전력 장비를 냉각시키는 소형 방열기에 충돌로 생기는 손상을 목격했다. 몇 년 동안 우주비행사들은 이러한 초음속 충돌로 야기되는 손상 부위를 수리해야 할 것이다.

프로그레스 화물선

2000년 말 첫 승무원들이 도착하기 직전, 이전의 미르처럼 알파는 우주정거장용 화물 수송선 역할을 하는 러시아 무인 우주선 프로그레스의 정기적 방문을 통해 보급품을 받기 시작했다. 소유스와 비슷하지만 재돌입 능력이 없는 이 화물선은 매번의 여행에서 보급품 2.5톤을 운반한다.

실제로 미르의 미션이 완결되었을 때는 미르를 궤도에서 이탈시킬 시간이었다. 미르 우주정거장과 도킹하여 그것을 대기권 속으로 하강시키는 엔진 점화를 수행한 것은 프로그레스 화물선이었다. 두 비행체는 대기권에서 타서 사라졌다.

우주로 올라간 데스티니

2001년 2월, 나는 아틀란티스에 타고 마지막 미션 비행을 했다. 우리는 미국의 실험실 모듈 데스티니를 알파의 앞부분 끝에 설치했다. 그래서 공식적으로 역사상 가장 큰 우주선인 우주정거장을 만들었다.

데스티니 실험실 모듈은 컴퓨터 명령과 제어, 생명유지, 전력 분배, 과학 연구를 위한 설비로 ISS의 중추부였다. 우리는 이 래브 모듈을 설치하고 시동한 후에 약 30퍼센트 늘어난 작업 및 생활공간을 보고 기뻐하는 1차 원정 승무원들에게 넘겨주었다. 우주선 운영은 이제 서비스 모듈에서 데스티니 래브로 바뀌었고, 휴스턴이 주도적인 관제센터의 역할을 떠맡았다.

로봇 팔

디스커버리호가 2001년 3월에 1차 원정 승무원들을 귀환시킨 후, 엔데버호에 탄 STS-100 승무원들이 알파와 도킹했다. 이번 원정은 우주정거장에 로봇 팔을 설치하는 것이었다. 18미터 길이의 이 로봇 팔은 우주정거장의 건설을 계속하고 예정된 보수와 응급 보수를 실행하는 데 꼭 필요했다.

우주정거장 원격 조종 시스템(SSRMS)의 핵심 역할을 하기 때문에 로봇 팔 설치 임무는 우주정거장 계획의 미래에 중요했다. 만일 로봇 팔이 작동하지 않으면 알파 건설의 나머지 과정은 로봇 팔을 수리하거나 대체할 때까지 연기해야 했다.

미션 STS-100에서 전달한 로봇 팔은 캐나다에서 제작하여 캐나드암2로 알려져 있다. 로봇 팔은 ISS계획에 대한 캐나다의 주요한 기여이다. 캐나드암2는 곧 데스티니 선체 위에 자리 잡았다. 2월에 밥 커빔과 내가 외부에 설치한 것과 똑같은 기종이었다. 예비 제어 회로에 발생한 약간의 문제를 검사한 후에 이 로봇 팔은 다음에 올라올 중요한 구성품인 에어록 모듈을 이동시킬 채비를 갖추었다.

새 에어록

알파의 2001년 추가 설비에는 '세계에서 가장 값비싼 현관문'이라 불리는 에어록이 있었다. 6.5톤 무게의 이 에어록은 165만 달러짜리인 건 사실이지만 단순한 문이 아니다. 그것은 또한 현관이기도 하다.

향수병 같은 외관

길이 5.4미터에 넓이 4.6미터로, 아래가 넓고 목 부분이 날씬한 향수병과 닮은 에어록은 압력 밸브처럼 작동한다. 우주 공간에서 공기압은 제로이며, ISS 내부의 공기압은 1기압이다. 우주유영을 하려는 우주비행사들은 우주정거장에서 에어록으로 가서 밀폐 해치를 닫는다. 에어록은 완전히 감압될 때까지 공기를 전부 빼낸다. 그런 다음 우주비행사는 안전하게 바깥문을 열고 우주 공간으로 나갈 수 있다. 우주정거장으로 돌아오고 싶을 때 에어록 안으로 다시 들어오면 그곳은 다시 여압된다. 여압이 되면 우주비행사는 우주정거장으로 다시 들어갈 수 있다.

에어록을 전달하는 미션에서와 마찬가지로 아틀란티스호는 어떤 우주정거장 조립 미션에서든 먼저 우주정거장과 도킹해야 했다. 랑데부는 보통 발사 48시간 후 승무원의 궤도 작업 사흘째 되는 날에 이루어진다. 우주왕복선 선장 스티븐 W. 린지 중령은 몇 분 늦게 아틀란티스를 유도하여 370킬로미터 고도에서 도킹하였기에 우주선을 가능한 한 완벽하게 일직선으로 만드는 데 남은 시간을 썼다. 린지는 궤도선의 도킹 시스템을 우주정거장 중앙선 플러스마이너스 7.6센티미터 이내에 정렬시켜, 마지막에 초당 3센티미터로 신중히 접근해야 했다. 두 도킹 고리가 접촉할 때 우주왕복선 추력기들이 두 비행체를 단단하게 결합시키기 위해 자동적으로 점화한다. 그리고 궤도선 도킹 시스템의 빗장이 초기 포착 동안 우주정거장 도킹 고리에 덜컥하고 걸린다. 이때 선실 안에서 우리는 쿵 하는 큰 소리, 추력기에서 나는 포성 같은 탕탕 하는 소리, 비행갑판 승무원의 "붙잡아!"란 고함소리를 듣게 된다.

새로운 에어록을 설치하기 전에 선외 활동은 우주왕복선이 우주정거장과 도킹했을 때(우주왕복선은 자체 에어록을 가지고 있다)나 즈베즈다의 비상 에어록을 이용해서만 실행할 수 있었다. 이제 우주정거장 승무원들은 정거장을 수리하거나 조립하기 위해 필요할 때면 선외 활동에 나설 수 있다. 우주정거장의 새 에어록은 미국 우주복과 러시아 우주복을 호환할 수 있다. 우주왕복선의 에어록에서처럼, 우주비행사들은 선외 활동 중에 우주복 배터리를 충전하거나 산소를 공급받으러 에어록에 잠깐씩 들를 수 있다.

우주왕복선 선장 스티븐 W. 린지를 비롯한 다섯 승무원들은 2월에 데스티니를 ISS로 가져다준 이후의 첫 우주비행에서 에어록을 전달하는 임무를 맡았다. 그들은 2001년 7월 12일 오전 5시 4분에 케이프 커내버럴에서 우주로 쏘아 올려졌다. 발사 가능시간(launch window, 발사창)은 겨우 5분밖에 되지 않았다. 이 2차 원정 승무원들은 도킹한 후 에어록 설치를 도왔다. 이 계획에는 우주왕복선의 로봇 팔(내가 후류차폐 시설을 우주공간으로 끌어내는 데 사용했던 것과 똑같은 기종)과 4월에 추가된 우주정거장의 캐나드암 2를 사용할 필요가 있었다.

세 차례의 선외 활동에서, 미션 전문가인 마이클 L. 게른하르트와 제임스 F. 레일리는 에어록을 정렬시키고 고압 질소탱크와 산소탱크 설치하는 것을 도왔다. 세 번째 우주유영에서 그들은 처음으로 새 에어록을 사용하여 우주정거장 안팎을 드나들었다. 나의 동기생이자 2차 원정 승무원인 수전 B. 헬름스 공군 대령이 우주정거장의 로봇 팔을 작동하였다. 그녀는 우주왕복선의 로봇 팔로 에어록을 이동시켰고 ISS에 탑재한 새 모듈을 정박시켰다.

악어와 뱀

게른하르트는 에어록을 아틀란티스 화물칸에서 떠나보내기 전에 에어록 정박 고리를 보호하고 있는 대형 보온 덮개를 벗겨 쌓아 놓아야 했다. 이 뻣뻣한 덮개를 다발로 만들어 여러 개의 밧줄로 단단하게 싸맸다. 게른하르트는 이렇게 말했다. "3.6미터 길이의 악어와 씨름하면서 그 악어를 6미터 길이의 뱀으로 늘려 묶어 놓는 것 같았습니다." 두 승무원은 에어록을 제자리에 자리 잡게 한 다음 기다란 흰 종이 조각을 리본 자르기 대용으로 입구에 걸쳐 놓고 즉석 개통식을 거행했다.

ISS의 새로운 현관문은 조인트 에어록 모듈(joint airlock module)이라 불렸다. 이 에어록은 보잉사가 마샬 우주비행센터의 한 빌딩에서 제작했다. 이 빌딩은 바로 시험용 새턴V형 로켓 제1단이 제작된 곳이다.

심폐는 인체의 심장, 폐와 관련된 것을 의미한다.

인간연구설비

우주정거장에 장비 설치를 계속하기 위해 후속 우주왕복선 STS-105가 2001년 8월에 ISS로 향했다. 페이로드 칸에 실린 이탈리아제 화물 모듈은 새로운 실험 기기인 인간연구설비(HRF)였다. 이 생체의학 실험실은 우주공간에서 인체를 연구하기 위해 설계되었다. 데스티니 안에 자리 잡을 인간연구설비는 자체 컴퓨터와 진단 장비를 갖추고 있어 수개월의 미션 동안 일어나는 인체 내부의 여러 가지 변화를 측정할 수 있다.

우주여행자의 심폐 반응과, 그런 반응이 자유낙하 시와 선외 활동 동안 어떻게 변화하는지 측정하는 한 가지 실험이 있다. 예를 들어 데스티니 래브는 우주비행사의 폐활량(매 호흡 시 들이마시는 산소량)의 변화를 측정할 수 있다. 이러한 정보는 인간연구설비에 저장되어 나중에 지상으로 전송된다.

데스티니 도착 이후 3차 우주정거장 승무원들은 데스티니 래브 내의 빈 실험대에서 잠을 잤다. 이탈리아에서 제작한 노드2는 2003년에 도착했다. 노드2는 네 승무원의 개별 숙소, 슬리핑백, 저장 용기, 독서등, 환기팬을 갖추게 된다. 승무원 숙소는 2006년에 마지막 주요 구성품인 미국제 거주 모듈로 옮겨졌다.

힘든 임무

미국과 소련의 첫 우주비행사들은 알파에서 살면서 몇 가지 고난을 견뎌 내야 했다. 새 아파트에서처럼 해결해야 할 사소한 결함들이 있었고, 임무는 경험과 기술이 늘면서 쉬워지고 있었다.

우주정거장에 거주했던 첫 세 우주비행사는 서비스 모듈에서 나는 기계소음 때문에 잠을 잘 때마다 귀마개를 해야 했다. 실제로 즈베즈다는 겨우 2인용 우주정거장이었다. 그래서 유리 기드젠코는 소지품과 슬리핑백을 벽에 메어 놓고 자랴 모듈의 '통로'에서 잠을 자야 했다. 불쾌감을 준 기계 '공기 여과기'는 이산화탄소를 제거하기 위해 설계되었다. 이 기계는 잠을 자기 아주 곤란할 정도로 매 10분마다 커다란 소리를 내는 짜증 나는 습관을 가지고 있었다.

투쟁은 가치 있다

프라이버시가 보장될 리 없었다. 목욕과 용변은 모두 서비스 모듈의 갑갑한 한계에서 이루어진다. 쓰레기통, 식량, 예비 부분품들이 통로 한쪽을 메우고 있었다. 작은 도구와 부품 들은 여러 날 동안 행방이 묘연하곤 했다. 미국제 이산화탄소 여과기는 가동 중에 고장을 자주 일으켰다. DVD 플레이어 한 대가 있었지만 화면이 너무 작아서 모두가 편안하게 볼 수 없었다. 컴퓨터는 짜증 나리만큼 잔고장이 너무 잦았다. 심지어 비상경보를 울려 주게 되어 있는 랩톱 컴퓨터까지 고장을 일으켰다.

새로운 지식을 찾는 탐사는 결코 쉽지 않았고, 미개척지에서의 생활은 개척자들에게 힘들게 마련이다. 하지만 우주정거장은 계속해서 더 크고 더 낫게 유지되고 있다. 그리고 모든 장해 발견은 무한한 가치가 있다. 왜일까? 다른 우주비행사의 설명을 들어 보자.

3차 원정대 선장 프랭크 컬버트슨은 이렇게 말했다.

“미개척지를 개척해야 하기 때문에 우리에게는 우주정거장이 필요하다. 우리는 인류를 현재의 경계를 넘어 확장하도록 후원할 필요가 있다. 역사를 통해 그러한 경계는 바다 같은 물리적 경계와 ‘내가 정말 저 바다 저편으로 갈 수 있을까?’ 같은 느낌의 정신적 경계가 혼합된 것이었다. 우리는 우주를 탐사할 때 정신적 도약을 해야 한다. 그래야 경계의 저편으로 나아갈 수 있다고 확신한다. 우리는 우주를 살고 일하고 방문하기에 좀 더 편안한 공간으로 만들 것이다.”

2001년 2월에 모습을 드러낸 국제 우주정거장.

간/추/리/기

- 국제우주정거장은 승무원들에게 알파로 알려져 있다.
- 알파는 역사상 지구 궤도에 올려진 가장 큰 물체이다.
- 우주정거장은 우주왕복선, 러시아 프로톤과 소유스 비행을 통해 차근차근 건설되고 있다.
- 비록 스파르타식 시설이지만, 알파는 미래의 우주 연구와 인간의 태양계 탐사의 열쇠를 쥐고 있다.

우주비행은 지상에서 어떻게 시작될까

짐작했겠지만, 워싱턴의 NASA 본부에서는 1년에 얼마나 많은 비행을 할 수 있는가로 예산을 설정한다.

하나의 우주 미션은 지상에서 어떻게 시작될까? 그 과정은 적어도 비행 1년 전, 또는 5년 전부터 시작된다. 우주 미션은 우주왕복선 계획과 페이로드 '고객'의 결합을 통해 탄생한다.

무대 뒤의 부서들

텍사스 주 휴스턴의 존슨 우주센터에 있는 우주왕복선 계획 본부에서는 적어도 5년을 내다보고 운항 계획을 세운다. 그에 더해 발사일, 비행할 궤도선, 발사 순서, 각 비행의 실제 왕복운항 간격을 정한다. 이러한 우주왕복선 운항 계획은 존슨 우주센터 미션 운영부(매년 얼마나 많은 승무원들과 비행 관제사들을 훈련할 수 있는가?)와 케네디 우주센터 미션 운영부(착륙 후 케이프의 인력을 어떻게 신속히 우주왕복선 발사 준비로 돌릴 수 있는가?)로부터의 내용을 종합해서 세운다.

우주정거장 시대에 주요 페이로드 '고객'은 존슨 우주센터의 우주정거장 계획 본부이다. 국제 우주정거장 계획 본부는 협력국가들과 정거장을 조합하기 위해 어떤 순서로 어떻게 할 것인지 보여 주는 '조립 순서도'를 개발했다. 예를 들어 나의 2001년도 비행은 ISS 조립비행 5A, 다시 말해 주요 구성품을 우주정거장으로 보내는 미국의 다섯 번째 미션이었다. 궤도상에서 하드웨어를 필요로 하기 두어 해 전인 1997년 초, ISS 계획 본부는 우주왕복선 계획 본부에 미션을 운항계획에 맞추어 시작할 것을 요청했다.

MOD란 미션 운영부(mission operations directorate)를 의미한다.

오늘날에도 마찬가지로, 우주왕복선 계획 본부는 1년에 얼마나 많은 비행을 할 것인지, 그리고 우주왕복선들이 얼마나 많은 화물을 궤도로 운반할 것인지를 ISS 계획 본부에 알린다. 그러면 ISS 계획 관리자들은 우주왕복선 비행을 통해 필요한 ISS 모듈이나 화물을 확인한다. 이러한 요청에 바탕을 두고 우주왕복선 계획 본부에서는 궤도선과 미션 번호(STS-XXX)를 페이로드(이를테면 미국제 데스티니 래브)에 맞춘 비행 탑재목록을 만든다.

우주왕복선 계획 본부에서 미션의 비행 탑재목록을 확정하고 나면, 그것은 비행 관리관에게 넘겨져 존슨 우주센터의 미션 통합부에서 비행 기본 요소들을 다시 조율하도록 요청한다. 비행통합관리사(우리는 이들을 'FIM'이라 부른다)가 미션의 실현 가능 여부, 주어진 페이로드, 궤도선 이륙 용량, 물리학 법칙 등을 분석하여 조정한다. 이제 비행 설계를 시작할 수 있다.

비행 설계

미션 운영부(MOD)는 궤도선과 페이로드를 맞춘 비행 설계 과제를 떠맡는다.

이 단계가 옛날의 아이작 뉴턴이 다시 등장하는 곳이다. 비행 설계팀은 바람직한 궤도, 페이로드와 궤도선의 무게, 미션 체류 기간과 발사일을 정하고, 기본 궤도 역학을 이용하여 미션의 물리적 매개변수들을 결정한다. 비행 설계팀은 분석을 통해 발사 시간, 궤도선에 필요한 추진제의 무게, 운반해야 할 호흡용 산소 및 질소의 양, 궤도선이 탑재한 연료전지로 궤도에서 체류할 수 있는 시간, 케이프에 착륙하기 위한 적절한 궤도 이탈 시간을 정한다.

나의 관점에서 가장 중요한 일은 얼마나 많은 승무원이 필요한지, 그리고 얼마나 많은 무게로 실제 궤도에서 비행 가능한지 결정하는 비행 설계이다! 때때로 예전의 비행과 아주 비슷하다. 그래서 정보의 대부분을 경험에서 끌어낼 수 있다. 비행 설계의 요약본은 MOD에서 비행 계획서를 작성하는 데 청사진이 된다.

미션 통합

기본 비행 설계서를 입수한 비행통합관리사(FIM)는 비행 계획의 준비와 관련된 모든 조직들을 불러 모은다. 비행통합관리사는 다수의 비행 이정표를 설정하고, 계획과 하드웨어가 완전해질 때까지 비행의 세부사항들을 꾸준히 확정해 간다. 비행통합관리사는 전적으로 우주왕복선 계획 비행관리관을 위해 일한다. 비행관리관은 미션을 제시간에 진행할 준비가 되었는지, NASA의 모든 조직이 비행을 지원할 준비를 하는지 확인할 책임을 진다.

생산팀

비행관리관과 비행통합관리사는 계약자와 케이프 관계자를 포함하여 모든 미션 참여자들을 정기적으로 소집하여, 계획을 발전시키고 발생한 문제점들을 확인하고 해결한다.

나는 1997년 6월 비행에 배정되었을 때 SPT-98 IPT의 일원이 되었다. IPT미팅에서 비행 설계의 기본, 즉 내가 어떤 비행체를 타고 비행하는지, 얼마나 오래 체재하는지, 우리의 발사일은 언제인지, 그리고 우리의 페이로드인 데스티니 래브에 관한 기본 사실을 배웠다. 가장 중요한 것은 문제와 씨름할 수 있고, 또 승무원들의 아이디어나 제안을 평가할 수 있는 사람들을 만났다는 점이다.

IPT는 통합생산팀(Integrated Product Team)이란 뜻이다. 장해발견팀으로 기능하는 IPT는 의사결정권을 가지고 모든 핵심 조직들의 수행을 검토한다. IPT의 관리자들은 맞닥뜨린 문제들을 확인하고, IPT 구성원들은 자신들이 제시한 결정과 해결책을 현장에 적용해 볼 수 있다. 통합생산팀은 진척 상황을 평가하기 위해 매주마다 소집된다. 또한 미션 IPT를 지원하는 소규모 IPT들이 있다. 나는 선외 활동 IPT에 관계하여 모든 우주유영 기구와 우주복이 비행시간에 맞추어 준비됐는지 확인하는 임무를 맡았다.

승무원 배정

어느 우주비행사에게든 가장 중요한 질문은 하루에도 수십 번씩 마음속에 떠올리는 '어떻게 하면 미션에 배정될까?'이다. 승무원 배정은 우주비행사에게 수수께끼 같은 과정이다. 나는 몇 년이 지나도 잘 이해할 수 없었지만, 그것이 어떻게 이루어지는지 아는 대로 설명하겠다.

비행 설계가 가닥을 잡으면 MOD(미션 운영은 물론 훈련까지 책임지고 있다)는 미션에 참여할 승무원의 훈련 기간을 추산한다.

MOD는 미션의 훈련 기간을 추산하여, NASA에서 승무원을 배정하는 비행 승무원 운영부(FCOD, 우주비행사실을 산하에 두고 있다)에 공식적으로 알린다. 선발 과정은 우주비행사실 책임자의 손에 달려 있다.

나와 공군사관학교 동기생이자 공군 대령으로 예편한 찰리 프레코트는 현재 우주비행사실 책임자이다. 비행 탑재목록과 MOD의 훈련 스케줄로 무장한 찰리는 의자에 앉아 연필을 깎으며 비행사 명부에 눈길을 준다. 찰리는 베테랑 우주비행사와 경험을 쌓아야 하는 초보 승무원을 잘 배합해야 한다. 즉 기술을 올바로 혼합하여 주어진 직무를 잘 해낼 승무원, 예를 들어 로봇 팔을 다루어 본 승무원, 베테랑 우주유영자, 예전에 우주왕복선 랑데부의 일원으로 일했던 선장을 찾아야 한다.

찰리는 또한 지상 보직에서의 훌륭한 공적을 우주비행의 특권으로 보상해 주기 위해 애쓴다.

찰리는 선발한 승무원 명단을 연필로 적어 상관인 비행 승무원 운영부의 책임자에게 보낸다. 2001년 말 비행 승무원 운영부의 책임자는 베테랑 미션 전문가 스티브 홀리로, 1978년 NASA에 의해 첫 우주왕복선 미션 전문가로 임명되었다.

'전화 통보' 직후 배정 소식은 널리 알려진다. 배정된 승무원이 처음 하는 일은 휴스턴의 NASA 1번로를 따라 나 있는 유명한 배수구에서 맥주 세례를 받는 것이다.

비행 승무원 운영부 책임자가 승인하면 우주비행사실 책임자는 각 우주비행사들에게 좋은 소식을 전화로 알림으로써 공식적인 승무원 배정을 한다. 가끔 그 전화는 비행 승무원 운영부 책임자가 하기도 하지만, 대부분은 찰리가 초보들에게 오랜 시간의 꿈을 실현해 주고, 베테랑에게 새롭고 흥분된 도전 기회를 주는 영광을 도맡는다. 선장 승무원은 미션 과제를 여러 승무원들에게 어떻게 할당할 것인지 찰리와 상의한다. 하지만 내 경험에서 비추어 볼 때 최종 세부사항은 승무원들 본인이 제일 잘 해결한다.

데스티니 래브를 설치하는 미션인 STS-98에서, 우리에게는 전문적인 비행 감독관 레로이 케인이 있었다. 발사와 착륙의 역동적인 단계들을 지도했던 그는 미션의 전반을 관리하는 선도적인 비행 감독관이었다. 미션 전반의 관리 역할에서 봅 캐슬의 세부사항 통솔과 백과사전적 지식은 정말 인상적이었다.

미션 운영

미션 목표들을 달성할 책임을 지는 사람이 비행 감독관이다. 비행 감독관은 승무원, 비행 관제사팀, 교관, 지원 엔지니어들을 한데 모아, 미션 성공을 위해 각자 자신의 할 일에 집중토록 한다. 미션을 운영하는 과정에서 비행 감독관은 손수 온갖 유용한 정보를 모은다. 선장 승무원이 우주선과 승무원들의 즉각적인 안전과 비행 계획서에 나와 있는 궤도상 활동 수행의 책임을 지는 반면, 비행 감독관은 미션의 보다 큰 방향과 전략을 정하는 운영상의 결정을 내린다.

비행 계획

MOD는 발사 1년 전쯤 임무의 상세한 비행 계획을 세우기 시작한다. 비행활동관(FAO)이 비행의 주요 활동들을 처음으로 확인한다. 비행활동관은 승무원들의 과로를 방지하고 최소한의 수면 요건을 보호하는 운항 규칙들을 이용하여 비행 계획 요약본을 작성한다. 예를 들어 STS-98의 비행 계획서는 ISS와의 중요한 랑데부를 시도하기 이전에 승무원들에게 이틀 밤을 수면하도록 하고 임무 나흘째 되는 날 첫 조립 우주유영을 하게 했는데, 그 기간은 봅 커빔과 내가 우주를 누비기에 충분할 만큼 길었다. 비행활동관은 ISS와 분리된 직후 우리에게 반나절의 휴식 시간을 주었고 착륙 전날 밤에 충분한 수면을 취하도록 했다. 비행 계획서는 모두가 실행 가능한 계획이라고 만족할 때까지 비행활동관, 승무원, 비행 관제팀 사이를 왔다 갔다 한다.

비행 계획서의 최종판은 미션의 일정표를 5분 단위로 나누는데, 그래서 각 승무원들은 분 단위로 관련된 활동을 말할 수 있다. 비행 계획서에는 '미션 경과 시간'의 사건들이 이륙 후부터 날짜, 시간, 분, 초 단위로 나와 있다.

훈련

MOD는 신속히 새 승무원들과 만나고 그들을 훈련 관리관과 교관팀에게 배정한다. 이 단계가 미션 성공에 얼마나 중요한지 아무리 강조해도 지나치지 않다. 우주왕복선 시스템과 우주정거장 시스템의 전문가인 교관들은 승무원들을 가르치는 직무를 맡아 미션 목표를 완수하고 어떤 비상사태에도 대처할 수 있을 때까지 그들을 연습시킨다.

1년 과정 또는 그 이상의 과정을 거치며 훈련팀과 승무원들은 단단한 유대감을 형성한다. 승무원들은 우주왕복선 시스템과 우주정거장의 시스템을 철저하게 배우고, 훈련팀은 우주비행사들의 강점과 약점을 파악한다. 교관들은 승무원들의 약한 영역을 보강하는 데 집중하고 우주선이나 미션에 최악의 문제들이 닥쳤을 때 적절히 대처하는 팀워크를 확인한다.

모의 훈련

우주선 시스템 안에서 초기 강의 훈련이 끝난 후, 승무원들은 발사 7개월 전에 시뮬레이터 훈련을 시작한다. 먼저 교관팀이 발사, 돌입, 랑데부, 도킹 과정을 승무원들에게 지도한다. 시뮬레이터 감독관과 교관(팀장)은 시스템 전문가들과 함께 시뮬레이터 대본을 작성한다. 시뮬레이터에 오를 때마다 승무원 팀은 마주칠 수 있는 가장 그럴듯한, 또는 가장 위험한 기능 상실을 보여 주도록 설계된 비상사태 시나리오를 끝까지 이겨 내야 한다. 이러한 '홀로서기' 훈련은 미션 기술의 기본 기능을 높여 주고, 복잡하고 미묘한 실패 시나리오들에 대비하게 만든다.

우주비행의 마지막 훈련 단계는 시뮬레이터의 승무원들과 미션 관제소의 비행 관제팀과 합동으로 이루어진다. 고도로 정밀한 우주왕복선 시뮬레이터는 마치 진짜 궤도에 있는 듯 움직인다. 창밖으로 지구가 돌아가고(고해상도 TV화면), 모든 스위치 조작과 컴퓨터 키 놀림은 비행체에 실제 같은 효과를 준다. 그리고 조종 입력은 추력기의 점화음을 낼 뿐 아니라 우주왕복선이 우주를 축으로 돌고 있거나 이동하는 리얼한 시각적 인상을 만든다.

교관팀은 시스템 고장, 귀찮은 경보, 잠복성 기능 상실 같은 변덕스런 혼합 상황을 던져 주어 비행 승무원들과 비행 관제사들이 최선을 다해 극복하도록 한다. 이 효과는 아주 만점이어서 나의 정신구조는 내가 상자처럼 생긴 5-1 건물 안 시뮬레이터에 있는 상황을 실제로 궤도선 비행갑판 위나 에어록 안에 있는 것처럼 느끼도록 바꾸어 놓았다. 우리와 무선으로 연결된 비행 관제사들은 운동장을 가로질러 몇백 미터쯤 떨어져 있었지만 우리의 행동을 관찰하면서 우리를 돕고 있었다.

발사를 몇 주 앞두고 마지막으로 집중 모의훈련을 하면서 승무원, 비행 감독관, 비행 관제사들은 숙달된 팀으로 일하고 미션 목표들에 집중하게 된다. 나의 마지막 미션에서 우리는 수많은 실패 시나리오들에 대처하고 기능 상실에 시달리면서 통상적인 압박과 장해에 익숙해졌다.

연습은 발사를 한 주 앞두고 승무원들이 발사와 착륙 실패를 실연하는 마지막 시뮬레이터 훈련을 할 때 정점에 달한다. 그때쯤에는 이미 격리 상태에 있고 훈련에 지쳤지만, 어떤 상황에도 대처할 준비가 되었음을 확신하게 된다. STS-98에서의 우리 경험은 예기치 않은 일이란 쉽게 일어날 법한 일임을 입증했다.

비행 준비 재검토

마지막 장해를 발사 이전에 제거하는 것이 비행 준비 재검토이다. 우주왕복선, 우주정거장, 케이프의 관리자들은 발사 1주 전에 케네디 우주센터에 모여 현안 문제들을 모두 낱낱이 검토한다. 안전이 무엇보다도 우선이다. 어떤 기술적 문제에 대한 해결책은 팀에서 비행 안전을 위태롭게 하지 않는다고 동의했을 때만 승인된다. 비행 준비 재검토에서 주 엔진의 정밀 검사, 예전의 미션에서 나타난 부스터 노즐의 문제, 고체 로켓 부스터 케이싱의 외부 배선 안전성에 관한 풀리지 않는 문제점이 드러나 비행이 연기된 적도 있었다. 챌린저호의 교훈은 여전히 살아 있고 강력하다. 안전하게 비행할 수 있다고 모두가 동의할 때까지 우리는 발사하지 않는다.

이제 여러분은 내가 왜 NASA에서 일하기 위한 준비로 팀 스포츠 경기를 권장하는지 알 수 있을 것이다. 우주왕복선 미션을 지상에서 시작하기 위해서는 수많은 사람들이 지식과 경험을 모으고 공유해야 한다.

NASA 미션이 하루, 한 주, 한 달 만에 이루어지지 않는다는 사실을 이해하는 것도 중요하다. 각 미션은 우주왕복선이든 로봇 위성이든 발사 몇 년 전부터 계획 단계로 들어간다.

간/추/리/기

- 우주왕복선의 미션은 주요한 페이로드 '고객'과 비행 기회를 맞추어 만들어진다.
- 비행 설계는 일반적으로 발사 1년 전부터 시작된다.
- 우주비행사실 책임자는 비행 1년 전에 승무원을 선발한다.
- 시뮬레이터 훈련은 승무원과 비행 관제팀이 믿기 어려운, 그리고 예기치 않은 어떤 실패 시나리오든지 극복할 수 있게 해 준다.
- NASA의 비행 준비 재검토에서는 '안전'이 궁극적인 단어이다.

행성의 비밀을 벗기는 로봇 탐사선

아폴로의 달 착륙은 레인저, 서베이어, 루너오비터 같은 로봇 탐사선의 도움이 없었다면 훨씬 위험했을 것이다. 30장 '미래의 우주'를 읽으면 NASA와 협력국들이 다시 한 번 지구 궤도를 떠날 큰 포부를 품고 있음을 알 수 있다. 하지만 태양계와 행성들에 관한 중요한 정보를 얻는 로봇위성 탐사를 하지 않으면 그 일은 해낼 수 없다.

지난 40년간 우리는 이웃 행성들에 관해 엄청나게 많은 사실을 알아왔다. 모두 로봇 탐사선들 덕분이다. 로봇 탐사선은 오직 한길로만 전진한다. 행성 간 여행의 위험과 먼 거리 때문이다. 당분간 행성 탐사는 이런 식으로 이루어질 것이다. 그래서 우리의 우주 탐사선들이 그 어느 때보다 더 중요하다. 사실 로봇 탐사선들은 훨씬 더 유능해지고 있다. 화성이나 금성에 착륙한 로봇 우주선은 그 행성의 정확한 기온, 대기의 성분을 알려 줄 수 있고, 주변 환경을 선명한 총천연색 사진으로 찍을 수 있다. 레이더 지도작성기는 토성의 위성 타이탄의 가려진 표면을 드러내 보일 수 있다. 로봇위성은 혜성의 단편을 우리 손에 쥐어 줄 수도 있다.

우주 망원경의 이름을 따온 에드윈 P. 허블은 캘리포니아 마운트 윌슨 천문대에서 이 대형 망원경을 이용했던 천문학자였다. 그는 은하수를 발견하였는데, 우주의 모든 것을 포함할 만큼 넓어 보였던 은하수는 수많은 은하계의 하나에 지나지 않았다. 허블은 또한 많은 은하계를 가진 우주가 정적이지 않고 팽창하고 있다는 이론을 처음으로 내놓았다. 우주(시간과 공간)는 명백한 시작(빅뱅)이 있었고 그 이래로 성장하고 변해 왔다.

그래서 이 장에서는 NASA가 진행 중인 로봇위성 탐사, 우리의 눈과 감각을 대신해 우주의 신비들을 깊이 파고드는 기계들을 살펴본다.

허블 우주망원경

과학자들은 지구 대기의 먼지와 왜곡 없이 본다면 우주의 깊은 곳까지 더 잘 관측할 수 있다는 사실을 오래전부터 알고 있었다. 우주 공간의 망원경은 우리 은하계와 그 너머까지 상세히 관측하는 데 아주 유리하다.

천문학자 리먼 슈피처는 1964년에 그러한 망원경을 궤도상에 올려놓자고 제안했다. 그의 꿈은 허블 우주망원경으로 실현되었다. 이 망원경은 구경이 2.4미터 되는 망원경과 부속 기계장치들을 포함한 궤도상의 우주비행체이다. 챌린저호 참사로 허블 망원경은 4년이나 지연되어 1990년 4월 25일 발사된 우주왕복선(STS-31)에 의해 궤도에 올려졌다.

허블 우주망원경의 목표는 다음과 같다.

- 천체들의 성분, 물리적 특징, 역학을 조사한다.
- 별들과 은하계들의 형성, 구조, 진화를 살펴본다.
- 우주의 역사와 진화를 연구한다.
- 천문학자들에게 우주상의 장기 연구 시설을 제공한다.

우주망원경은 주 거울에 결함을 안은 채 제작되었던 탓에 처음 배치되었을 때 적절히 기능할 수 없었다. 이러한 혼란스런(그리고 값비싼) 문제점은 우주왕복선 비행사들(1961년 12월의 STS-61)에 의해 극적인 방식으로 수리되었다. 이 보수 이후로 우주망원경은 우주비행사들에 의해 두 번 정비를 받았다. 2016년 12월 현재까지 26년간 유지되고 있으며, 2018년 10월에 발사 예정인 제임스 웹 망원경으로 대체될 것이다.

허블 우주망원경의 과학적 운영을 관리하고 조정하는 책임은 볼티모어 존 홉킨스 대학의 우주망원경 과학연구소에서 지고 있다. 이 연구소는 NASA의 우주망원경을 모든 국가의 천문학자들이 이용할 수 있는 과학 시설로 운영한다.

과학자들은 단순한 기상 패턴 이상의 것을 촬영하는 데 지구 주시 위성을 이용해 왔다. 감시위성은 또한 국가 안보 목적으로 사용된다. CIA가 우리의 우주계획에 얼마나 중요한 역할을 하는지 아는 사람은 거의 없다. 인공위성 정찰은 1955년 미국의 초기 우주 계획의 목표로 간주되었다. 1961년경 우주 감시를 목표로 추진한 뱅가드 계획에서 미국은 우주에서 찍은 사진을 통해 소련 미사일에 관한 상세한 내용을 파악하고 있었다.

방위정찰위성은 지난 60년 동안 더욱 정교해졌다. 군사용 우주계획을 통해 이루어진 우주선 조준 제어와 광학에서의 진보는 허블의 설계와 건설에 적용되었다. 허블은 70년대 말과 80년대 초 정찰위성들의 쌍둥이 형제는 아니지만 사촌이라 할 수 있다.

허블 우주망원경의 도움으로 우리는 거의 우주의 여명이자 가장 이른 은하계들의 탄생기로 보이는 110억 년 전으로 시간을 거슬러 올라가 볼 수 있다. "모래알보다 작은(우주역사가 윌리엄 버로의 표현대로)", 하늘의 한 입자까지 응시하는 허블 우주망원경은 볼 수 있는 최대한 시간을 거슬러 올라가 새 은하계 400억 개의 존재를 밝혀냈다. 지구 가까이로 허블 우주망원경은 목성의 폭풍을 추적하고, 화성의 먼지 폭풍을 지켜보고, 머나먼 명왕성의 얼음 덮인 표면을 분명히 보게 해 주었다.

클레멘타인호 달에 다시 가다

탄도 미사일 방어수단을 개발하려는 노력의 일환으로, 클레멘타인호

NASA에서는 모든 것에 이름을 붙인다. 아폴로 우주비행사들이 지구로 가져온 가장 큰 월석은 무게가 거의 12킬로그램에 달했다. 이 바위의 별명은 '빅 멀리(큰 암소)'이다.

로 알려진 시험 우주선이 1994년 타이탄 2G 로켓에 실려 반덴버그 공군 기지에서 발사되었다. 요격 미사일용 센서 및 추력기의 기술을 시험할 계획이던 이 탐사선은 적의 탄두가 아니라 더욱 편리하고 유용한 표적, 즉 우리의 달과 '1620 지오그래퍼스'로 알려진 한 소행성을 향했다. 클레멘타인은 루너오비터보다 훨씬 더 상세한 달 지도를 작성하였다.

클레멘타인호는 처음에 지구 궤도로 진입했다가 다시 달 궤도에 성공적으로 올라섰다. 달 지도를 작성하는 미션의 기대치를 뛰어넘어 달성한 후에 이 우주선은 소행성으로 나아가 플라이바이(근접 통과)할 계획이었다. 그러나 컴퓨터가 고장 나는 바람에 우주선이 제어 불능 상태로 회전하여 소행성 미션은 취소되었다. 클레멘타인은 달을 떠나기 전에 달의 남극에 물(인류의 미래 전초지를 위한 중요한 자원)이 있을지 모른다는 흥미로운 단서들을 발견했다.

토성으로 가는 카시니호

또 하나의 태양계 탐사선이자 보이저호 유형의 마지막 탐사선이 토성 구조를 깊이 연구할 목적의 카시니호이다. 목성의 갈릴레오호처럼 카시니는 몇 년 동안 토성과 고리들, 위성들 주위를 궤도 비행한다. 1997년 발사한 카시니는 2002년 11월에 저멀리 신비스럽고 고요하게 보이는 토성의 이미지를 잡아냈다. 이 촬영은 지구와 태양 간 거리의 2배나 되는 2억 8,500만 킬로미터나 떨어진 지점에서 실시되었다. 2004년 7월 1일에 토성 주위 궤도에 진입하였다. 이 우주선은 2017년 9월 15일까지 토성의 대기, 자기장, 고리, 몇 개의 위성들을 조사할 것이다.

카시니호의 임무 중에는 탑재된 호이겐스 탐사선이 2005년 1월 14일 위성 타이탄(Titan, 토성의 위성 중에서 가장 큰 것)의 두터운 대기권에 진입해 타이탄을 탐사하는 역할을 하고 있다. 호이겐스 탐사선은 낙하산을 펼치고 표면으로 하강하는 동안 이미지를 전송한다. 카시니는 타이탄과 반복해서 조우하면서, 마젤란호가 금성에서 작업한 것과 비슷하게 레이더로 타이탄 표면의 지도를 작성하고 있다. 타이탄의 혹한 대기는 지구 생명체의 기원으로 이어지는 화학적 사슬을 밝혀 줄 수 있는 유기 화합물을 포함하고 있을지 모른다.

냉전 시절 미국은 소련에 맞서 우주 경쟁에서 승리했다. 냉전이 끝난 오늘날, 구소련과 미국의 우주개발 노력은 많은 합작 사업을 찾아냈다. 예를 들어 러시아의 중량화물 부스터인 프로톤은 전형적으로 미국의 국방 및 우주 계약자로 간주되는 록히드마틴사가 마케팅한다. 그리고 최신 버전의 미국 아틀라스 발사체 1단은 러시아의 에네르고마시 엔진으로 동력을 얻는다.

화성 옵서버호 _ 화성의 수수께끼

우리의 로봇 탐사선이 화성에 가다가 만난 수수께끼 같은 불운의 연속은 외계인 유괴나 UFO 화제보다 더 흥미를 끈다. 미국과 러시아의 탐사선들이 화성 표면을 사진 촬영하거나 착륙 시도를 하는 중에 거듭해서 사라져 버렸다. 러시아의 마르스호와 포보스호는 연속해서 실패했는데, 붉은 행성과 조우할 듯하다가 무선 연락이 끊겨 버렸다. 이 슬픈 역사에서 흥미로운 대목은 화성 옵서버호의 이야기이다.

소련과 미국 우주선들의 화성 탐사 시도에서 반복되는 불운에 대한 공론이 아주 커지자 『타임』지 기자인 도널드 네프조킹리가 한 범인을 지목했다. 1970년대 초에 그는 탐사선이 거대한 갈라티아 악귀라 불리는 괴물에게 잡혀먹힌 것이 분명하다고 썼다.

화성 옵서버호는 화성 궤도에서 화성의 표면, 대기, 내부, 자기장을 조사하도록 설계한 NASA의 미션이었다. 이 미션은 화성의 1년간, 지구 날짜로 687일을 궤도에서 작동하게 되어 있었다. 따라서 화성 옵서버호는 사계절 동안 화성을 살펴야 했다. 이 우주선은 화성 표면이 어떤 성분과 광물로 구성되었는지, 그리고 그것들이 어떻게 분포되었는지 정확히 밝혀 줄 고해상도 카메라와 원격 감지기기들을 가져갔다. 화성의 자기장과 중력장도 조사 대상이었다. 화성 옵서버호는 또한 화성 대기의 순환을 측정할 계획이었다.

자신을 미확인 비행물체 연구가(ufologist)라고 부르는 데 필요한 자격은 없다.

화성 옵서버호는 1992년 9월 25일 타이탄III 로켓에 의해 발사되었다. 1993년 8월 22일 화성 궤도 진입을 준비하고 있던 이 우주선과의

갈릴레오 우주선은 이탈리아 르네상스 과학자 갈릴레오 갈릴레이의 이름을 따서 지었다. 그는 1610년 새로 발명한 망원경을 이용하여 목성의 주요 위성들을 발견했다.

교신이 끊겼다. 전송된 중요한 과학적 데이터는 전혀 없었다. 조사팀은 이 실패가 설계 부주의 탓임을 발견했다. 우주선에서 궤도 진입 연소를 준비하려고 추진제 탱크를 가압했을 때 연료선이 폭발했을 것이다.

미확인 비행물체 연구가들을 더욱 고무하려는 듯, 화성 옵서버호가 마지막으로 지구에 전송한 몇 장의 사진에는 점점 더 커지는 것으로 보이는 검은 반점 — 우주선에 접근하는 물체로 해석될 수도 있는 이미지 — 이 있었다.

갈릴레오호 _ 목성으로의 항행

갈릴레오호는 1986년 챌린저호의 실패로 지연된 많은 과학 우주선 중 하나였다. 1989년 발사된 갈릴레오 우주선은 목성의 대기, 위성들, 주변 자기장에 대한 심층 연구를 수행했다. 갈릴레오의 첫째가는 임무 중 하나는 목성의 대기 속으로 대기 탐사선을 배치하는 것이었는데, 1995년에 성공적으로 실행되었다. 고감도 안테나의 고장에도 불구하고 이 미션의 초기 목표는 70퍼센트 정도 달성되었다. 2002년 12월 9일까지 갈릴레오호는 목성의 위성들에서 영상들을 전송하였다.

목성으로 가는 도중에 갈릴레오호는 두 소행성 곁을 지났다(1991년 가스프라, 1993년 이다). 그리고 초기 태양계에서 생긴 이 소행성들에 관한 최초의 근접 이미지를 전송했다. 갈릴레오호는 또한 1994년 7월 혜성 슈메이커-레비9의 파편 20개 이상이 목성의 대기권으로 추락했을 때 목성의 한쪽에서 사진을 찍을 위치에 있던 유일한 비행체였다.

화성 패스파인더 1997

마침내 화성 징크스가 깨졌다. 패스파인더호는 NASA가 행성 탐사용 우주선을 보다 단순하고 값싼 우주선으로 바꾼 첫 사례였다. 2억 달러가 약간 넘는 비용으로 개발된 패스파인더는 혁신적인 에어백 착륙 시스템을 이용했고, 착륙선의 과학적 탐사 범위를 늘려 줄 수 있는 소저너란 이름의 미니 로버를 탑재했다.

패스파인더는 1997년 7월 4일 화성에 착륙하여 튀어 올랐다가 안전하게 멈추었다. 착륙 장소는 한때 표면을 따라 물이 흘렀을 것으로 생각되는 빙하 유수 퇴적 평원이었다. 데이터의 지구 전송을 멈춘 9월까지 화성 패스파인더호는 착륙선에서 찍은 1만 6,000장이 넘는 사진과 소저너에서 찍은 550장의 사진뿐 아니라 암석에 대한 15가지 화학 분석, 바람과 다른 기상 요인들에 대한 광범위한 데이터를 포함하여 2억 6,000만 건의 정보를 보내왔다.

패스파인더는 예상보다 3번 더 작동하다가 멈추었다. 화성 패스파인더 미션의 과학적 하이라이트는 다음과 같다.

- 화성 먼지는 자기 입자를 포함하고 있다.
- 착륙 장소에 있는 바위의 화학성분은 지구에서 발견된 화성 운석들과 다를 수 있다.
- 바위의 풍화 흔적과 모래 언덕 모양의 퇴적물이 발견되었는데, 그것은 모래의 존재를 나타낸다.
- 측정된 대기 온도는 마이크로파 측정 기기와 허블 망원경에서 이끌어 낸 온도와 달랐다.
- 땅 위의 둥근 자갈들은 과거 액체상태를 계속 유지할 정도로, 따뜻한 시기 동안 물이 존재했다는 것을 의미할 수 있다.

화성 글로벌 서베이어 98

화성 글로벌 서베이어호는 화성에서 행운을 계속해서 만났다. 이 탐사선은 1996년 11월 7일 지구를 떠나 1997년 9월 궤도에 진입했다. 화성 글로벌 서베이어는 화성 대기를 이용하여 화성 주위의 근접 선회 궤도로 내려가 그곳에서 1998년 1월부터 사진을 찍기 시작했다. 화성 글로벌 서베이어호는 운명을 다한 화성 옵서버호의 예비 카메라를 이용하여 화성 지도를 작성하였는데, 바이킹 궤도선의 해상도를 능가하는 성공을 거두었다. 12만 장 이상의 이미지를 찍어 온 이 카메라는 2006년 그 임무를 종료하였다. 이 카메라의 해상도는 1.3미터의 작은 것을 분간할 정도로 높았다.

화성 글로벌 서베이어는 유명한 '화성의 얼굴'이 단순히 침식한 메사(꼭대기가 평탄하고 주위가 벼랑인 지형 : 옮긴이 주)였음을 신속하게 밝혀 주었다. 바이킹호의 사진에서는 깊은 그늘이 희미한 인간의 얼굴 모습을 만들었던 것이다.

이 탐사선의 가장 중요한 발견 중 하나는 아주 최근에 액체상의 물이 화성 표면 아래에서 분출했을 수 있다고 보여 주는 사진 증거이다. 크레이터와 계곡 벽에서 보이는 새로운 진흙과 암설 흔적은 얼어붙은 화성 표면 가까이에서 물이 발견될 수 있음을 암시해 준다. 물이 표면 가까이에 있다면 그곳에 생명체가 존재할 가능성은 아주 크다. 그리고 화성을 방문하는 첫 인간 탐사자들은 그 물을 쉽게 이용할 수 있을 것이다.

화성 기후관측 궤도선과 화성 극지 착륙선

1999년에 새로운 탐사선 한 쌍이 화성 글로벌 서베이어와 합류할 계획이었다. 화성 기후관측 궤도선은 1988년 1월에 발사되었고, 동반자는 화성 극지 착륙선이었다. 두 탐사선은 화성의 기후, 대기, 남극 근처의 표면 상태를 조사하도록 설계되었다. 그러나 두 탐사선 어느 쪽도 미션을 완수하지 못했다.

델타 로켓에 의해 발사된 화성 기후관측 궤도선은 화성의 첫 기상위성이 되기 위해 방향을 잘 잡았다. 그러나 1999년 9월 화성 궤도에 진입하기 직전에 이 탐사선은 너무 낮게 화성 대기권 속으로 진입해 타버리고 말았다. NASA는 미터법을 영국식 단위로 전환하지 못하고, 우주선을 대기권에 너무 가까이 접근시킨 것에서 비롯된 '항해 실수'라고 인정했다. 우주비행에서 세부사항은 중요하다.

화성 극지 착륙선은 1999년 1월 3일 델타 로켓에 얹혀 발사되어 화성으로 가는 기후관측 궤도선 뒤를 따랐다. 화성 기후관측 궤도선의 당혹스런 실패 후에 NASA는 화성 남극 부근의 기상 상황과 토양 표본을 채취하는 이 탐사선의 미션에 큰 기대를 걸었다. 하지만 화성 징크스가 다시 찾아왔다. 1999년 12월 3일 화성 대기권에 진입하기 직전에 이 탐사선과의 모든 교신이 끊겼다. 일어난 사태에 대한 최선의 추측은 또 다른 설계 결함이 있었다는 정도였다. 탐사선이 착륙하기 직전 착륙 다리를 벌릴 때, 한 고장 난 회로에서 하강 엔진으로 정지 신호를 보냈던 것이다. 이 탐사선은 아마도 표면 위 수백 피트 상공에서 무동력 상태로 떨어져 부서졌을 것이다.

화성 오디세이호

NASA는 다음의 화성 착륙선 미션을 취소하고 착륙선의 설계와 시험 방법을 재평가했다. 하지만 화성의 매력은 너무 강해 이 세계를 탐사하려는 우리의 노력을 꺾을 수 없었다. 2001년 4월 오전 11시 2분,

항공제동(aerobraking)은 우주선의 저궤도 비행에 대기의 마찰력을 이용하는 것이다. 항공제동을 하지 않으면 우주선은 더 많은 연료를 탑재해야 한다. 마젤란호는 1994년 궤도상에서의 마지막 날에 금성의 대기권으로 급강하할 때 첫 항공제동을 실행했다.

화성 오디세이 우주선이 케이프 커내버럴에서 델타II로켓에 실려 지구를 떠났다. 약 53분 후, NASA의 제트추진 연구소 비행 관제사들은 오스트레일리아 캔버라의 원거리 우주 통신망(Deep Space Network)을 통해 우주선으로부터 첫 신호를 받았다. 화성 오디세이호의 출발은 완벽했다.

오디세이에는 화성의 표면을 조사하고, 물과 매장 얼음을 탐지하고, 주변의 방사선 상태를 규명할 과학기기 3대를 탑재했다. 적외선 영상기는 화성의 흙과 바위에서 광물 유형들을 확인하고, 얕은 얼음 매장지를 탐사하고, 방사선 수준이 인간 탐사자에게 안전한지 알아봤다. 이 우주선은 화성으로 6개월간 항행하는 동안 기기들을 작동시키고 조작했다. 이 우주선은 또한 추력기들을 다섯 차례 점화하여 화성으로 가는 항로를 훌륭하게 맞추었다.

오디세이호는 2001년 4월에 화성에 도착했다. 주 엔진을 점화하여 화성 중력에 잡힐 만큼 속도를 늦춘 후, 이 우주선은 우선 25시간마다 한 바퀴씩 화성을 선회했다. 이어서 76일에 걸쳐 항공제동을 이용하여 화성 쪽으로 조금씩 이동했다.

화성 궤도 안에 들어가고 나서 오디세이는 지도 작성 임무를 시작했다. 지도 작성 작업은 화성 시간으로 1년, 지구 시간으로 29개월간 계속되었다. 이 우주선은 2004년 화성에 착륙한 다음 세대 화성 착륙선을 위한 통신 중계소 역할을 했다.

지구 근접 소행성 랑데부 – NEAR호

우리 태양계의 가장 작은 행성들이 지구 가장 가까이에 있는데, 그것들을 지구 근접 소행성이라고 한다. 스타디움 규모의 이 초기 태양계

파편들은 때때로 달 궤도 안으로 들어오기도 하며, 산 크기의 사촌 행성들은 여전히 지구의 지속적인 생존을 위협하는 존재이다.

지구 근접 소행성 랑데부(Near - Earth Asteroid Rendezvous, NEAR호)는 가장 큰 지구 근접 소행성을 방문하도록 계획되었다. 이 우주선은 1996년 2월에 지구를 떠나 에로스 소행성으로 향하기 전에 마틸드 소행성 곁을 항해했다. NEAR호는 엔진 기능 상실로 1998년 말 에로스 곁으로 첫 통과하는 기회를 놓쳤으나, 2000년의 성 발렌타인 축일에 도착하도록 재설정되었다. 이 우주선은, 맨해튼 섬 크기에 34킬로미터 길이의 소행성 파편 덩어리로 감자 모양인 에로스의 타원 궤도에 매우 신중하게 진입하였다. 다음 해까지 NEAR호는 에로스의 먼지투성이 표면과 볼더, 크레이터들의 사진을 수천 장 찍었다.

마침내 2001년 2월 12일, 존 홉킨스 응용물리학 실험실의 관제사들은 NEAR호(2000년에 슈메이커호로 이름을 바꾸었다)를 에로스의 표면에 연착륙시켰다. 이 궤도선은 착륙하도록 설계되지 않았지만 마지막 연료를 다 소모할 때까지 먼지투성이 표면 위로 천천히 내려갔다. 그리고 하강하면서 얻은 16만 장의 근접 사진들을 지구로 보내옴으로써 이 고대의 천체가 어떻게 40억 년 동안 태양을 공전했는지 분석하는 데 단서를 제공했다.

태양의 한 조각을 붙잡을 제너시스호

제너시스호로 알려진 태양계 유랑 우주선이 2001년 여름에 케이프커내버럴에서 발사되었다. 이 우주선은 그해 가을 태양의 파편들을 붙잡아 지구로 보낼 예정이었다.

우리의 유일한 태양 표본은 계속해서 지구 대기권으로 떨어지는 운석 티끌과 운석 자체에서 나온다. 이 물질들은 전부 가장 가벼우며 휘발성이 가장 강한 성분들이 빠져 있다. 제너시스호는 지구 행성보다 태양 쪽으로 약 160킬로미터 더 가까운 지점에서 2년간 머물며 표본들을 낚아챘다. 소금 몇 알 무게의 이 입자들은 2004년 여름에 재돌입 캡슐에 실려 지구로 돌아왔고, 헬리콥터가 공중에서 그것을 포획함으로써 이 미션은 끝날 예정이었으나, 캡슐의 낙하산이 펴지지 않아 그대로 지상에 추락하는 불상사가 일어났다. 이로써 태양의 파편들을 담고 있었던 채집판이 파괴되고 말았다. 태양의 파편들을 특별 연구 실험실에 보존해 태양의 정확한 성분과 우리 태양계의 탄생에 관한 기본적인 궁금증들이 풀리기를 바라던 과학자들은 망연자실할 수밖에 없었다.

간/추/리/기

- 로봇 우주선은 우리의 감각을 먼 우주로 확장하는 열쇠이다.
- 우주 로봇은 인간 눈보다 훨씬 더 상세한 정보를 우주에서 전송할 수 있다.
- 최고의 로봇 탐사선도 여전히 화성의 생명체 존재에 관한 복잡한 의문들을 풀 수 없다. 그러한 미지들과 씨름하기 위해서는 사람과 기계의 결합이 필요하다.
- NASA는 우리 태양계의 수많은 행성과 소행성에 관해 활기찬 조사를 실행하고 있다.
- 제너시스호가 태양풍의 미량을 포획하는 데 성공했다면 우리는 태양의 변화되지 않은 표본을 처음으로 갖게 될 것이었으나, 예상은 빗나갔다.

30장 미래의 우주

마지막 장은 보통 이야기의 끝을 의미하지만, 여기는 NASA와 NASA의 전향적인 엔지니어, 우주비행사, 과학자뿐 아니라 그들의 꿈을 공유하는 모든 사람들을 위한 출발점이다. 나는 NASA가 60년 가까이 존속하면서 이룩한 업적에 관해 상세히 이야기했다. 그리고 NASA가 오늘날 실행하는 일을 살펴보았다. 이 장에서 우리는 NASA가 지금부터 10년, 25년 어쩌면 50년간 관계할 일들의 일부를 살펴본다.

지구 저궤도를 넘어서

내가 1990년에 우주비행사 후보생으로 NASA에 들어갔을 때, 우리 반은 우주왕복선, 달, 화성, 그리고 13기 우주비행사 그룹의 구성원 각자를 위한 23개의 별을 상징하는 견장을 채택했다. 우리는 2000년 이전에 달에 다시 가고, 지구 근접 우주를 넘어 화성이나 소행성에도 갈 것이라고 크게 기대했다. 실현되지 않았지만, 이 목적지들을 가야 할 이유들은 여전히 유효하다.

지난 50년 동안, 유인 우주개발에서 우리의 노력은 지구 저궤도로 제한되어 왔다. 우리는 1970년대에 중량화물 새턴V형 부스터를 내버리고 지난 30여 년 동안 우주왕복선 비행을 해 왔다. 새턴V는 아폴로 우주선을 달로 향하도록 하기 위해 110톤을 지구 저궤도로 쏘아 올릴 수 있었다. 이에 반해 우주왕복선은 18톤 정도의 쓸모 있는 페이로드(물론 105톤의 궤도선이 있다)를 전달한다. 그래서 하나의 거래를 했는데, 즉 인간을 지구 저궤도 밖으로 보내기보다는 재사용성을 택했던 것이다. 이런 선택을 내린 이유는 돈 때문이었다.

러시아와의 냉전 경쟁 때문에 NASA는 달에 갈 수 있었다. 달 경쟁에서 일단 승리하자 미국의(그리고 정부의) 관심은 다른 곳으로 쏠렸다. 그래서 우주는 더 이상 연방정부 자금 제공의 우선순위가 아니었다. 아폴로 계획을 진행하는 동안 우리는 우주개발에 연방 예산의 3.7퍼센트를 소비하여 정점에 달했다. 2001년에는 0.8퍼센트인 14억 달러를 썼는데, NASA의 예산이 1994년 이래 매년 삭감되면서 이 비율은 1990년대를 통해 꾸준히 감소하고 있다. 2001년에 들어서부터 NASA의 예산이 늘어나고 있지만 간신히 인플레이션 수준을 맞춘 것에 지나지 않는다. NASA의 1998년도 예산 135억 달러를 살펴보자. 이는 같은 해 미국인들이 피자에 300억 달러 이상을 쓴 것과 대비된다. 그런데 우주왕복선에 근사한 피자를 싣는 것은 여전히 불가능하다. 또한 우주비행사가 생명을 유지하는 일은 여전히 쉽지 않다!

NASA의 2001년도 예산을 연방정부의 다른 세출들과 비교해 살펴보자. 사회복지 지출은 예산의 24.2퍼센트(NASA 예산의 30배)였다. 국

채 지출은 연방 예산의 20.7퍼센트로 NASA 총예산의 26배였다. 방위비는 연방 예산의 15.4퍼센트를 차지해 NASA 예산의 19배에 달했다. 보건후생 지출은 연방 예산의 22.7퍼센트로 NASA 예산의 28배였다. 부유한 우리 국가는 미래에 더 많은 투자를 할 여유가 있다고 생각한다. NASA의 예산을 50퍼센트 늘린다면 우리는 다시 한 번 지구 저궤도를 떠날 수 있는 10년 경비를 확보할 수 있다.

그런데 이 자금을 확보해서 우리 인간이 우주정거장을 넘어서 갈 곳은 어디일까? 계획을 시작할 시간은 지금이다. 2010년에 ISS가 완공되어 우리는 이 프로젝트에 열심히 일해 온 엔지니어와 과학자 군단을 잃기 시작했기 때문이다. 이 경험 많은 인재들을 지구 저궤도 너머의 여행에 합류시키는 것이야말로 몇 년간 막대한 비용을 들여 길을 다시 개척하는 것보다 훨씬 현명하다. 그렇다면 우리의 목적지가 될 곳은 어디일까?

달에 다시 갈 것인가?

가장 분명한 목적지는 달이다. 아폴로 미션은 우리 동반자 위성의 표면을 살짝 긁어 봤을 뿐이다. 지구의 여섯 곳에서 파낸 453킬로그램의 암석으로 지구의 다양성과 복잡성을 규명하려고 애쓰는 것을 상상해 보라.

과학자들이 윤번제 근무를 할 전초기지를 달에 세운다면 달의 기원과 역사를 규명하는 과정은 계속될 것이다. 달의 표면은 우리 지구 표면의 역동적인 과정으로 인해 불명료해진 사건들을 여전히 보존하고 있다. 달은 또한 원거리 우주전파와 광학천문학을 위한 최적의 장소이다. 안정되고 간섭 없고 대기 없는 축복받은 곳이다. 더 유망한 점은 물이 달의 양극에 있을지 모르며, 달 전초기지를 유지할 자원을 지구에서만

소행성대(asteroid belt)는 부정기적으로 형성된 다양한 크기의 암석 조각(행성들의 형성과정에서 나온 잔여물)을 수만 개 가진 도넛 모양의 소용돌이 지대이다.

모든 소행성을 합한 부피(달 크기의 약 5퍼센트)의 절반 이상을 세레스라 불리는 가장 큰 소행성이 차지한다.

공급하는 것보다 훨씬 값쌀 것이라는 전망이다. 달 토양은 또한 태양풍이 수십억 년에 걸쳐 뿌려 놓은 헬륨-3을 풍부하게 공급할 가능성을 가진 것으로 알려져 있다. 헬륨-3은 핵 반응로에 이용하기 위해 만드는 동위원소로, 핵융합 과정에서 아주 적은 방사능 부산물을 생산한다. 우리는 달에서 50년 이상 동안 청정 연소 핵연료를 핵 반응로에 쓸 수 있다.

가까운 시일에 달에 다시 가야 할 최고의 이유는 달을 화성으로 가는 여행의 테스트 장소로 이용할 수 있다는 점이다. 3일 만에 갈 수 있는 달 표면의 혹독한 환경은 우리에게 무엇이 신뢰할 만한 기계인지, 자급자족의 전초기지를 세울 것인지, 먼지와 극한의 기온, 저중력 등에 어떻게 대처할 것인지 가르쳐 줄 것이다. 로봇과 우주비행사들이 달에서 엄한 시련을 거침으로써 우리는 적어도 6개월간 안식처가 될 행성으로 출발하기 전에 가치 있는 경험을 얻을 것이다.

소행성 방문

화성과 목성 사이에 소행성대가 놓여 있다. 천문학자들은 8,000개 이상의 소행성 궤도들과 발견되지 않은 소행성들의 궤도 목록을 작성했다.

초기 태양 성운의 가스와 티끌이 응축된 이 오래된 물질은 행성과 합체하여 하나가 되려고 하지만 거대한 목성이 그 과정을 방해하고 그 형성을 막는다. 소행성이라 부르는 이 잔여물들은 직경 965킬로미터 크기의 진짜 원생 행성부터 집 크기의 볼더와 더 작은 것에 이르기까지 있다. 45억 년이 넘는 기간 동안, 목성의 중력과 천체들의 충돌로 수천 개의 파편이 지구와 가까운 궤도로 밀려났다. 이것들을 '지구 근접 물체(NEO)'라 부른다.

모든 소행성을 합한 부피가 지구 크기의 1퍼센트에 지나지 않지만, 원래 부피는 분명히 더 컸다. 부피의 대부분이 목성의 중력으로 인해 태양계에서 방출되었거나 소행성과 내행성들 간의 충돌로 소멸되었다.

NEO들이 인간 탐사를 유혹하는 표적이다. 대부분의 NEO들은 우리 지구의 궤도와 아주 비슷한 궤도로 지구에 접근한다. 이것은 이 우주 파편들에 가는 데 필요한 로켓 연료가 다른 태양계 목적지들과 비교하여 적게 든다는 뜻이다. 예를 들어 지구 저궤도를 떠나 달에 착륙하려면 초당 6킬로미터의 속도 변화(로켓 연료 연소로부터)가 필요하다. 가장 접근하기 쉬운 NEO에 가기 위한 지구 저궤도에서의 속도 변화는 이보다 훨씬 작으며, 일부 경우에는 초당 4.5킬로미터 정도이다. 소행성의 약한 중력 때문에 귀환도 로켓 연료 면에서 아주 값싸게 할 수 있다.

인간을 소행성에 보내어 얻는 이익은 3가지다. 첫째, 과학자-우주비행사들을 선발하여 태양계의 형성 시기까지 거슬러 올라가는 바위와 흙을 가지고 돌아오게 함으로써 과학적 광맥을 확보할 것이다. 이런 물질들이야말로 행성들의 기본 요소이다! 둘째, 우리는 이런 천체들의 내부 구조와 속성을 파악해 둠으로써 그것들이 지구와 충돌하는 경우에 풍부한 정보에 맞추어 대응할 수 있을 것이다. 셋째, NEO에는 우리의 장기 우주 생존에 가장 중요한 자원으로서의 물과 탄소뿐 아니라 철과 니켈 광물을 함유하고 있다. 물만 가지고도 소행성 채광을 시작할 만한 이유가 된다. 호흡용 산소는 물론 가장 효율적인 로켓 추진제 혼합물인 수소와 산소를 공급해 주는 물은 우주의 순금이라 할 만큼 값진 것이다.

우리는 달 표면에 가는 데 소모되는 연료보다 적은 연료로 6개월 만에 NEO에 갔다가 돌아오는 개략적인 미션 계획을 알고 있다! 보다 나은 소행성 목적지들은 늘 발견되고 있다.

또한 원거리 우주의 물을 시험하는 데 NEO들이 완벽한 목적지라고 생각한다. 아폴로 11호가 달 표면을 향하기 전에, 아폴로 8호와 아폴로 10호는 아폴로 우주선의 '성능 시험 순항'으로 달 궤도에 다녀왔다. 화성을 향해 출발하기 전에, 우리는 새로운 우주선으로 지구 근접 소행성을 방문하는 훈련을 거쳐야 한다. 가장 쉽게 접근할 수 있는 일부 소행성은 한 달에서 여섯 달 사이에 갔다가 돌아올 수 있다. 안전에 관심을 가진 한 우주비행사로서 말하는 신중한 과정이다.

화성에 가야 할까?

처음에는 달이나 근접 소행성들에 집중하더라도 우리 대부분은 필연적으로 화성에 눈을 돌리게 된다. 화성은 자연스런 목적지이다. 그곳의 대기는 전초기지를 운석과 방사선으로부터 보호해 줄 것이다. 우리가 보는 물(극관과 높은 고도의 얇은 구름층에서 보이는)을 표면 아래에서 찾아낸다면 전초기지에 중요한 자원 — 생명 유지 산소와 로켓 연료의 공급 — 을 제공해 줄 것이다. 그리고 화성에 가야 할 이유는 행성들의 연구를 통해 가장 중요한 질문 — 생명체가 어떻게 우리 태양계에서 발생했을까? — 에 대답할 수 있기 때문이다.

생명체가 존재할까?

매리너, 바이킹, 패스파인더, 화성 글로벌 서베이어, 스피릿의 방문을 통해 옛날의 화성은 오늘날 지구의 혹한 사막보다 따뜻하고 축축했다는 사실을 알고 있다. 지구에서 원시 생명체가 발견되었듯이 화성에도 생명체가 존재했을지 모른다. 화성에서 지구의 남극까지 날아온 돌 운석에서 얻은 화학적 현미경적인 증거는 수십억 년 전 화성에 박테리아 생명이 있었음을 암시해 준다. 생명 자체가 입증된다면, 우리가 있을지 모른다고 생각하는 화성 표면의 물은 지금도 여전히 원시 생명체를 품고 있을 것이다. 인간과 기계가 함께 어울려 해답을 구하지 않는다면 생명체의 존재 여부를 알아낼 방법은 없다. 로봇은 화성에 생명체가 있는지 추적하는 데 필요한 정교한 조사, 표면 아래 시추, 복잡한 실험 작업을 절대 해낼 수 없을 것이다. 초기 생명체의 흔적은 지구에서 지워졌다. 아마 우리가 찾는 지식이 붉은 행성에서 우리를 기다리고 있을 것이다.

우리는 벌써 안전하게 화성 표면에 갔다 올 수 있는 실행 가능한 계획을 가지고 있다. 엔지니어 밥 주브린은 1990년에 '화성 직통' 계획을 제안했다. 공상이 아니라 화성 자원을 이용하여 보다 값싸고 더욱 실용적인 여행을 하자는 미션 구상이다. 그의 혁신적인 아이디어는 NASA의 계획가들이 오늘날 다음과 같은 시나리오를 갖는 화성 미션으로 그의 지도를 따르는 기폭제가 되었다.

- 지구 귀환 우주선을 탑재한 로봇 화물비행체가 화성에 착륙하여 화성 대기의 이산화탄소로 빈 탱크를 채울 로켓 연료를 제조하기 시작한다.
- 2년 후, 탱크를 채워 귀환하고 첫 인간 승무원을 태운 착륙선이 2차 로봇 화물선과 나란히 근처에 착륙한다. 탐사자들은 확장 가능한 거주지를 세우고, 주변지역까지 그들의 영역을 확대하기 위해 로버들을 배치한다.
- 화성에서 18개월을 보낸 후, 승무원들은 지구 귀환 비행체를 타고 이륙하여 몇 달 후 도착할 다음 승무원들을 위해 준비한 전초기지를 떠난다.

총 여행 시간은 약 2, 3년이 소요될 것이다. 그리고 매년 새 승무원들이 도착하여 전초기지를 꾸준히 확장한다.

스파르타식 접근

세부 사항은 앞의 계획과 약간 다르지만 이런 접근 방식에는 다음과 같은 공통점이 있다.

1. 귀환 비행체는 화성에서 연료를 조달해, 지구에서 로켓 추진제 전부를 운반할 필요성을 없앤다.

화성 탐험가들은 우주에서 정사를 하는 첫 우주비행사들이 될까? 옛날의 탐험가들과 식민지 개척자들이 아내와 가족을 동반했던 것처럼, 화성에 아내를 데려가고 서로 사랑하는 것은 자연스러울 일일 것이다. 인간은 이미 우주에서 섹스를 했을까? 여태까지는 "노"라고 자신 있게 대답할 수 있다. 지구상에서 임신했을지 모르는 여성 우주비행사들에게는 임신 진단시약이 기본 장비지만 말이다.

화성 옆 금성의 위성 유로파는 우리 태양계에서 또 하나의 가능성 있는 생명 피난처이다.

2. 2년마다 유인 우주선과 로봇 귀환비행체가 화성을 향한다. 그래서 첫 번째 우주선이 작동하지 못할 경우에 대비한 예비 귀환비행체가 화성에 늘 있게 된다.
3. 전초기지는 지역 자원 들 — 물, 대기, 바위와 흙 — 을 이용하여 생명 유지 원천을 제공하고 식량을 재배하고 피난처를 건설한다.

이런 스파르타식 접근은 인간의 화성 탐사에 대한 주요 방해물인 비용 문제를 해결한다. 연간 30억 달러(2016년 NASA 예산의 1/6)만 가지고도 10년에 걸쳐 첫 원정과 뒤이은 2년마다 한 차례씩의 원정 비용을 충당할 수 있다.

여섯 번의 달 항행으로 갑자기 끝난 아폴로 원정과는 달리, 화성에서의 우리 거주지는 시간이 지나며 계속해서 확장되어야 한다. 잇따른 도착으로 새 전초기지의 자족과 안전이 향상될 것이다. 그리고 지역 자원들을 이용할 수 있다면 우리의 남극 기지 유형의 화성 기지는 자급자족 식민지가 될 수 있다. 주된 수출품은? 지식이다. 화성의 표면적은 지구 전체 대륙의 표면적과 같다. 그래서 우리에게 손짓하는 탐사는 수십 년이 걸릴 것이다. 화성에 화석이 있을지, 척박한 생명체가 숨어 있을지 모른다. 우리의 초기 발견들은 단지 의문을 증폭시킬 것이다. 화성은 우리 인간의 의식에 뭔가 아주 값진 것을 줄 것이다. 우주가 우리를 위해 간직하고 있는데 우리가 아직 발견하지 못한 열린 변경과 감각을 말이다.

유로파

금성과 수성은 인간의 방문에 지나치게 적대적이어서 우주비행사들은 언젠가 금성의 위성인 유로파로의 여행을 시도할 것이다. 유로파는 얼음 덮인 지각 밑에 대양을 품고 있을 법하다. 그런 환경에서 생명이 존재할 가능성은 유로파를 방문할 만한 이유가 된다.

목성 너머로 여행하려면 핵열 추진 시스템이나 핵플라스마 추진 시스템을 개발할 필요가 있다. 이 장치들의 보다 높은 작동 온도는 추진제를 훨씬 더 효율적으로 이용하고 화성과 그 너머의 통과 시간을 줄여 준다. 나의 동료 우주비행사 프랭클린 창-디아스는 존슨 우주센터 근처의 소니 카터 훈련소에 있는 자신의 연구실에서 이러한 첨단 추진 시스템을 연구하고 있다. 프랭클린이 연구하는 시스템인 가변비추력(可變比推力) 자기플라스마 로켓(VASIMR=variable specific impulse magnetoplasma rocket)은 핵 반응로를 사용하여 전력과 수소를 생산한다. 전력은 수소를 극단적인 고온까지 가열하여 이온화시켜 플라스마 — 뜨거운 스프 같은 전하입자, 핵, 전자 — 를 만드는 데 사용한다. 자기장과 전파를 이용하는 이 엔진은 플라스마를 압축하여 아주 강력하게(뜨겁게) 만들었다가 다시 자기장 선에서 형성된 노즐을 통해 입자로 분출시킨다. 이 뜨거운 가스는 초고속으로 분사하는데, 따라서 아주 높은 연료 효율을 갖는다. 이 새로운 로켓은 또한 저효율로 높은 추력을 내는 데 사용될 수 있다. 화성으로 가는 데, 화학 연료를 사용하여 걸리는 시간인 6~9개월을 이런 기술을 이용하면 두세 달로 줄일 수 있다. NASA는 2011년 아틀라스V 로켓에 무인 탐사선 주노를 실어 발사했고, 주노는 5년 만인 2016년 7월 목성 궤도 진입에 성공, 탐사를 하고 있다.

화성으로 여행하는 우주비행사들이 지구와의 장기간 격리를 견뎌 낼 수 있을까? 우주비행사가 국제 우주정거장의 우주에서 6개월을 보내고 나면 지구로 돌아가기를 간절히 바랄 것이라고 여러분은 생각할 것이다. 하지만 그렇지 않은 경우도 있다. 우주정거장에서 5개월 이상을 거주한 수전 헬름스 같은 일부 우주비행사들은 지구로 돌아오면서 해방감을 맛보지 못한다. 헬름스는 우주정거장을 떠난 지 몇 시간 후에 이렇게 말했다. "떠나는 일 자체를 부정해 왔다는 생각이 듭니다. 이 여행을 무척 즐겨 왔기 때문에 정말 떠날 준비가 되어 있지 않았어요. 우주왕복선 창문을 통해 우주정거장이 점점 작아지는 것을 바라보면서 우리들 몇 사람은 모험이 끝났다는 사실에 슬픔을 느꼈습니다." 90년대 초에 한 소련 우주비행사는 미르에서 약 14개월을 보냈다. 화성 왕복 여정은 더 길지만 분명히 지구 궤도를 선회하는 것보다 더 흥미롭고 도전적일 것이다(화성에 가는 데 6개월이 소요될지 2년이 소요될지는 얼마나 큰 로켓을 사용하고, 얼마나 특수한 우주선으로 항행하는가에 달려 있다). 인간은 그러한 여정에서 살아남고 덤으로 환상적인 임무까지 해낼 수 있을 것이다.

다른 태양계들

여행 시간이 결국 인간의 물리적 도달 범위를 제한할지 모르지만 우리 상상력까지 속박할 수는 없다. 그래서 행성들에 대한 인간의 호기심

외부 태양(extra-solar)이란 우리 태양계의 태양이 아닌 태양을 의미한다.

이 우리 태양계의 행성들로 제한되어야 할 이유는 없다. 먼 거리의 우주를 보는 우리 능력이 향상되면서 천문학자들은 다른 태양계들 주변 행성들을 점점 더 발견하고 있다. 2002년에 한 천문학자 팀은 우리 태양과 비슷한, 희미한 별을 공전하고 있는 목성 크기의 행성을 발견했다. 이 행성은 큰곰자리(Ursa Major)로 알려져 있는 북두칠성의 47우르사 마조리스 별을 공전하고 있는 두 번째 천체이다.

이 새로운 행성은 금성 크기의 3/4이며, 우리 태양계에서 화성 너머이지만 금성 궤도 내에 있는 거리를 두고 별 주위로 공전한다. 국립 과학재단의 선임 과학 고문 모리스 아이젠만은 이렇게 말했다. "천문학자들은 외부 태양의 행성 70개 이상의 증거를 탐지했다. 이런 발견으로 다른 행성 체계들이 우리 태양계의 행성 체계와 같은 특징을 지녔다는 게 점차 밝혀지고 있다.

NASA가 허블 망원경 후속으로 계획하는 차세대 우주망원경은 광학 간섭계를 구성하는 대형 반사경 몇 개를 결합하는 것으로, 개별 규모의 광 집적기보다 훨씬 더 강력한 망원경 시스템이다. 지구와 달 사이의 중력이 안정된 지점에 위치하는 이 장치는 근접별의 개별 행성들을 볼 수 있는 분해능을 가질 것이다. 이 행성들이 반사하는 빛을 측정하여 대기의 화학성분들에 생명의 핵심 인자 — 수증기와 분자 산소 —를 포함하고 있는지 밝혀낼 것이다. NASA의 'TOPS(다른 행성 체계들을 향한)' 계획은 우리의 상상력과 지식의 경계를 아직 미지의 세계인 다른 태양계로 향하는 것을 목표로 하고 있다.

우주의 기원을 찾아서

2001년 7월 1일, 케이프 커내버럴에서 발사한 델타 로켓은 가장 기본적인 의문을 풀도록 설계된 위성을 궤도로 올려 보냈다. 이 위성은 우주의 가장 오래된 빛을 찾아내어 '빅뱅', 즉 우주의 기원을 규명할 시도를 할 것이다. 극초단파 이방성 탐사선(MAP=Microwave Anisotropy Probe)이라 부르는 이 위성은 지구에서 태양과 반대쪽으로 160만 9,300킬로미터 떨어진 공간으로 가고 있다. 그곳에서 MAP는 지구와 태양에서 방사하는 극초단파를 피해 임무를 수행하게 된다. 이 극초단파들은 위성의 수신기가 찾는 신호보다 10억 배 이상 강해 전파장애를 일으키기 때문이다. MAP는 화석광(fossil light, 빅뱅의 잔여물)의 전체 분포도 4장을 작성할 것인데, 각각 6개월이 소요된다. 또한 100만분의 1의 정확성으로 극초단파 배경의 미약한 온도 차이를 측정할 것이다. MAP가 풀어 주기 희망하는 의문들은 다음과 같다.

- 우주는 얼마나 오래 되었나?
- 우주는 무엇으로 구성되었나?
- 우주는 어떤 모양일까?
- 우주의 운명은 어떻게 될까?

유인 우주비행의 유형

21세기 우주비행사들은 지난 50여 년에 걸쳐 우주로 날아갔던 우주비행사들과 약간의 차이를 가질 것 같다. NASA는 여전히 우주정거장을 건설할, 루이스와 클라크의 정신적 후손들인 전문적 '발견 군단'과 달, 소행성, 화성으로 향할 다음 세대의 비행체에 탑승할 '승무원들'이 필요할 것이다. 우주왕복선 조종사, 미션 전문가, 국제우주정거장 원정대장과 비행 엔지니어들은 여전히 존재할 것이다. 국제우주정거장에

나는 우주에 가는 이유가 무엇이든 우리에게 지원자가 부족하지 않을 것이라고 확신한다.

서 두어 주 동안 특별 실험을 실행하고 우주왕복선과 소유스를 타고 귀환하는 페이로드 전문가들도 늘어날 것이다.

우주관광객이 늘어날 것은 분명하다. 처음에는 독점적 클럽 형태를 보이겠지만 상업적 우주비행 회사들이 문을 열면서 더욱 보편화될 것이 틀림없다. 10년 안에 우리는 산업적 또는 상업적 우주비행사들을 우주 공간에서 볼 수 있을 것이다. 이들은 국제우주정거장에 연결하여 운영하는 상업 시설들, 또는 상업적 발사 기업들이 쏘아 올린 독립 시설들에 관광객들을 안내할 것이다.

나의 다음 우주여행은 어떻게 될까? 달 여행을 하지 못한 것에 나는 아직도 약간의 실망감을 품고 있다. 그럼에도 불구하고 내게 주어진 네 차례의 우주비행 특권에 아주 만족한다. 나는 수년 내에 관광객으로 궤도에 다시 올라가 보기를 희망한다. 티켓을 사게 될 날을 기다리면서 나는 밤마다 머리 위를 바라보며 밤하늘을 가로질러 솟아 있는 국제 우주정거장이라는 밝은 별과 이 시설에 정박하고 있는 미국 데스티니 래브를 찾아본다. 건설 노동자가 자신이 쌓아 올린 고층빌딩을 올려다볼 때 느끼는 것과 똑같은 자부심을 느낀다. 그러니 지구 궤도를 떠나 달에 여행을 갈 시대가 오면 나도 끼워 주길 바란다.

간/추/리/기

- 인간이 우주비행을 시작한 지 55년이 지났다.
- 우리는 달에 다시 가거나 소행성이나 화성으로의 항해에 도전해 볼 기술을 가지고 있다.
- 화성으로 가는 비용은 주요 무기 체계 계획과 똑같은 금액이면 10년 넘게 충당할 수 있다.
- 생명의 기원, 우주에서 우리의 위치를 알고 싶은 우리의 갈망은 우주 공간에서 인간 영토의 확장이 '만일'의 질문이 아니라 '언제'의 질문임을 의미한다.

갠트리(공중탑) : 로켓 옆에 자리 잡아 로켓을 지지하는 구조물로, 사람들은 엘리베이터를 타고 오르내리며 로켓의 전 부분에서 일할 수 있다.

광년 : 빛이 1년 동안 여행하는 거리. 빛은 초당 29만 9,330킬로미터를 여행한다.

궤도 : 태양 주변 행성의 영구적인 길 또는 행성 주변 위성의 길. 우주선이 행성이나 위성을 선회할 때 궤도상에 있다고 말한다.

궤도선 : 우주왕복선 시스템의 반복 사용이 가능한 날개 부분으로, 실제로 지구를 궤도 비행한다.

근지점 : 지구와 가장 가까이 접근한 궤도상의 점

기상학 : 날씨를 연구하고 예측하는 학문

NASA : 미국 항공우주국으로, 1958년 이래로 미국의 우주비행을 관장하는 기구

내부 여압 : 우주복 내부로 들어온 공기가 갖는 힘

달의 바다들 : 이따금 '마리아'로 언급되는 어두운 평원들. 실제 바다가 아니므로 물을 포함하고 있지 않으며 고대 용암의 납작한 평원이다.

달 주위 선회 분사 : 우주선을 지구 궤도에서 밀어내어 달 항로에 올려놓기 위한 우주선 엔진의 연소.

달 착륙선(LM) : 인간을 달에 착륙시킬 때 사용하는 우주선

대기 : 한 행성 또는 그 위성을 둘러싼 가스층, 보통 공기라고 말하는 지구 대기는 주로 질소, 산소, 이산화탄소로 구성되어 있다.

대륙간 탄도미사일(ICBM) : 한 대륙에서 다른 대륙으로 탄두를 보낼 수 있는 로켓

도킹 : 두 우주선이 우주 공간에서 서로 연결되는 것

도킹 모듈 : 한 우주선을 다른 우주선과 도킹할 수 있게 끼워 맞추는 우주비행체의 특별한 부분

동기 중계 : 신호를 지상에서 지구 주변의 정지 궤도에 있는 위성까지 보냄으로써 거의 즉각적으로 신호를 전 세계로 전송하는 것

MOD : 미션 운영부

무중력 : 우주비행에서 체험하는 중량 없는 감각을 묘사하는 잘못된 이름. 완벽하게 자유 낙하하는 우주선의 중력 중심에 정확히 있다면, 내부의 힘이 없다는 사실을 지각할 것이다. 하지만 이것은 종종이 아니라 거의 일어나지 않는다. 대신 우주비행사들은 1g와 비교하여 아주 적게 느껴지는 힘을 가진 미세한 중력이라고 묘사하는 상황에서 생활한다. 이런 지각된 힘은 지구 표면에서 생활하면서 우리에게 익숙한 힘에 비교하여 아주 미약하다. 이런 유동하는 느낌을 무중량 또는 무중력이라고 한다.

미르 : 러시아의 우주정거장으로, 1986년에 발사되어 2001년에 궤도를 이탈했다.

미션 전문가 : 일반적으로 과학 또는 엔지니어링 훈련을 받고, 우주왕복선 과학 페이로드를 운영하

고, 로봇 팔을 조작하고, 우주복을 착용하고 우주왕복선과 우주정거장 밖에서 우주유영하며 작업하는 우주비행사

미확인비행물체(UFO) 연구가 : 미확인비행물체의 지식에 관한 '전문가'

발사대 : 로켓을 발사하는 내화 플랫폼

백색 왜성 : 평균 크기를 가진 별이 뜨겁고 작은 백색 천체로 줄어든 최종 생명 단계

부스터 : 우주비행체에게 발사대를 이륙하는 초기 추력을 제공하는 로켓. 보통 궤도에 도달하기 전에 투하된다.

분광계 : 빛을 방출하거나 흡수하는 특별한 원자를 구별할 수 있게 빛을 아주 미세하게 나누는 장치로 물체의 특별한 에너지 상태와 성분에 관한 정보를 제공한다.

블랙 홀 : 우주 공간의 고밀도 천체로 중력이 아주 강해 빛조차 방출할 수 없다.

비행 계획서 : 미션 과정 중에 실행할 과제와 사건들의 상세한 일정 계획서

빅뱅 이론 : 우주가 하나의 거대한 폭발로 태어났다는 이론. 따라서 왜 모든 것이 움직이고 우주가 늘 팽창하고 있는지 설명해 준다.

산화제 : 엔진 연소실에서 급속 연소를 하기 위해 로켓 연료와 혼합하는 화학 물질. 새턴V형은 액체산소를 사용했다. 액체산소가 기체 상태의 산소보다 더 고밀도였고, 탱크 안에 더 많이 채울 수 있기 때문이다.

선외 활동(EVA) : 우주유영. 우주선 밖으로 나가는 것. 지금까지는 늘 건설적 목적을 가졌다.

소행성대 : 부정기적으로 형성된 다양한 크기의 암석 파편들(행성들을 형성하고 남은 잔해조각들) 수만 개가 소용돌이치는 도넛 모양의 지역

스푸트니크 1호 : 소련이 제작하여 발사한 최초의 인공위성. 스푸트니크는 '동반자'란 의미의 러시아어이다.

열 차폐막 : 지구 궤도로 재돌입할 때의 화염으로부터 우주선을 보호하는 것

외부 태양 : 우리 태양계에 속하지 않는 태양

우주관광객 : 경험을 위해 돈을 지불하고 우주를 여행하는 사람

우주비행사(astronaut) : 우주 공간 여행자를 일컫는 미국의 용어

우주비행사(cosmonaut) : 우주 공간 여행자를 일컫는 소련의 용어

원지점 : 최대 고도. 우주비행에서 우주선이 지구 궤도를 선회하는 동안 지구와 떨어진 최대 거리를 의미한다.

월면차 : 우주비행사들이 달 표면을 탐사하는 데 사용하도록 특별히 제작한 자동차

위성 : 다른 물체 주위의 궤도상에 있는 물체. 지구는 태양의 위성이고, 달은 지구의 위성이다. 스푸

트니크 1호는 최초의 인공위성이었다.

유인 조작 장치(MMU) : 초기 우주왕복선 비행사들이 등에 착용한 장치로 작은 로켓 추력기들을 갖추고 있다. 이 로켓들을 점화시켜 원하는 방향으로 움직일 수 있다. 우주비행사들은 수리할 가까운 위성으로 움직이기 위해 수동 제어로 로켓의 방향과 힘을 선택한다.

은하 : 중력에 의해 한 덩어리가 된 수백만 개의 별 집단. 태양은 은하수로 알려진 우리 은하의 한 별이다.

역추진 로켓 : 천천히 하강하고 대기권에 재돌입하기 위해 점화하는 우주선의 로켓

역추진 음속 폭음 : 천둥과 거의 비슷한 큰 소리로 물체가 음속보다 빠르게 움직일 때 비행체 앞의 공기와 충돌하는 충격파에 의해 일어난다.

자외선 : 파장이 아주 짧아 인간의 눈으로 볼 수 없는 빛

자유낙하 : 물체가 중력의 영향만으로 낙하하는 상태. 무중력 상태. 우주선 내부에서는 모든 것이 똑같은 속도로 떨어지기 때문에 떨어지지 않는 것처럼 보인다.

재돌입 : 우주선이 우주 공간에서 머문 후에 지구 대기권으로 돌아오는 미션 단계

적외선 : 인간의 눈으로 볼 수 있는 가시광선보다 파장이 긴 광선

전파 고도계 : 표면 위 우주선의 고도를 알아보기 위해 전파 신호를 지표에서 반사시킨다.

정지위성 : 정확히 지구의 자전 속도로 궤도 비행하여, 궤도상에서 항상 똑같은 위치에 머무는 물체

중력 : 물체들이 서로 끌어당기는 힘으로 더 무거운 물체가 더 강하게 끌어당긴다. 이런 이유로 지구가 달보다 중력이 더 강하고 달은 소행성보다 중력이 더 강하다. 중력은 행성들이 태양 주위의 궤도에 머물도록 유지시켜 주는 힘이다. 지구에 조수를 만드는 것은 달의 중력 때문이다.

중력가속도(g-force) : 지구상을 걷고 있는 동안 우리 몸에 가해지는 중력의 통상적인 힘을 '1g'라고 한다. 가속하는 비행체 안에 있을 때 우리는 증가하는 힘을 경험한다. 이런 힘 때문에 자동차 안에서 가속할 때 뒷머리가 좌석에 단단하게 붙는다. 2g는 중력에 의한 압력의 두 배, 4g는 네 배를 의미한다.

착수 : 우주선이 연착륙을 위해 낙하산을 펼치고 바다에 착륙하는 것

초고속도 : 대략 마하 5보다 빠른 속도를 말한다.

초신성 : 격렬한 별 폭발로 이 별들의 수명은 태양보다 몇 배나 길다.

초음속 : 음속보다 빠른 속도

추력 : 로켓을 이륙시키는 힘

추력기 : 우주선의 위치를 조정하기 위해 사용하는 소형 로켓

카날리 : 수로, 도랑을 의미하는 이탈리아어. 또한 이것은 인간이 수송 목적으로 건설한 물길인 수로를 의미한다.

카운트다운 : 로켓의 이륙 순간을 제로로 하고 거꾸로 세어 가는 발사 준비 시간 순서

캡슐 : 우주선. 보통 1인승 우주선을 말한다.

크라이오(cryo) : 극저온(cryogenic)을 줄인 말, 또는 극단적인 저온에 속한 물질

타이로스 : 텔레비전 적외선 관측 위성으로 초기 기상위성을 말한다.

탄두 : 로켓의 앞부분에 장착한 포탄

태양 배열 날개 : 스카이랩에서 이것은 햇빛을 모으기 위해 설계되었는데, 광기전성의 전지들을 이용하여 우주 정거장에서 사용하는 전력으로 전환한다. 태양 전지판 위성에서 불쑥 나온 평평한 판으로 태양광을 채집하여 전기로 전환한다.

통합생산팀(IPT) : 우주 미션의 계획에서 IPT는 의사결정권과 모든 핵심 조직들의 수행을 재검토하는 힘을 가진 장해발견팀으로 기능한다. 또 미션 IPT를 지원하는 소규모의 IPT들이 있다.

페이로드 : 로켓이 우주 공간으로 운반하는 화물

플라이바이(근접 통과) : 우주 탐사선이 행성의 인력에 의해 궤도로 끌려들 만큼 가깝지는 않지만 사진을 찍고 다른 정보를 수집하기에 충분할 정도로 행성에 접근하여 비행할 때 일어나는 조우를 뜻하는 용어

항공제동 : 우주선의 저궤도상에서 대기의 마찰력을 이용하는 것, 항공제동을 하지 않으면 우주선은 더 많은 연료를 실어야 한다.

하강 추진 장치 : 달 착륙선 하강단의 주 엔진으로 착륙선을 달 표면으로 강하시킨다. 이 하강 엔진은 우주비행사들이 달 착륙선을 선회할 수 있게 추력을 변화시킬 수 있다.

해상도, 분해능 : 이미지에서 식별하거나 '분해할' 수 있는 가장 작은 단위를 말한다. 고해상도 사진은 더 상세하며, 저고도 궤도나 카메라에 부착한 소형 망원경을 필요로 한다. 고분해능 카메라는 특별한 부분들을 확대하지만 저분해능의 폭넓은 지역을 커버할 수는 없다.

행성 : 태양 둘레를 공전하는 큰 천체

화이트 룸 : 우주선 옆에 설치한 갠트리에 있는 작은 격실로 우주비행사들이 우주선에 들어가는 현관 역할을 한다.

초기 NASA의 유인 우주비행

	우주선	우주비행사	발사일	비행시간	의의
머큐리 계획	머큐리-레드스톤 3호 (프리덤 7호)	앨런 셰퍼드	1961.5.5	15분 22초	미국인 최초로 우주 공간에 올라감
	머큐리-레드스톤 4호 (리버티벨 7호)	버질 거스 그리솜	1961.7.21	15분 37초	두 번째 우주 비행 궤도에 오르지 못함 우주선 침몰, 비행사 구조
	머큐리-아틀라스 6호 (프렌드십 7호)	존 글렌	1962.2.20	4시간 54분	미국 최초의 궤도 비행(3회) 원격지시 장치가 열 방패가 느슨해졌다고 오인
	머큐리-아틀라스 7호 (오로라 7호)	스콧 카펜터	1962.5.24	4시간 56분	역추진 로켓 점화 실수로 착수 지점에서 402킬로미터 이탈
	머큐리-아틀라스 8호 (시그마 7호)	월리 쉬라	1962.10.3	9시간 13분	지구 궤도 비행 6회 가장 정확한 착수
	머큐리-아틀라스 9호 (페이스 7호)	고든 쿠퍼	1963.5.15	34시간 20분	하루를 넘긴 첫 우주 비행 궤도 비행 22회 시스템 고장으로 수동 재돌입 착수 지점에서 6.4킬로미터 이탈
제미니 계획	제미니 3호 (몰리 브라운호)	버질 거스 그리솜 존 W. 영	1965.3.23	4시간 53분	첫 2인승 우주 비행 첫 유인 우주선 궤도 변경 첫 컴퓨터 탑재
	제미니 4호	제임스 맥디빗 에드워드 화이트	1965.6.3	4일 1시간 56분	미국 최초의 선외 활동(36분) 컴퓨터 고장으로 수동 재돌입
	제미니 5호	고든 쿠퍼 찰스 콘라드	1965.8.21	7일 22시간 56분	첫 연료 전지 사용
	제미니 7호	프랭크 보어맨 제임스 러벨	1965.12.4	13일 18시간 35분	당시까지 가장 긴 우주 비행 지구 궤도 비행 206회 제미니 6A호와 동시 비행
	제미니 6A호	월리 쉬라 토머스 스태퍼드	1965.12.12	1일 1시간 51분	제미니 7호와 랑데부 성공
	제미니 8호	닐 암스트롱 데이빗 스코트	1966.3.16	10시간 41분	아제나 표적 비행체와 우주에서 첫 도킹 제어장치 기능 상실로 긴급 재돌입 첫 태평양 착수
	제미니 9A호	토머스 스태퍼드 유진 서넌	1966.6.3	3일 21분	선외 활동 2시간 7분(서넌) 착수 지점에서 1.6킬로미터 벗어남
	제미니 10호	존 W. 영 마이클 콜린즈	1966.7.18	2일 22시간 47분	아제나 표적 비행체와 도킹 고도 기록(762킬로미터) 세움
	제미니 11호	피트 콘라드 리처드 고든	1966.9.12	2일 23시간 18분	고도 기록(1,367킬로미터) 세움 선외 활동 2시간 43분 (고든 제미니와 아제나를 탯줄로 연결)
	제미니 12호	제임스 러벨 에드윈 올드린	1966.11.11	3일 22시간 34분	선외 활동 5시간 30분(올드린) 아제나와 도킹 마지막 제미니 미션

	우주선	우주비행사	발사일	비행시간	의의
아폴로 계획	아폴로 7호	월리 쉬라 돈 아이셀 월터 커닝엄	1968.10.11	10일 20시간 9분	첫 유인 아폴로 미션 미국 최초의 3인승 우주선 최초의 우주 생중계
	아폴로 8호	프랭크 보어맨 제임스 러벨 윌리엄 앤더스	1968.12.21	6일 3시간	최초의 유인 달 궤도 비행 유인 우주비행에 새턴V의 첫 사용 달 표면 TV 생중계
	아폴로 9호	제임스 맥디빗 데이빗 스코트 러셀 슈바이카트	1969.3.3	10일 1시간 1분	슈바이카트 지구 궤도에서 선외 활동 중 달 우주복 시험 최초의 달 착륙선 유인 비행
	아폴로 10호	토머스 스태퍼드 존 W. 영 유진 서넌	1969.5.18	8일 3분	달 착륙선 첫 달 궤도 비행 지표면 15.24킬로미터 내로 접근 재돌입하며 유인 비행 속도 기록(11킬로미터) 세움
	아폴로 11호	닐 암스트롱 마이클 콜린즈 에드윈 올드린	1969.5.18	8일 3시간 18분	첫 달 착륙 암스트롱 달에 첫발을 내딛음 올드린 달 표면에서 선외 활동 151분 월석 채집 달에서 21시간 38분 체류
	아폴로 12호	찰스 콘라드 리처드 고든 앨런 빈	1969.11.14	10일 4시간 36분	두 번째 유인 달 착륙 서베이어 부분 회수
	아폴로 13호	제임스 러벨 존 스위거트 프레드 헤이스	1970.4.11	5일 22시간 55분	기계선 산소 탱크 폭발로 비행 임무 중단 달 착륙선을 이용하여 지구로 무사 귀환 고도 세계 기록(40만 187킬로미터) 보유
	아폴로 14호	앨런 셰퍼드 스튜어트 루사 에드거 미첼	1971.1.31	9일 42분	세 번째 유인 달 착륙
	아폴로 15호	데이빗 스코트 알프레드 워든 제임스 어윈	1971.7.26	12일 7시간 12분	네 번째 달 착륙 월면차 로버 첫 사용 최초의 원거리 우주유영
	아폴로 16호	존 W. 영 토머스 매팅리 찰스 듀크	1972.4.16	11일 1시간 51분	다섯 번째 달 착륙
	아폴로 17호	유진 서넌 로널드 에번스 해리슨 슈미트	1972.12. 7	12일 13시간 51분	여섯 번째, 그리고 마지막 유인 달 착륙 과학적인 장비 탑재

NASA, 우주개발의 비밀

개정판 1쇄 인쇄 2017년 1월 5일
개정판 1쇄 발행 2017년 1월 10일

지은이 토머스 D. 존스·마이클 벤슨
옮긴이 채연석

펴낸이 김연홍
펴낸곳 아라크네

출판등록 1999년 10월 12일 제2-2945호
주소 서울시 마포구 성미산로 187 아라크네빌딩 5층(연남동)
전화 02-334-3887 팩스 02-334-2068

ISBN 979-11-5774-550-0 03550

※ 잘못된 책은 바꾸어 드립니다.
※ 값은 뒤표지에 있습니다.